U0334308

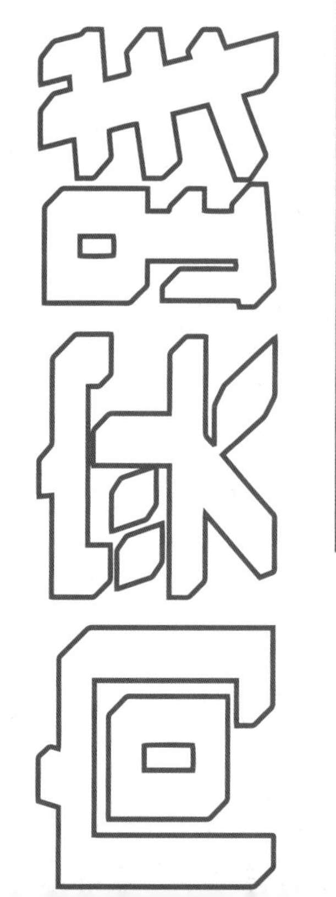

从基础走向实践
建筑学专业教学手册

FROM FOUNDATION TO PRACTICE
Teaching Manual of Architecture for Continuing Education

宗轩　张峥　主编

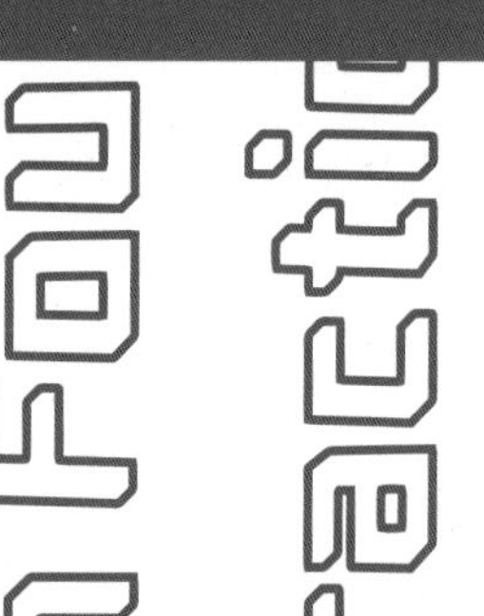

编委会（按姓氏拼音排序）

包海斌 董 珂 华 耘 李 军 马怡红 王 越 薛加勇
张 伟 张 峥 赵思嘉 赵晓芳 朱 勍 宗 轩

编写人员

主 编 宗 轩 张 峥
参 编（按姓氏拼音排序）
包海斌 董 珂 王 越 张 伟 赵思嘉 赵晓芳

序
Preface

20 世纪 90 年代以来，同济大学继续教育学院的建筑学专业，受到了同济建筑学派优秀传统的滋养，经过两代人的不懈努力，在成人建筑教育领域取得了优异的业绩，做出了重要的贡献。

这里的建筑学子大多来自一线建筑设计单位，既有实践参与经历的长项，也有专业基础薄弱的短板。针对学生的这一特点，学院制订了系统性和适应性俱佳的教学计划和培养方案，并在多年的教学实践中对之不断修订和提升。其中，来自同济大学建筑系的老一辈教师和中青年骨干教师均发挥了关键作用，他们的辛勤教学、奉献精神，换来了建苑一大批毕业生的桃李芬芳。

由宗轩教授等主编的这本《从基础走向实践——建筑学专业教学手册》，在专业建设、专升本途径、实践教学、教学模块化、设计方法，以及类型和领域设计选题诸方面，呈现出了结构完整的教学体系和颇具特色的教学成果，是一部在成人建筑学教育方面参考价值很高的设计教学指南。谨在本书付梓之际，向编者衷心祝贺和致敬。

是为序。

2021 年 4 月 20 日于沪上寓所

目录
CONTENTS

教学理论

Teaching Theory

1

1 务实求真，助力行业发展——同济大学继续教育学院建筑学专业建设的思考

马怡红　同济大学继续教育学院 副教授，原建筑学教研室 主任
华耘　同济大学继续教育学院 副教授，原建筑学教研室 主任

据权威机构预测：我国平均每年要新建 20 亿平方米左右的新建筑，相当于全世界每年新建建筑的 40%，建筑设计企业急需大量的设计人员。就上海而言，目前有数千家来自全国和世界各地的设计企业，设计任务非常繁忙。

面对城市化的快速发展，设计院每年都会招收大量的专科生来补充设计人员的不足以降低设计成本。但是，由于专科生设计基础和设计能力不足，无法满足工作岗位上的项目设计要求，因此急需在业务上、自我发展上快速提高。同济大学继续教育学院是上海成人教育领域唯一提供建筑设计专科及本科教学的成教学院。从 1984 年起，学院相继开办了建筑学 5.5 年制本科、3 年制室内设计专科、建筑学 4 年制本科脱产班等，1999 年起招收 3 年制建筑学专升本至今，30 多年已经培养了 5000 余名建筑学专业毕业生，可以说，是建筑设计领域中不容忽视的一支教育力量。

客观来说，成人教育与全日制教育在学生年龄、学习基础、学习动力和培养学制方面存在着明显的差异，其间的差异对于教学来说有利有弊。弊端在于：一是学生基础差异大，难以以统一的标准来衡量；二是学习投入度差异大，容易产生两极分化；三是学生对学习要求普遍不高，想要在基础之中“拔高”培养有一定难度；四是受培养学制限制，成人教育本科高中起点学制 5.5 年，大专起点学制 3 年，学生在业余学习的前提下完成建筑学专业本科教学任务与人才培养目标，对专业教学要求高。有利之处有二：一是成人教育允许“宽进严出”（淘汰制度），可实现“出口把关”；二是学生大部分都在设计实践岗位，虽参差不齐但大都有建筑设计实践经验，对建筑有感性认识容易沟通，通过学习有快速提高的潜力。因此，我们综合考虑当前建筑市场现状以及建筑专业教育特点，提出专业建设必须与社会需求同步，在突出“以设计实践技能培养为主体，兼顾适度创

新能力培养”的培养方向。事实也证明，通过我们的培养，学生也真正“脱胎换骨”了。

教学中具体做法是：结合专业自身和非脱产学习的特点，注重“理论与实践结合，基础与创新结合，弹性与考评结合”的教学改革，形成“单元化教学模式”，推动适合成人学生学习的相关教材与教学资料的建设，培育了许多优秀学生，以及涌现出许多优秀学生作品。

回顾 30 多年来教学历程，我们成人建筑学教学改革和专业建设具有如下鲜明的特色。

1. 注重扎实专业基础和创新能力培养的单元教学模块

建筑设计专业的教学建设始终围绕人才培养的目标进行，根据人才培养目标，结合就业岗位和职业岗位能力的需求，制订和调整教学计划和课程内容更新，例如：第一学期的交通建筑设计课程中增加了基础课程（徒手钢笔画）和相关课程（广场环境设计）的教学内容，这种教学内容的组合既巩固了基础教学内容又完善丰富了设计课程。

目前的建筑学专升本学制 3 年，每年 2 个学期，共 6 个学期，每学期为一个教学单元，每个教学单元形成具有特色的“单元化”教学模式，每个单元都由六部分组成（理论教学、课程调研、小组交流、设计创新、设计考查、设计成果）。这是一种“六位一体”的单元教学，每个单元都有各自的重点内容。例如：第一学期交通建筑设计教学单元的重点是交通流线的组织，第二学期山地建筑设计的重点主要围绕特殊用地（山地）的垂直空间布局与组合。每个学期的单元之间既相互独立，又形成一个整体，目标明确，系统性强，单元之间以适度创新能力培养为纽带并注重各自特色与重点的凸显，理论知识与实践技能并重，基础技能培养与适度创新教育并重。

2. 建立符合成人教学特点的考核评价体系

成人教学最大的特点是非脱产学习，每位学生都有自己的工作岗位，他们工作和学习的时间常常冲突，因此如何保证有效的学习质量是必须考虑的。我们针对学生的特点制订课程体系考核与评价体系，考核与评价体系是建立在以“能力评价为目标，过程考核为手段，多元评定为方法，综合效果为定论”的能力本位的考评体系，基本摒弃了传统应试教育的考评方法，在学中考，在做中考，用真实的项目成果来评价鉴定学生的设计技能以及对本学期知识点的掌握度。我们区分了理论课程和设计课程的评分体系，具体做法是：理论课程采用了平时作业和考试的比例为 4 ∶ 6 的成绩评定，设计课程采用综合的评定方法（出勤 10% ＋调研 5% ＋考试 10% ＋平时作业 25% ＋成果 50%），同时制订了缺课 1/3 和过关考试不及格不能通过本学期的学业，必须随下一年级重新修习达到要求才能通过的制度。从多年教学实践看，我们的考核体系可有效促进建筑设计专业成人教学的质量提高。

3. 促进形成实践性为主导的教学模式

学院历时 30 多载的建筑教育，也在不断探索和建立适合成人建筑学的教学模式。众所周知，成人教育与全日制教育在教学上有较大的区别，由于学生多来自不同企业，工作性质和内容差别非常大，且专业基础水平也不相同，加之学习方式是业余的，学习投入时间必有差异。针对这些成人教育的特点，我们除了在教学上增加必要的专业基础和理论教学、必要的教学管理和考评制度以外，还充分利用学生在岗的这一有利特点，在单元学习的教学过程中，以实践课题作为单元教学的主要选题方向，通过实践性课题可感知的设计环境来突出培养学生认识问题、发现问题的能力，培养学生感知生活、认知空间的能力；通过以解决实践问题为导向的设计教学，培养学生设计能力。同时，在课程中穿插实践内容，如学生将岗位上的实际设计项目带入课堂，让学生们相互交流讨论，强调实际工程中设计规范的运用，如消防疏散、日照、场地设计等实际问题。在职的学生可以很快将学到的设计知识与理论运用到实践项目中去，快速提高了实践技能，实践又反哺促进学生设计理论的学习，真正做到了理论与实践相结合的实践性教学。

4. 稳定优质的“双师型”专 / 兼职教学团队

从 1985 年建筑设计专业第一届招生 28 人开始，学生逐渐递增，2010 年每一届招收 200 多名学生，招生人数与报名人数比例在 1 ∶ 4 左右。学院早期的在职教师是由本校建筑系抽调了 3 位建筑教师再加上从学校的其他部门和应届研究生中招聘了 2 位教师组成了 5 位教师的教学团队。这 5 位教师既要负责建筑学教学又要负责室内设计两个班级的教学，师资力量捉襟见肘。为了满足教学基本需求，学校批准了 12 位教师编制，从而专门组建了建筑学教研室。由继续教育学院专门组建专业教学团队在全国高校的成人教育中并不多见，也正是由于学院建筑学教研室的存在，才使得同济成人教育建筑学专业在 30 多年中不断地成长。

学院成人继续教育建筑学专升本、建筑高起本、室内设计专科三个专业在校学生总人数在500～600人,高峰时达到800人左右,尽管学院经过调研考虑到在职学生学习实际情况,提高师生比到（1 ： 20）～（1 ： 18）［全日制设计课师生比为（1 ： 10）～（1 ： 8）］，设计课程教师数量仍然无法满足教学要求，非常需要院外师资来充实教学。几十年来，我们形成长短结合的外聘师资团队，长聘教师往往具备丰富的教学经验，其中有已经聘用了近20年的兄弟高校的骨干教师，此外，也会根据学生人数和课程需要，短期聘用设计单位的建筑师。灵活的聘用方法既满足了教学要求也推进教学,聘用教师参与教学研究、课程题目讨论、学生学习问题反馈和提出改进措施；兼职教师参与教学则既弥补了师资力量不足，稳定了教师队伍，又增强了实践教学师资队伍，提升教学的实践性。

实践证明建筑学专业在几十年的教学过程中，通过在教学内容上不断改革探索，在教学方法上不断创新，在教学管理上坚持质量第一的专业建设理念，培养了一批符合岗位要求的优秀毕业生。现在，他们正在各自的岗位上为城市建设添砖加瓦，实现自我提升，这也正是继续教育、终身教育理念的真实体现。

2 从基础走向实践——同济大学继续教育学院建筑学专升本教学

宗轩　同济大学继续教育学院 教授，建筑学教研室 主任
同济大学建筑与城市规划学院 博士生导师

20 世纪 90 年代末，我国进入快速城市化进程，需要大量的建筑设计人员，继续教育学院依托同济大学建筑学专业优势，顺应建设需求，于 1999 年开设了建筑学专升本专业，这也是在全国范围内为数不多的成人教育建筑学专升本专业。1999—2001 年，每年招收 40 ～ 90 人；2002—2008 年，每年招收 90 ～ 120 人；2009—2013 年，建筑设计人才需求旺盛，我院每年招收 180 ～ 220 人；2014—2018 年，稳定在 120 ～ 150 人；2018 年后，顺应成人高等教育的精简要求，每年招生人数控制在 100 人以内。至今，继续教育学院建筑学专升本专业累计培养建筑设计人才 2000 多名，大多数学员在上海多家设计院所承担相应设计工作，其中不但有大型国营设计单位，如同济大学建筑设计研究院（集团）有限公司（TJAD）、华东建筑设计研究总院（ECADI）、上海现代设计集团（民用院）、中船第九设计研究院工程有限公司、中国建筑上海设计研究院有限公司等，还有很多民营设计单位、境外设计单位与独立建筑师设计事务所，如上海天华建筑设计有限公司（天华）、上海三益建筑设计有限公司（三益）、上海现代华盖建筑设计有限公司（华盖）、水石设计、上海创盟国际建筑设计有限公司（创盟国际）、上海三张建筑设计事务所（三张）、上海尤安建筑设计股份有限公司（尤安设计 UA）、上海日清建筑设计有限公司（日清设计）、阿科米星建筑设计事务所 （阿科米星）、悉地国际（CCDI）等，成为实践设计岗位的中坚力量。

继续教育学院建筑学专升本专业的生源是通过全国成人高考录取的成人学生，学生专业基础参差不齐，在职工作、业余学习是学生的基本状态。在这样的生源条件下，通过专升本阶段 3 年的教学训练，培养出符合实践需求的设计人才是非常严峻的挑战。在教学中，需要充分认识到学生的基础能力与特点，依据建筑学专业特点与实践需求来设定人才培养目标，建立适用的教学体系，安排恰当的教学内容，在 3 年的学习中，帮助学生完成从基础到实践的蜕变。成人教育不同于全日制本科教育，出口把关（淘汰制度）的执行从制度上增强教学的执行力，保证教学任务与教学目标的实现。

建筑学是一门横跨人文艺术和工程技术的学科，需要艺术素养、人文修养的同时，更需要掌握工程技术的基本知识与规范要求，以此区别于艺术、文学、历史学等。作为工程技术的建筑设计是以图示语言表达设计者对于建筑空间的设想，进而依据图纸建造施工，必须以标准、规范的方式来进行表达。这是建筑设计实践的基础，也是建筑设计教学的基础。表达规范性与设计规范性要求贯穿在专升本 3 年的教学中。表达的规范性需要学生不断抄绘训练，老师手把手传授与学生们反复修改来完善，使图不达意的现象得到有效改善。设计规范性则是通过课程设计不断学习进行磨炼。基于类型建筑设计的课程设计，在教学中有明确的设计知识点要求学生掌握场地、竖向、结构、材料、设计规范等与实践高度相关的内容，这些都穿插在课程设计教学中，符合在职学生的实践与职业需求。快题设计成为快速提高学生设计与表达能力的抓手，持续 3 年贯穿于课程设计，学生必须通过的快题设计训练与快题设计考试的难关，客观上督促学生快速提高设计能力与设计表达能力。

我们的学生大部分从事设计和绘图工作，在实践工作和教学要求的双重作用下，设计规范性和表达规范性能在一定时间内快速训练与培养出来，但是设计思维与设计能力的提高只能在一次次设计过程中不断修炼。教学以功能与空间为主导的类型建筑设计训练为依托，强调建筑设计中基本方法的掌握与设计思维的培养，通过方案设计过程，包括解读任务、调研分析、案例研究、方案构思、设计深化修正、设计讨论与评价等步骤，培养学生掌握建筑设计的工作方法，提高建筑设计能力。在职的学生可以很快将所学的设计方法运用到工作实践中去，在设计实践中取得进步、获得认可的同时更促进了设计学习的热情，从而形成学习—实践—学习的正向循环。3 年学习成为学生从设计基础岗位迈向主创建筑师或者更高层次的助推器。

设计方法可以在学习和实践中快速积累，设计思维却需要正确的引导与长时间锤炼。建筑设计是面向实践需求的工作，需要设计者能应对实践需求来进行设计。与全日制学生不同，在职学生与社会生活紧密联系，对社会与生活有更为深入的认知。我们需要做的是，在教学中帮助学生更好地将这种源自真实生活的观察和体验认知转化为设计创作的动力源，并将其运用到设计中去。专升本建筑课程设计全部采用实践课题，这有助于学生在项目调查和观察中发现问题，深入感知建成环境的内涵和意义，引导学生树立从建筑环境出发、因地制宜的设计理念与理性设计思维。3 年的课程设计不仅仅提高学生的设计手法与表现能力，更重要的是培养设计思维，激发学生对于设计的认知、对生活的认知，而使其终身受益。

设计是可以学会的。这是建筑学专业教学的基本信条，我们也正是以这一理念展开建筑学专业的教学工作。希望通过我们的教学，可以帮助学生从设计基础走向真正的设计实践，在职业建筑师道路上越走越宽。

3 同济大学继续教育学院建筑学专业实践性教学课程设置与特色

张伟　同济大学继续教育学院 副教授，建筑学教研室 副主任

同济大学继续教育学院建筑学专业是应国家建设形势需求而创办的，紧密结合建筑市场建设与人才需求，从其产生的根源性上就带有天然的实践性需求。经过 30 多年建筑专业教学探索，我们对继续教育学习的特点以及参与继续教育学习的学生的特点都非常熟悉，在专业化的建筑学人才培养方面，针对建筑学专业要求与人才培养要求，开辟了一条恰当而行之有效的训练与培养道路，通过特色鲜明的实践性教学体系与扎实的设计教学训练为继续教育学生构建了一条快速成才的道路。

1. 树立“综合素质教育”理念，构建课程结构体系

继续教育建筑学专业以培养具备综合素质与专业实践创新的能力，能够从事建筑设计、室内设计、城市规划设计的实用型设计人才为目标。在这一目标指引下，不断优化课程结构，形成公共基础课 + 专业基础 + 专业课三个课程模块组成的课程结构体系（图 1）。其中公共基础课和专业基础课模块是人才培养的基础和支撑课程，专业课模块则是提升专业实践创新能力的核心课程。

公共基础课程为高等教育的通识教育课程，专业基础和专业课则属于专业教育课程，各部分都有相对独立的教学目标和学习内容（表 1）。因此，要确保符合继续教育建筑专业应用型人才培养目标的课程内容贯穿整个教学过程，避免各部分课程设置和教学各自为政，必须通过课程设置与教学内容的系统整合，突出主干，强调融贯，才能建构学科基础知识—专业基础知识—专业知识（理论与方法）进阶式的知识体系。这有利于帮助学生不断提升专业综合能力，毕业后能快速胜任实际工作，同时具备适应职业发展的专业基础知识和学习能力。

图 1　继续教育建筑学专业课程结构体系

表 1　课程设置

	课程模块	具体教学目标
通识教育	公共基础课程	公共基础知识是高等学历教育的通识教育内容。通过公共基础课程学习培养学生具有良好的思想品德、社会公德和职业道德，具备扎实的自然科学、人文社会科学基础与基础外语能力，培养运用各种手段自主学习的能力，不断拓展知识领域，适应社会发展的需要
专业教育	专业基础课程 + 专业课程	建筑学是一门融社会科学、文化艺术和工程技术于一体的综合学科。通过专业基础课程学习进一步了解和掌握建筑发展历史，了解建筑与社会环境、科学技术及文化艺术的关系，了解建筑的构成要素及建筑的空间物理环境、物质技术与材料、建筑结构与构造、建筑设备等专业基础知识，并具备在工程设计中协调各专业的能力，不断学习和训练强化计算机辅助设计能力等。通过专业课程学习掌握、提升建筑设计、城市设计、室内设计等方面的原理知识和设计方法，进一步掌握不同类型建筑的设计原理与设计方法，强化专业实践创新能力培养，获得综合运用所学专业知识和方法分析和处理复杂城市与建筑问题，提出并深化设计方案的能力

2. 培养“理论结合实践”综合专业能力，突出主干专业课程

建筑学专业作为注重理论与实践结合的学科专业，强调专业理论知识学习和设计实践能力培养。对于继续教育建筑专业的学生，他们一般为在职从业人员，由于学历背景原因，理论基础薄弱，虽然在工作中有了一定的工程实践基础和认知，但实践创新能力不足，特别是理论结合实践的能力尚待提高。因此，结合生源特点应强化专业基础和专业课教学，并突出主干核心课程——建筑设计系列实践课程的教学，同时整合专业基础与专业课程的教学内容，使学生学习的每个阶段都由典型的训练环节和必要的理论知识构成，将理论内容与训练环节紧密配合、相辅相成，形成课程体系。

继续教育建筑学专升本是同济大学继续教育学院目前唯一保留招生的建筑专业，学制为3年。从1999年开始招生至今，积累了丰富的专业教学经验，建立了以专业系列课程模块为核心，以专业基础课程模块为支撑的专业教学课程体系（图2）。

在专业核心课程设置上，以由浅入深、由简到繁、循序渐进为原则，以不断强化设计理论与方法，拓展设计思维的过程训练为设计课程教学的首要目标，建构以建筑设计课程为主干的专业系列课程模块。

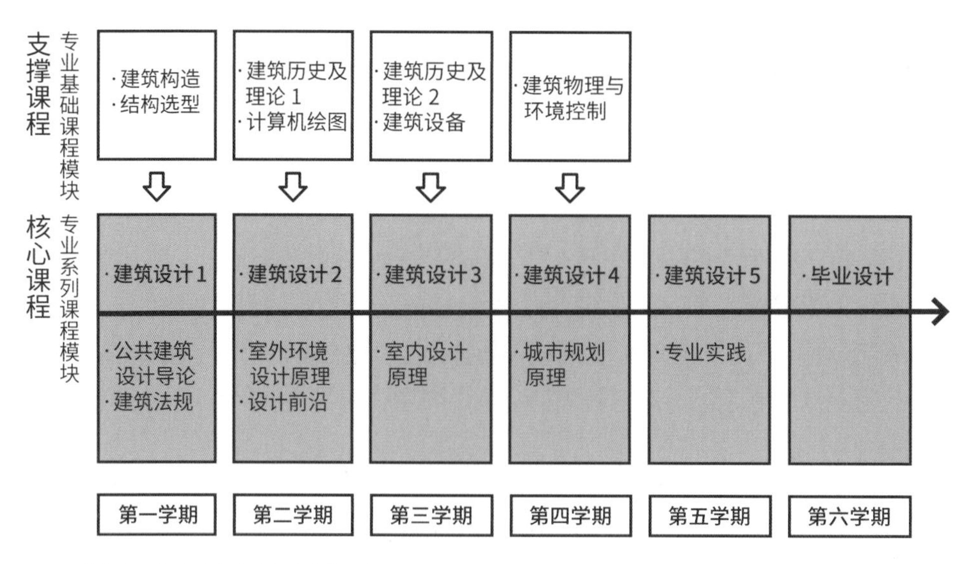

图2 继续教育建筑学专升本专业教学课程体系

建筑设计课是贯穿继续教育建筑专升本 3 年共 6 个学期的主干核心专业课程。建筑设计分别设置了交通建筑、山地建筑、商业建筑、高层建筑、影剧院建筑多类型建筑专题，不断强化设计理论与方法的过程训练。毕业设计为综合性实践课题、实际项目，需要综合运用所学理论知识、设计方法、工作方法，分析解决多元复杂城市与建筑问题，提出设计方案。毕业设计也是对学生专业综合能力和教学过程的集中检验。

同时，在渐进推进建筑设计课教学过程中，第一学期增加了公共建筑设计导论（依托中国大学 MOOC 平台的自建在线课程）与建筑法规两门专业课程内容，目的是进一步帮助学生强化公共建筑设计基本原理学习，夯实基础。通过规范基础常识的学习，培养法律规范意识，并与建筑设计课程接轨，这两门课对理论基础薄弱的继续教育在职学生的建筑设计课学习形成有益补充。第二至第五学期相继引入室外环境设计原理、设计前沿（以讲座形式展开教学，内容具有一定前瞻性、创新性和拓展性）、室内设计原理、城市规划原理与专业实践课程。通过学习，可以不断拓宽学生专业理论知识面和专业技能，促进学生形成创新设计理念，设计思维向深度和广度发展。培养学生从宏观到微观层面更好地运用理论知识、设计原理与设计方法分析和解决复杂的城市与建筑问题，创造性地提出设计概念，不断推敲、深化设计方案的能力。同时也为学生毕业后从事室内设计、城市规划设计等工作打下基础。从近几年建筑设计教学成果，特别是毕业设计教学成果来看，整合后的专业系列课程教学还是卓有成效的。大部分学生经过 3 年的学习，综合设计能力有了明显的提升。

3. 注重建筑设计课教学过程控制和教学环节的设计，探索多元开放的教学模式

建筑设计课教学应注重对设计过程而不仅仅是最终设计成果的评价，在设计的不同阶段结合学生特点通过教学过程控制和教学环节的设计对学生进行有针对性的训练，引导学生拓展设计思维，不断完善设计方案，使学生掌握理性的设计方法。对于一边工作一边学习的继续教育学生而言，注重设计过程的教学才能保证学生学习过程的完整、连续和有效。因此，继续教育建筑设计课把教学过程分为前期调研、初步设计、设计完善、设计深化及设计评图五个阶段。每一阶段都有具体的设计任务和教学要求。

不仅如此，注重过程的教学应不断激发学生的学习动力，充分发挥学生主观能动性使其更好地完成各阶段的学习任务。因此必须改变传统教学中以教师为主体，单一、静态的“填鸭式”教学而造成学生思维僵化、封闭的状况，建立以学生为中心、重视学生的个性化和差异性、充分发挥学生能动性、多元化开放的教学模式。为此根据各个阶段教学的需要设计了原理讲解、前期调研、一对一辅导、快题设计、交流与评图等多个教学环节（图 3）。

其中前期调研、多层次的交流及评图环节是打破封闭教学模式、实现开放性教学的关键环节。在实际教学中，教师可以根据学生特点、题目类型及训练目标等教学要求的变化对其加以具体设计或重新定义；通过在实际教学中不断探索和改进才能真正做到因材施教、与时俱进。

1）重视前期调研环节

调查研究是重要的学习和工作方法。人们常说“没有调查研究就没有发言权”。通过调查研究可以培养学生运用多种途径了解和掌握知识信息，并通过理性分析和综合判断不断获得发现问题并解决问题的能力。设计前期调研是开展设计前的一项重要准备工作。要求学生充分熟悉设计任务，结合设计任务进行基地调研、相关文献资料调研、相关案例调研等。

继续教育专升本建筑设计课设计题目的设置更接近实际项目，基地一般选择实际地段，要求学生通过基地调研了解基地及其周边的自然环境（地形、地貌、气候条件等）与人

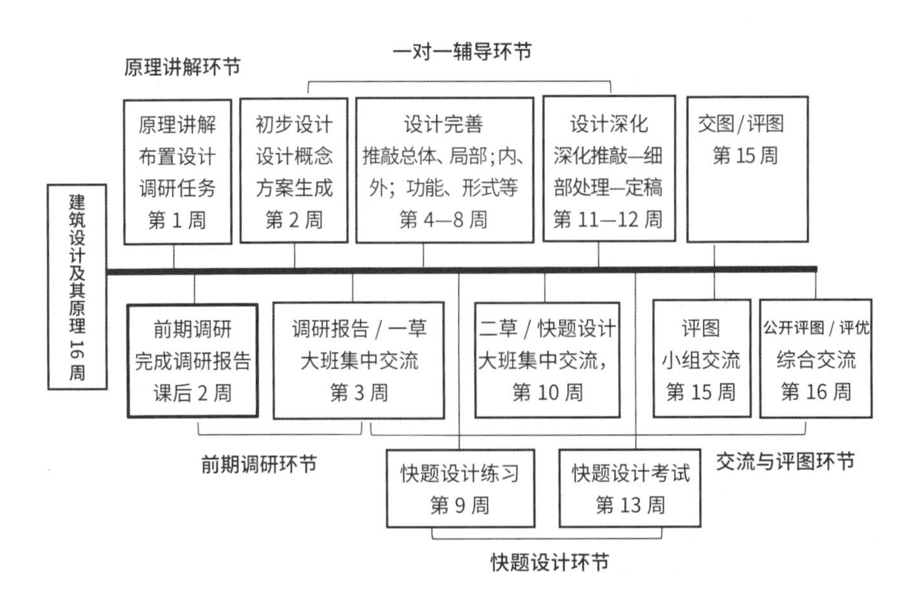

图 3　继续教育建筑设计教学过程控制与教学环节设计

文环境（基地所在城市社会、经济、文化环境及基地周边道路交通、建筑现状等）因素，并分析其对建筑的影响作用，找到设计的关键影响因素，进而找到方案构思的切入点；文献资料调研则拓展了学生课外学习途径，充分调动学生学习积极性，培养学生自主学习的能力。教师一般会通过推荐参考书籍、期刊、相关规范的方式引导学生课后展开查阅和学习，或要求学生发挥能动性自主完成这一学习过程；相关案例调研一方面要求学生实地参观调研已建成的同类优秀建筑案例，通过亲身实地观察、体验、记录、分析与评价，进一步培养学生对城市与建筑环境的感性认知及理性思考。另一方面，鼓励学生通过文献书籍及互联网等途径收集和了解国内外同类优秀案例（包括学生工作中接触的实际案例），以期开阔视野，启发设计创新思维，激发设计灵感。

通过前期调研及调研报告交流，充分调动学生学习的积极性和主动性，学生成为课堂的主体。前期调研环节的设置使建筑设计课教学更加灵活开放、多元包容。

2）设置多层次互动交流环节

在信息时代与全球化背景下，交流成为创建开放、包容、共赢世界的重要途径。教育也不例外，为适应社会变化，建筑教育的任务不再仅限于把既有的知识传授给学生，而是教学生“如何学习”。交流与合作能力也是学生专业综合实践能力培养中的重要一项。交流不仅是学习的重要手段，还可以促进各种新理论、新思想和新观点交织碰撞，有利于创造良好的互动式工作和学习氛围，激发学生的个性发展和能动性，也有利于批判性和创造性思维的培养。因此，在继续教育建筑设计教学过程中增加了多层次的交流环节。

（1）小组交流与一对一交流：继续教育建筑设计教学采用主讲教师负责制的分组教学模式，类似设计院的工作室（studio）模式。由主讲教师负责原理讲解、设计题目及整个教学进度和环节的把控。各组教师通过组织小组交流和一对一交流辅导的方式引导学生不断完善、深化设计。这种小组化教学模式，不仅利于教师充分了解学生的个性与差异，调动学生学习积极性，便于因材施教，也可以更好发挥不同教师的优势特长，促进教学相长。

（2）大班集中交流：根据不同阶段教学需要设置了 2 ～ 3 次大班集中交流环节。以小组为单位进行大班集中交流，交流内容包括阶段设计汇报、学生互评、老师点评及问题讨论。每次交流的内容、形式、所需提交的成果以及教师的参与度都会因设计的进度和深度而有所改变。

交流环节的设置，一方面，督促学生积极准备、主动思考问题，培养学生的思维能力、语言表达能力、沟通与合作能力；另一方面，多层次交流丰富了设计课内容，活跃了课堂气氛，使教学过程变得生动有趣，因而充分调动了学生积极性，学生也越来越重视设计过程的学习。

3）建立综合“过程与成果”的评图机制
为了实现注重过程的建筑设计课教学，必须改革评图机制。以往的评图以最终成果图纸为主要依据，造成学生为追求分数只重视最后的图面效果，而忽略对于设计思维过程的关注。为了强化设计过程的教学管理，评图改为对“过程与成果”的综合评价，一般过程 40%，最终成果 60%，主要由调研及交流评价成绩、设计阶段性成果（草图）与交流评价成绩和最终成果评价成绩组成。评价形式也从以往由指导教师在期末给出结论性评价成绩的单一评价形式，改为在不同的设计阶段分别由学生互评、指导教师评价、非指导教师参与的综合评价，形成了多重评价形式。这也有效地改变了继续教育学生最后突击完成设计成果的不良学习方式。

为了进一步激励学生学习热情，每学期定期举办设计成果评优活动，对获得优秀作业的学生颁发证书奖励，并于下学期开学初进行优秀设计作品现场展示，对学生起到承上启下的激励作用。同时学院网站还开辟了学生优秀作业展示专栏，为师生交流学习提供了方便快捷的网络交流公共平台。

总之，同济大学继续教育学院建筑学专业教学是在教学实践中不断总结经验，结合社会发展需要和生源特点，以提升教学质量为核心，通过对教学计划、教学模式、教学内容和方法等不断改革和完善，形成符合继续教育学生特点的课程设置和实践性专业教学特色。同时随着时代的发展和社会需求的变化，继续教育建筑学专业教学应与时俱进，以期不断焕发生机和活力。

4 模块化基础教学在建筑设计教学体系中的新实践

赵思嘉　博士 同济大学继续教育学院 建筑学教研室 讲师
法国巴黎瓦尔德塞纳建筑学院 邀请研究员
美国加州大学伯克利分校环境设计学院 访问学者

在建筑学专业教学中，专业基础教育在学生的入门阶段发挥着举足轻重的作用。专业基础教学要解决的问题包括：培养基本的绘图方法、建构制图和识图的能力、训练基本的手绘表达能力、构建形体认知能力、培养设计色彩感受、提升美学认知等，即为建筑设计课程的展开做好绘图基本功和形态美学认知的基础铺垫，让学生得以从容地参与到后期复杂的设计课程之中去。

早些年，在我们建筑专业教学中，设计基础类课程与设计类课程是相互分开，彼此独立的。新生的第一年专业训练基本都围绕基础教学训练展开，相关课程包括建筑初步、手绘表现、形态构成等，在实际教学中课程不免产生培养脱节的问题，学生经过专业基础训练后仍不能达到具备后续专业设计课程要求的能力。因此，近些年我们对课程设置进行了调整。鉴于学生在专科阶段已经接受过专业的设计基础课程训练，我们在学制有限的前提下，在电脑绘图日益占据主导的时代背景下，在建筑学专升本专业教学中取消了单一的设计基础课程，取而代之的是把一系列有针对性的设计基础教学模块穿插进课程设计的新教学模式，教学效果也在教学实践中逐年显现。

新的专业基础教学模式带来了课程形式的变化，课程内容需要有效、及时地融入课程设计，在教学过程中有针对性地提高艺术水准和设计表达能力，对设计课程的展开提供有力支撑。专业基础教学模块的具体内容包括：建筑设计草图绘制模块、建筑制图识图模块、建筑色彩构成模块、建筑形态构成模块、模型搭建模块、快题表现模块等，根据设计课程展开的不同进度和不同环节，合理地穿插进设计课的过程之中。每一个模块都是相互分离的灵活单元，它们依靠设计课的链条连接在一起。同样主题的模块会根据教学进度，在不同的设计课程中反复出现，难度递增。比如在一年级上的设计课中插入“形态构成一”模块，在一年级下插入“形态构成二”模块，如此依次推进。在教学过程中，不同的模块可以安排不同的老师负责，使设计课程更加生动、更加灵活。在学时分配上，每个基础教学模块都非常紧凑，一般一个主题模块为一到两次半日的课程，不会因为模块的插入而打断建筑设计的课程进展。在考核方面，每个基础教学模块都会有单独的成绩，这个成绩会被录入设计课的最终成绩之中。“快题表现”模块是通过快题的形式完成设计和表现的一次考核，是检验学生整体设计水准和设计表现的关键环节，所以这个模块会穿插进入课程设计之中，并作为课程设计的过关考试，即如果该模块不达标就无法通过该门建筑课程设计。

专业基础教学模块化的方式较之相对独立的基础类课程的优势主要表现在四个方面。

（1）以问题引导学习，提高针对性。以往教学中基础先行，设计跟进的教学模式容易出现的问题是：很多基础理论、形态及色彩组合经验都会因为过于抽象，学生在没有一定设计经验的前提下并未能真正理解参悟，更不知道如何与设计相联系。而模块化教学避免了这一现象，在学生有需求的时候进入引导，学生带着“做”中的问题学习则更能体会到这些抽象理论指导下的现实形体所呈现出的差异性，理解并运用，达到事半功倍的效果。

（2）化整为零教学，提高效率。将以往时长为整学期的专业基础教学分散成模块主题，打散入课程设计教学中，增强主干课的教学深度，有效解决学生学习操作问题。模块的穿插经过精心设计，在需要的时间融入需要的内容，课程更加有针对性和目的性，可快速提高学生的设计表达能力。

（3）特有的课程设计过关考试在客观上要求学生拥有一定的快速表现能力。快题表现模块作为设计课程过关考试的辅助教学穿插进课程设计教学，学生在 3 年专升本教学中需要在不同模块训练中不断磨合、提升设计表达技巧和能力，督促学生不断进步。

（4）专业基础模块化教学可以使教师发挥所长，参与主题模块授课，令课程更加新颖。模块穿插延展了课程覆盖面，更能吸引学生注意力，激发成人学生的主动学习积极性。

在课程体系改革后的教学实践中，可以比较明显地看到模块化专业基础教学所显现的教学效果。教学模块的穿插、主题的变换令课堂更加丰富有趣；理论与实践循环往复，相互呼应，相互指导，带来了学生领悟力和认知力的提升。在每个容易出现问题的设计教学环节中灵活地穿插基础模块，及时地回答了学生们的疑问，问题被各个击破，学生在循环往复的训练中，在快题表现模块考核地督促下，表达能力得到了显著的提升。我们也需要在教学中进一步研究探讨基础模块的细化、嵌套与递进的关系，进一步磨合模块插入的教学阶段，提升每一个子模块的质量，完善和提升基础教学的系统性，使我们的建筑设计专业教学不但有根基，而且也更加立体。

5 融合多重语言，塑造更具生命力的室内设计教学

张峥　同济大学继续教育学院 建筑学教研室 讲师

室内设计是建筑设计的继续与深化，主要是构建供人们使用的内部空间，创造宜人的环境和氛围。进入建筑学专升本阶段学习的学生，均已具备一定的建筑设计基础，他们在继续学习过程中，需要加强的能力训练主要是对环境的尊重、建筑形体的塑造和功能空间的组织。而室内设计课程的开设，则是在建筑设计能力提高的同时，融入和人密切相关的各种物质要素（家具、灯具、材料、绿化等），同时关注环境氛围的精神要素（光线、色彩等）的打造。

我们在室内设计课题的设置上，更加注重设计的整体性和连续性，要求进行局部建筑外立面的形体操作和表皮处理，并从复合的商业功能出发，进行内部空间的组织和融合，同时打造一定的品牌文化，从而呈现出项目“麻雀虽小，五脏俱全”的特点，有助于提高学生综合设计能力和多维度的思考方式。

除了专业知识和技能的提高外，我们强调设计师在设计过程中对市场的关注和分析。由于学生们都有着自己的工作岗位，甚至有着多年的工作经验，在社会实践过程中，应该深知设计师角色的重要性和局限性，而很多设计作品的最终成功，要依赖于业主、经营者和设计方等多方能够用不同语言讲述好同一个故事。因此，室内设计课程的学习目标，就不仅仅是解决好功能和形式等基本专业技术问题，还要讲求市场效应、经营理念和企业文化等，让设计本身更具有生命力。

针对继续教育学生的特点，结合我们的思考，我们在设计项目的命题和教学过程中，主要强调了以下五个方面的特点。

（1）设计命题紧扣建设热点，进行多维度的设计思考。项目结合当前城市化进程中时常

触发的城市管理问题，如为提升城市整体形象，城市临街商业店面的整体装饰问题。课题定位为某类小型店铺的室内外设计，设计的主体不但包含商铺室内，也包含临街的店面设计。小小商铺的设计不仅要进行内部空间和外部招牌的设计，还要充分尊重城市街区的格调，在明确“边界”的范围内，设计出符合城市整体气质兼备商家特色的店面。临街商铺的室内设计，并不是局限于内部空间的设计，其设计外延已经扩大到建筑的立面，进而影响到城市的街景，需要学生建立建筑内外的联系，并从不同角度和不同尺度，对该设计项目进行审视。

（2）商业模式与经营手段是商业店铺的生命所在，而复合的功能定位是课题的重要前提，因此项目设计的前期阶段需要对市场有充分的认识和理解。在课程命题的设置中，鼓励学生从社会需求和经营者的角度出发，进行项目调研和商业策划，自行决定商业形态，并在设计的全过程中，体验经营者、设计师和客户的多重角色。在课程交流和讨论过程中，不再单一地讨论设计问题，而是引入不同的评价体系，是使学生提高跨界的思考能力，并在课程中得到全方位和多能力的锻炼。

（3）完善并打通各个设计环节，强调设计的整体性和完整性，提高学生的综合能力。作为一个小型的商业空间设计，在明确了商业形态之后，从商店的命名以及 LOGO 的设计出发，打造品牌形象，进行一系列的 VI 设计，并将这一商业形象用于商铺外部形象的打造，增强吸引力和识别性，而在内部氛围的营造中，侧重不同业态的组合，为顾客提供更具吸引力的功能空间。

设计中注重二维、二点五维和三维等不同维度的层次应用，如品牌名称和 LOGO 的设计是二维设计，我们侧重于用建筑设计中的平面构成和色彩构成的基本手法，更多地发挥自身专业的优势，体现几何化的形式特点；店铺招牌或立面则属于二点五维的设计，只能在原有建筑结构体系上做出比较有限的凹凸层次变化；内部空间则是一个三维空间的重塑，鼓励学生不受结构框架和小空间的束缚，创造出一定的空间形态。

（4）设计的各个内容板块主次明确，重点突出，在有限的课程学习中做到面面俱到，增强学生对项目系统性的体验和认识。室内设计是设计的主体，也是重点内容，除了方案要求的各类图纸之外，还要制作材料样板，进行家具、灯具、摆设等软装内容的选配；店铺外立面的设计内容不多，难度也相对小些，但强调发挥专业的特点，需要进行一定的演绎和表现；而品牌形象的设计则弹性比较大，简单的可以只做店名或 LOGO 的设计，而复杂的还可以进行形象的系列设计，如咖啡杯、包装袋、菜单等。在教学过程中，鼓励学生充分发挥主观能动性，借助自己的观察和思考，结合各种设计内容，打造一个心目中的理想小店。

（5）针对学生多元化的教育背景和执业经历，进行开放式设计评论，或是组建项目制设计小组。我们的学生有不少以前并非建筑学专业，可能是来自相关专业或行业，如室内设计、景观设计或者艺术设计等，甚至有个别学生在类似开发商或管理公司的甲方单位工作。他们对一个设计项目的理解往往角度不同，观点各异，组织学生进行项目讨论，并发挥各自专长，非常有利于同学之间的交流和学习，同时也便于建立团队合作方式，发扬团队合作精神。

室内设计课在建筑学的专业教学体系中虽然不是核心课程，也无法安排更多的教学环节和课时，但提高室内设计的能力仍具有相当积极的意义，加强对建筑微观理解的同时也有助于促进对建筑整体的思考。而外部形象、内部氛围以及品牌文化的综合设计更是有助于学生融汇多种设计语言，并从不同范畴和不同角度来认识和把握一个室内设计课题。

6 继续教育建筑学专业室外环境设计课程的教学思考

王越　博士 同济大学继续教育学院 建筑学教研室 讲师

室外环境设计是风景园林专业的一个部分，尺度较小，与人的关系非常密切。它的设计对象是以天为顶，以地为底，建筑立面为界面的三维空间，是建筑室内空间的室外翻转。室外环境设计是一门实践性课程，在小组实践教学中，学生结合实际课题循序渐进地开展规划设计，教师和学生一对一实践指导，教师对小组共性问题进行引导，组内师生交流探讨，教学相长。

建筑学专升本继续教育课程中的室外环境设计课程是根据学生建筑学的专业背景设置的。任何一个建筑都离不开所处的自然环境、现状地貌、交通条件等。使建筑与基地以及基地周边和谐地融为一体，是室外环境设计课程引导的方向。建筑学专业的学生往往更关注建筑的本身、关注具体的使用功能、关注物质空间的构建。针对这一特点，在室外环境设计课程中，我们首先希望学生能从柔性的、自然的角度，全面地看待建筑以及建筑周边环境，除了基本的停驻、流动需求外，能通过场域分析自主地判断可以在环境中产生的活动、功能，并将其实现。

在具体的课程内容选择上，一要考虑学生的专业兴趣度，二要考虑对实际工作的帮助，三要紧跟时代发展的脚步。我们的学生大约 4/5 来自建筑学专业，从事建筑设计工作，另 1/5 则来自各行各业，专业背景不同，工作内容也大不相同。考虑到这些情况，我们的课程内容选择了每个人都经常接触到的场所——居住区环境设计、商业广场环境设计、办公区环境设计、街头小广场设计等。这些课程设计内容从建设程序来说，是对城市设计、城市详细规划的深化，从实用来说，与建筑设计结合紧密，往往是真实设计项目中的一个组成部分。所以通过课程训练，可以提高学生对项目的总体把控能力，上接上位规划，下接项目实施。

经过几十年的高速发展，我国城市化达到了较高的水平，城市快速扩张逐渐放缓，大批量新建扩建居住区，老城区中心大拆大建相对减少。同时随着我国经济由高速增长阶段转向高质量发展阶段，人民的要求从解决基本生活必需转向了日益增长的美好生活需要。新建项目更多转为城市环境更新，对从业者提出了更高的要求。

以前居住区环境设计只需兼顾视觉景观感受和区内基本活动设施设置即可，而现在居住区环境设计关注更全面生活品质的实现，比如更注重居住人群参与运动健身的需求，使居民在紧张的工作之余能就近放松身心，增强体质。又如自然景观由视觉造景转向可持续发展的生境营造，并提供居民自主参与的可能性。

商业广场和办公区环境设计需考虑建筑群体的性质和服务对象，通常把建筑界面的展示，人流动线的引导作为重点。用硬质的铺地、软质的植物水景来营造良好的环境。在网络时代的影响下，两者也都有了不少的改变。商业中心业态更多地增加了餐饮娱乐。组合式和街道式的商业综合体也比集中式的商场更吸引客流。办公区除了结合商业形成的商办大楼，出现了办公园区、孵化基地、高新开发区等多种样态。所以，环境设计不再是以视觉观赏为主，而需提供更多的户外活动场地和空间，除了员工和访客的茶歇、午休外，还需考虑组织多种休闲、交流、健身等活动的可能性。

街头小广场设计则是最近几年城市更新建设的热点，从单一的广场范围扩大到与周边建筑的互动，满足周围居民的使用；功能上从基本的通行为主，转向吸引途经市民的停留和参与，既要展示城市街道的美景，又要满足市民丰富的活动需求。除新建以外，更多的是结合城市交通系统改造而对原有城市小广场进行更新改造。

以人为本，从使用者的需求出发。培养学生重视观察、换位思考的能力，体会不同目标人群对项目使用的需求，提供相应的功能，兼顾实用与安全。尤其在我国社会步入老龄化阶段，老龄人口对于生活质量的要求不断提高，从观赏、参与、聚会、交流等方面提升实际使用效果。我们要求学生对相同类型项目进行实地调研，以一手、一步、一臂作为参照，更直观地感知户外环境中的人体尺度；在不同的时间，观察不同的使用人群，以及使用功能的差异。通过这些设计内容，学生发现了平日匆匆上班未曾顾及的生活日常，感受与建筑室内空间有较大差异的户外空间特点，而后用于课程设计，使设计成果的实用性大幅度提升。

实践性学科专业的特点是“学怎么做”，一定程度上是师傅带徒弟的模式。有实践基础的徒弟参加继续教育，师傅的实践经验就更重要了，所以师资是继续教育特色的关键。除了专职教师，我们聘请在一线工作的资深设计师担任授课教师，当面深入指导，也邀请正在承担与课题内容相关的实际项目设计师参与期末评图及讲座，从而形成针对性很强的项目评析成果。切身体会最有价值，因此我们还鼓励学生分享自己工作中的实战经验，形成富有活力的自组织型学习共同体。

7 注重设计方法训练的交通建筑设计教学探索

赵晓芳　博士 同济大学继续教育学院 建筑学教研室 讲师

中小型交通建筑有较为明确的功能布局与交通流线的组织要求，同时建筑体量适中，对建筑结构选型与建筑技术运用都有一定要求，非常适合作为初步具有建筑设计能力的学生深入学习的一种建筑类型。因此，我们将交通建筑设计这一类型建筑作为专升本建筑学专业建筑设计课程教学的入门设计。通过这一类型的建筑设计训练，可以快速纠正学生在专科阶段形成的一些对设计片面的认知，引导学生形成更为全面和客观的建筑观，为下一阶段更具难度的建筑类型学习打下扎实的设计基础。

以类型建筑设计教学常规方法为依托，结合继续教育学生认知与专业基础特点，我们着重从案例调研与概念生成、场地布局合理性与规范性、空间特色与结构选型、徒手基本素养训练四个环节，不断训练学生掌握建筑设计工作方法，培养建筑设计意识与能力，逐步形成具有自我思辨能力的建筑师。

在交通建筑设计教学中，涉及的中小型交通建筑的类型有汽车客运站、高速公路服务区、交通枢纽站设计等。教师团队要先精选适合课程设计参观的建筑实例，然后带领学生参观，结合调研讲解设计理论知识，再组织学生进行调研资料的收集和整理，并撰写参观报告。内容包括参观建筑实例的总平面环境布局分析、人流及车流流线组织分析、平面的功能布局分析、立面造型分析、访谈及设计评价，等等，从而形成消化建筑设计原理知识的途径。

前期调研分析是整个设计的重要部分。通过对基地现状和周边环境的考量、现状类分析、区位分析、周边环境分析会形成设计理念、空间形态、场地和技术类等一系列重要的分析图纸。在概念设计方面中侧重训练概念的提出与运用两个方面。分析图表达训练分年级进行，一年级强化建筑类分析图及空间的表达分析，二年级在此基础上进而强化拆分图、场地和技术类分析表达。这样循序渐进为毕业设计绘制分析图做好准备。

交通建筑设计教学注重场地布局合理性与规范性，掌握现行建筑设计规范对场地布局尤为重要。场地布局及流线组织涉及广场、道路、建筑、停车场布局、绿化及环境等诸多方面。站后停车场占地面积最大，其布局应分区明确、流线组织顺畅。设计中着重掌握机动车出入口布局（数量、位置、形状），车辆的尺寸、转弯半径及停车方式（垂直式、水平式、斜列式），道路宽度，以及停车场的生态绿化设计等。站前广场布局应考虑城市广场设计，将城市生活引入场地，增加城市建筑活力。

在空间特色与结构选型方面，主要注重功能分区、结构体系、空间形态的把控。平面功能合理组织候车、售票、餐饮及内部办公等功能分区，采用相应的结构体系（框架、大跨度结构等），呈现出交通建筑高速、便捷、现代的造型特征。如何利用恰当的象征性手段将所在地区的文化底蕴表现出来，学生还需要提高眼界，课后自主学习借鉴。

徒手表达能力是建筑师的基本素养。在教学安排中穿插快题设计和速写练习，提升学生徒手画以及建筑图的表现能力。快题设计着重训练学生设计的基本功，即功能与形式相对应的建筑方案的构思能力和实践能力。

建立成果、过程、展示相结合的教学评价体系。贯穿整个教学周期建筑方案设计全过程训练，包含了解读课题、调研分析、方案构思、深化过程。主要采用阶段性评分与讲评交流方式，突出设计过程的重要性。教学成果评价采用公开评优和展示方式，在教学互动和及时信息反馈方面取得良好效果，打开了学生眼界、提升学习动力和兴趣，同时可以在教师团队中统一评价标准，从而促进教学质量的提高。

交通建筑设计课教学，以培养学生自主学习和终身学习的意识和能力为目标，在提升学生交通类型建筑设计能力的同时，着重训练学生掌握建筑设计的思考方法和工作方法，规范建筑制图表达，为后续类型建筑学习及设计教学筑基赋能。

8 基于两个任务的山地建筑设计教学

宗轩 同济大学继续教育学院 教授，建筑学教研室 主任
同济大学建筑与城市规划学院 博士生导师

我国是一个多山的国家，山区面积约占全国陆地总面积的 2/3，较为极端的省份如贵州省，山区占比高达 92% 以上，如何在山地进行建设是我们在设计实践中经常需要面对的实际问题。如何运用山地、建设山地、研究山地城市和建筑，是城市发展的重要课题，追求人与自然和谐，追求城市、建筑与自然和谐，是摆在我们面前的重要课题任务。

山地建筑设计一直是我们建筑设计教学中非常重要的一环，课程设置是介于交通建筑设计（设计任务一般在 1500 平方米）与商业建筑设计（设计任务一般在 15 000 平方米）之间，需要通过山地建筑设计的学习帮助学生完成从单一象限的功能性思维向多象限的融合性思维的转变，引导学生进行从单体建筑设计向群体建筑设计的思维方式的跨越，是开展高年级建筑设计的重要教学基础与教学任务。

基于实践建设需求的任务和实际设计教学需求的任务，山地建筑设计教学建立了较为明确的教学目标与教学要求。

教学目标一：树立从环境出发、因地制宜的设计观

在提倡保护生态环境、坚持可持续发展的当下，丢弃地形地貌、推而平之的设计应该被摒弃，尊重环境、因地制宜兼具特色的山地建筑应是我们不懈努力的方向。在此教学目标下，我们在设计任务选题方面对基地的地理环境条件、文化资源条件、用地坡度条件、既有周边建筑条件等进行一定的组织与控制，从而有助于学生们挖掘自然与人文环境元素，利用用地环境条件去构思创作。在教学要求方面则为“因地制宜”地设立了“设计红线”，要求学生必须贴合用地条件中等高线条件设置建筑基面，协调建筑与基地的竖向关系，

虽显生硬，但也牢牢为学生树立了从环境出发、因地制宜的设计理念。

教学目标二：重视空间体验，强调以空间功能为基础的建筑空间设计观

遵循建筑学空间观念开展教学，延续“使用空间、建筑空间、使用空间、造型空间”的空间“塑—造”逻辑，，强调设计过程的逻辑思维与系统组织。学生需要制作建筑基地模型、实体工作模型、最终成果模型以及算机辅助设计模型，在设计过程中不断训练和强化学生图纸空间与模型空间、实体空间之间的体验关联度，以此培养对建筑功能、建筑空间、建筑形式之间的协调与控制能力。在教学要求方面，不同于全日制本科院校相对开放的建筑设计教学，我们教学中需要有明确的建筑功能要求和评分机制来促进教学目标的达成，对于成人建筑设计教学，教学组织的系统性显得尤为重要。

教学目标三：强调建筑群体塑造，培养建筑设计的审美观

遵循空间观念，以功能为基础，通过形体的塑造、材料的选择以及群体的构思，让学生理解建筑并不是雕塑。它的审美应该是基于建筑功能与空间外化的反映，应该是空间与形式相协调的体现，山地建筑应该是因地制宜的，与整体的自然环境、人文环境相协调的物化空间，能够体现在地性特征。建筑群体塑造中教学要求的“红线”依然存在，要求学生需要以空间线索来组织建筑群体关系，需要“寓情于景”，塑造建筑群体意象。

山地建筑课程设计不仅能培养学生在倾斜和起伏地形条件下建筑空间和形态组织的技能，而且能训练学生掌握建设，适应自然环境的设计方法，复杂的山地地形条件将推动学生去认知建筑空间与环境的相互关系，调动学生运用设计手段去协调建筑与环境之间的空间关系，提高认知空间与塑造空间的能力，从而在山地环境之上构筑富有生命力的建筑。

9 需求·空间·行为——现代商业建筑设计教学思考

董珂　博士 同济大学继续教育学院 建筑学教研室 讲师

商业的发展与社会经济、文化水平，与人们的购买力和消费取向等要素密切相关。商业建筑作为商业行为发生的空间场所，其规划和设计的内容包含了商业定位、业态布局、动线组织、空间营造等诸多方面。

在现代社会生活中，无论是广义概念上作为所有交易行为场所的“商业建筑”，还是狭义概念上以购物行为为主要商业行为的“商场建筑”，都不再仅仅是满足人们购物需求的场所，更是扮演着社会公共领域角色的城市空间。商业建筑的成功与否，不仅要从经济价值的标准来衡量，也必须经得起社会价值体系的考量。落实到具体的设计理念、方法和步骤等方面，需要设计者对相关内容和关键要素进行全面考量和合理布局。

在现代商业建筑设计的课程教学中，不仅需要训练学生合理布局功能、组织功能流线、创造丰富的场所空间，更要建立起符合现代经济发展与城市生活需求的整体理念，从使用者的需求和体验出发，创造能够实现经济价值和社会价值的商业建筑。

与其他类型的建筑设计有所不同，前期的调研准备对商业建筑的设计尤为重要，包括商业市场调查和周边城市规划研究，目的就是为了进行清晰的商业定位，从而明确具体的需求。“需求”的满足不仅包括商户和客户消费活动的有效完成，还包括各类人群在商业建筑内外空间中获得的良好体验。

在课程教学的设计任务中，通常是已经比较明确地选定了设计基地，确定了设计规模，但设计者依然需要对地块条件和周边商业环境进行调查分析，包括周边建筑和景观、外部交通条件、场地区位、人流可达性等，以便于选择合适的目标消费人群，进行合理的业态规划，进而为商业建筑的功能、流线和空间组织提供架构。现代商业场所的消费内容涵盖越来越多的生活方面，应当将早期规划与未来租户的需求相结合，在全面分析的基础上形成尽可能完善的前期总体规划，进而进行总平面布局，包括商场主体、主力店、零售店铺的排布和主要出入口、后勤服务通道、地下车库出入口的设置等。

“空间”始终是建筑的核心所在。功能明晰、动线合理、丰富有致的商业内外空间是商业建筑的主体，它们营造出富于吸引力的“场所”，从而吸引客流到来，令人流连忘返。场所营造的方法和手段多种多样。外部空间的营造常与城市公共空间、社区空间等融合互动，而商业中心内部经常通过空间形式的变化、以及特征性元素的运用，创造出引人入胜、激动人心的空间特征和场所氛围。例如形式丰富的中庭以及天幕、飞天扶梯、观光电梯等。香港朗豪坊中庭内充满动感的数码天幕、上海静安大悦城屋顶的摩天轮等都成为购物空间的标志性特征，带来令人印象深刻的空间体验。在课程教学中，商业内外空间的设计也是主要的着力点和评价标准。

近年来，商业建筑的“动线”设计越来越得到优先考虑，往往先于平面功能布局，尤其是大型的商场和购物中心。有别于传统意义上的“流线”，“动线”的设计更着重于内部的客流和物流导向，包括线性行进的“路径”和转换驻留的“节点”，形成整个场所的“骨架”。合理、高效的动线是商业建筑内部空间规划的关键，按运行方式包括水平动线和垂直动线。成功的商业动线，一方面，具有“连点成线”的功能，串接起沿途的商家店铺，保证顾客便捷顺畅地到达每一户商铺，同时避免尽端和迂回；另一方面，它又常被用以建构空间序列，成为顾客体验空间的“线索”，简单清晰又富于趣味的动线架构能够带来一系列不同的空间体验。从顾客到达入口—进入—完成游览、购物、休闲等活动—直至离开，这一完整的体验过程，都是多向、多层次的动线构建起来的。近年来的课程教学中，也越来越注重商业建筑内部空间的动线设计，这与商业建筑的成功与否密切相关。

商业建筑的平面设计则需要与商户组合、业态布局互动，落实前期规划对租户未来的考虑，这也是商业建筑有别于其他公共建筑之处，在商业建筑教学中需要提醒学生在调研和设计阶段给予关注。尤其是主力租户的需求，会对平面设计产生较大的影响，需要尽早确定。不同业态和商家对店铺大小、尺寸比例、位置、后勤区域、车位配比等有着不同的具体要求，在完成空间设计的同时，还需满足和平衡各方商户的需求，同时保证商场的整体利益。与其他公共建筑相比，商业建筑体量大、进深大、全封闭、全空调的特点更为显著。在营造良好的室内外空间、进行合理的业态功能布局的同时，需要考虑节能高效、资源利用等建筑的可持续性设计问题，尤其是对于商业建筑中经常运用的中庭空间、屋顶花园、外立面节能等较为独特的、不同于其他公共建筑的构成元素，这也成为商业建筑设计教学中需要关注的环节。

现代商业建筑的形式渐趋丰富，购物中心和城市综合体的越来越多元化，区别于传统商业的这一大特点在于它们能够提供更为丰富多彩的城市生活内容，包括购物以外的休闲、娱乐、家庭活动等功能。而现代社会人们生活方式的改变以及网络购物等新趋向的出现，也驱动着商业建筑的功能和形态在未来不断发生改变，包括满足消费者体验需求的体验性消费的兴起、以儿童需求为先的家庭式消费的发展、满足个人情感需求的个性化消费的追求等，极大地增加了商业场所的魅力和吸引力。许多商业建筑已经成为多义性、多元化的场所，商业项目的命名也从“XX 广场”升级为“XX 城”，如“大悦城”“万象城”等。商业建筑的设计，应当注重空间的复合性和趣味性，扩展商业建筑的设计内容，将人们在其间的活动落实转化为丰富的体验，包括空间的体验、情感的体验等，并随之调整功能业态，创造成功的商业空间和场所。在教学过程中，引导设计者树立这样的目标和理念，并在教学成果中得到呈现，体现了设计教学的时代性和实践性。

10 引导式教学与多元化学习——近年来高层建筑设计教学的思考与实践

包海斌　博士 同济大学继续教育学院 建筑学教研室 副教授

高层建筑设计多年来一直是同济大学继续教育学院建筑学专业课程设计的主要课题，设计主要训练学生处理高层公共建筑形式、结构和设备的复杂关系的能力，理解消防设计规范在方案设计中的重要作用，以及强化训练复杂建筑功能内容的处理能力。多年来的教学围绕着这三个基本核心目标展开，顺利地达到教学目标。

但随着城市建设、经济水平提高以及信息交流方式的快速变化，我们明显地感受到建筑学专业成人学生在学习背景、学习目标以及学习方式上有非常大的变化，主要突出的表现在以下三个方面。

（1）中国经济快速发展，高层建筑建设量增加，这种类型变得越来越常见，方案设计中对高层建筑这种建筑类型的期待变化了。高层建筑设计课程确立早期，中国高层建设量较少，城市设计中高层建筑常布置在重要的区域和节点，而高层建筑被期待具有比较强的地标性。近年来中国经济发展的表现之一就是建筑高度增加，高层建筑成为最大量的建筑形式，高层建筑已经成为城市建筑背景，而建筑形式的独特性不再是最重要的期待。

（2）中国就业环境变化，设计人员流动加快，其他行业人员学习建筑设计更常见了，他们学习高层建筑设计有其特点。越来越多的其他专业背景的学生来同济大学继续教育学院学习。他们来自商业、其他工科、计算机等专业岗位，有各自专业训练过的思维方式特点，有些对学习设计有帮助，也有些不利于建筑方案思维的培养，但是知识面的扩大从基础上来讲，有利于学习建筑设计，较容易开阔思路，提出创新性方案构思。

（3）学生的学习目标更多样化了，并不单单局限在建筑设计岗位。根据最新的社会调研，建筑设计人员的职业生命不如预想得长，而是出人意料地明显缩短了。当未来离开设计一线岗位之后需要具备的技能，有一些需要在学习阶段就有所准备，提前播种。在行业内转换方向之时，已经有必要的知识技能准备，这是教学中应该包括的内容。还有一些学生，学习的目标并不是要进入专业领域，而是基于其他艺术相关行业拓宽知识视野的需要才来学习建筑设计，学生的学习目标多样性情况出现得越来越多，例如有学生为提高自身素质来学习，有大众建筑评论媒体人员来学习，有程序设计人员为开发相关专业或者游戏软件来学习等。

因此，我们高层建筑设计教学方式主动有所改变，以适应这种新情况。

1. 教学由引导与传授结合替代以传授为主导的方式

传授式的教学方式更有利于具体的专业知识的传递，对于高层设计所特有的消防规范、高层建筑的结构类型和高层建筑设计所特有的形式和空间处理手法，传授式的教学更合适，教学中应给予基本保证。其他方面，比如近年来在高层设计领域增加的绿色建筑设计、数字化审美、新设备和新的社会活动方式等方面，传授方式就不是最合适的教学方法了，引导式的教学方式更能启发学生的思路，提高学生的积极性。我们强化了调研和交流环节，调研要求有单人和多人合作的不同形式；调研内容仅仅规定最基本的内容，供学生发挥的余地最大化；成果交流增强参与性，班级全体学生和学习小组可以共享调研内容。最大化包容学生提出的方案构思，只在明显偏离教学目标的情况下才给予修正，鼓励学生往跨专业方向上设想，哪怕对最终成果的完整性有所损害，也需要保证学习过程的开放性，使学生的学习成果有超过老师知识范围的可能性。

2. 翻转式教学方式发挥学生已有知识背景多样的特点

在教学形式中，发挥翻转教学的优点。先由学生为主进行互相的交流和改图，老师进行组织和总结；课前学生进行方案设计绘图，替代传统方式“老师讲解要求后，学生按照要求绘图”，课上进行方案图的讲评和修改。教学目标和课程基本要求由老师提出，然后每个学生针对自己的需求为自己设置具体目标，再制订自己的个性化学习进度表。

继续教育的学生有各种专业背景，在教学中能够取长补短。教学中曾经出现过各种例子，高层裙房部分设置观影功能，有一名学生从事知名影视院线管理推广工作，就请他就自己的专业进行设计前讲座；有学生在人防部门所属设计岗位，就由他讲解高层地下室人防设计的管理要求和当前的行业特点；有学生工作是关于建筑表现图和模型服务的，就由他协助老师指导高层建筑表现图绘制和模型制作。

3. 弱化专业技能训练目标单一的特点，增加创造性思维和审美思辨在高层建筑设计教学中的权重

教学保证以训练一线设计岗位的专业方案技能为基础，扩展了多种其他目标。高层的审美特征已经不是简单的塔式形体上的创造，而是更加多样化的建筑形体。建筑欣赏和流行趣味更多地体现在教学中，比如数码化的表皮、层叠式的不均匀形体、流线形和具象形，都有一定的审美价值了，这些时髦的趣味，老师努力地转变眼光去适应，同时尽量传授给学生经典的现代建筑语言。

以上的调整内容，经过了近 3 年的实践，取得了预期的效果。学生学习的积极性有明显提高，课程作业成果从过多追求图面效果转变成更多地体现学生各自的特点，创造性构思更加多样化，学生提交的设计方案出现了以往未出现过的新方向。学生毕业后的多样化发展方向，也有我们更新高层建筑设计课程的贡献。

高层建筑设计课程教学在保持课程主干稳定的前提下，动态地微调教学方式和内容侧重，可以更好地提高教学成果，培养对应社会需求的专业人员，更好地持续为社会服务。希望在未来能持续地积累这些课程“微更新”，在课程主干的组成内容和组合方式方面能有更大的进步，进一步探索适应时代变化的、更好的教学方式。

11 应对复杂城市环境与提升设计综合能力为导向的毕业设计教学

张伟　博士 同济大学继续教育学院 副教授，建筑学教研室 副主任

建筑学专业教学应反映社会和城市的发展问题与实践成果，以及行业发展的最新需求，以提高专业教育的质量与社会适应性。建筑教育不仅仅是知识的传授，更是对承担相应社会责任的专业人才的培养。毕业设计是建筑专业教学的终端环节，从继续教育建筑专升本培养实践型设计从业人才的角度，其目的是进一步培养和提升学生理论联系实际，发现问题，解决问题，进而综合处理多元复杂城市与建筑设计问题的能力。

随着时代进步，社会、经济发展，城市化进程的不断推进，城市与建筑设计面临诸多的问题：如大规模开发的环境问题、城市发展中的城市（建筑）更新与保护问题、老龄化趋势下的城市与住区建设问题等。建筑专业教学应该与时俱进，在毕业设计教学中结合这些城市热点议题有助于培养学生的社会意识和责任感，引导学生从关注建筑问题到关注城市问题，锻炼学生综合运用所学到的建筑设计理论知识与设计方法，在设计中分析和应对多元复杂城市与建筑问题带来的挑战，从而进一步提升学生的专业综合能力。具体包括前期调研策划、设计创新、交流沟通、团队协作等能力。这就要求我们在毕业设计的教学内容、教学模式、教学方法等方面以应对复杂城市环境与培养设计综合能力为导向进行改革与创新。具体实施方案如图 1 所示。

1. 毕业设计教学内容

毕业设计选题是毕业设计教学内容改革的关键。继续教育建筑学专升本毕业设计选题原则：

1）以当前社会与城市发展实际问题为出发点，从关注建筑问题到关注城市问题

从近几年继续教育建筑学专升本毕业设计的选题来看，题目均来自实际项目。为了强化复

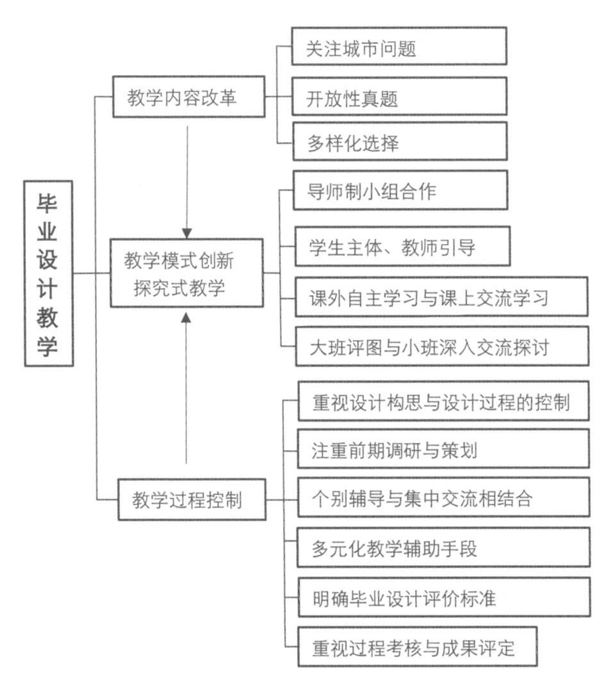

图 1　探究式毕业设计教学实施方案

杂城市环境下的整体设计思维训练，这些课题结合城市发展热点问题向广度和深度发展，具有一定的综合性、复杂性、创新性、研究性，促使学生从关注建筑问题到关注城市问题，探究建筑与城市社会、经济、历史文化等方面的深层联系。如 2016—2020 年的选题内容涵盖了城市综合体与商业街区开发设计、历史街区（建筑）保护与更新设计、美丽乡村改造、大学校园与产业园区规划设计、老龄化社区规划与建筑设计等课题项目。

2）课题由封闭到开放

不同于之前设计课有明确的设计任务书，毕业设计题目还具有一定的开放性。要求学生通过调查分析、前期策划，提出或完善设计任务书，经讨论修订后进行设计。因此，该阶段教学应强调前期调研策划、相关新知识的补充、规划与建筑设计方案的探讨及规划与建筑设计规范的应用等，这有助于激发学生的学习积极性，培养学生的自主学习和创新能力。

3）课题规模与任务具备可供学生选择的灵活性与自由度

继续教育建筑学专升本生源主要是具有专科学历的在职人员，不同的学历背景、工作经历造就了生源层次参差不齐。这些学生由于之前的学历背景，理论基础薄弱，理论与实践的综合运用能力有待提升。经过 3 年的学习，理论水平和设计能力有了一定的提高，理论知识与专业实践综合能力有待通过毕业设计进行检验、训练和进一步提升。

为了充分调动学生的积极性，做到因材施教，应在毕业设计课题规模设置和任务分配上考虑一定的灵活性与自由度，学生可以根据自己的能力和兴趣有所选择，通过小组组员协同合作完成毕业设计任务。以 2018 年毕业设计课题“浙江桐乡综合老人社区规划”项目为例，其用地面积为 13.8 万平方米，建筑面积达 15 万平方米。该项目设计内容包括：医疗康复设施（社区卫生保健院、全护理老人养护院）、老年公寓与住宅、老年文化和休闲设施（老年大学、老年文化交流中心、老年活动与健身中心等）、配套商业等服务设施及办公管理用房等。课题任务要求：5 人为一组完成毕业设计，要求前期调研与策划由小组组员协同完成；总体设计由 1 人承担，但应集合小组智慧；其余 4 人每人可选择所列设计内容的 1 项或 2 ～ 3 项，由个人调研、策划并设计完成。

2. 毕业设计教学模式

毕业设计课题不仅基地与建筑规模变大，影响设计的环境要素更加多元复杂，设计内容也涉及多种类型的建筑，对学生和指导教师都具有一定挑战性。如还采取之前的建筑原理讲解、布置任务再进入设计阶段的教学模式，教学时间、进度与教学效果恐怕都无法保证，因此教学模式必须转变。我们在毕业设计教学中引入探究式教学模式，通过教师角色的转变，以教师引导、小组合作的方式完成毕业设计，取得了令人满意的教学效果。

1）教师角色的转换

探究式教学模式首先要转变传统教师的主体角色，发挥学生主体性和能动性，教师由从“授之以鱼”转向“授之以渔”。在教学过程中，教师需要引导师生之间、学生之间进行有效的交流，形成开放式的学习环境，同时借助现代教育手段实现教与学的角色转换。信息技术为知识普及提供了更快捷、多样的渠道，降低了对教师传授知识的依赖性，且更具个性化特征。教师应鼓励学生通过不同渠道自觉地设计和完善自己的知识结构。

2）导师制小组合作

借鉴现代设计单位工作室模式，毕业设计采用导师制小组合作模式。在考虑社会需求、城市发展且明确教学目标的前提下，教师可结合自身研究方向和科研擅长，选择和制订相应的课题，形成多元化的毕业设计教学环境，为学生提供更加多的选择和学习机会。学生则根据意愿选择课题。具体办法：大班根据不同的课题分班，每个课题一般由 3 ～ 6 组组成小班，每个导师负责 2 ～ 3 组，每组 4 ～ 5 名同学，以小组为单位完成毕业设计。分组采用自由组合，老师个别协调的原则，鼓励小组同学发挥各自优势和特长，取长补短。

经过近几年的教学实践与探索发现通过采用导师制小组合作模式，建立了行之有效的毕业设计工作方法及教师与学生、学生与学生之间的课内外交流机制。通过大班集中横向交流评图和小班纵向深入交流探讨的教学方式，学生的学习热情和创造力得到了充分的发挥，相互交流碰撞使学生的设计思维得到进一步拓展和锻炼，同时培养了学生交流沟通能力和团队协作精神。学生普遍感到学习收益很大。

3. 毕业设计教学过程控制

为保证教学质量和教学效果，避免重视成果忽视过程的发生，实现探究式教学的目的，在毕业设计教学中应注重教学过程控制与教学环节的设计。

1）重视设计构思与过程的控制

教学中注重设计构思与过程的控制。培养学生提出问题—分析问题—解决问题的研究方法与实际应用能力。这是建筑设计教学的核心思想。具体包括设计资料收集与文献阅读—基地调研与数据分析—项目定位与策划—任务书细化—设计概念与构思—总体布局—单体建筑设计与环境设计等多个环节。要求学生从社会、经济、文化、历史、生态、技术等多方面对城市环境影响要素进行综合分析与评价，并综合运用城市设计、场地设计、建筑设计知识以及建筑技术与法规知识分析问题、解决问题，从而提升学生研究创新能力。要实现这一目标，指导教师如何引导学生明确设计工作目标、任务、制订工作计划变得尤为重要。因此，在暑期开展前期调研工作伊始，就要求学生制订详细的小组工作计划，明确团队和个人工作目标、任务、方法和小组交流合作过程节点、交流主题等。指导教师根据同学制订计划提出建议、通过参与小组交流检查学生完成情况，实现过程的控制。

2）注重前期调研与策划

首先在时间安排上，提前部署，让学生提前进入毕业设计准备阶段。在第六学期末开展毕业设计动员工作，以便学生利用假期进行课题调研和前期策划——熟悉设计任务、调查研究、完善任务书、学习相关知识、分析问题、提出解决方案和总体概念等，并分工合作完成小组调研报告。这一准备阶段对开学后毕业设计的顺利开展至关重要。因此，暑期每个课题指导老师要安排至少 3 次讨论课，引导学生熟悉毕业设计任务，明确目标，学习相关知识，运用多种调研方法更好地完成前期工作。

3）个别辅导与集中交流相结合的互动式教学组织

从毕业设计教学实践过程中发现互动式交流是引导学生不断深化设计方案最有效的教学方式。在教学中强调小组协同合作的同时应鼓励学生的个性化发展。个别辅导、一对一的交流可以因材施教，发现并具体解决每个学生在设计中的问题，引导他们完善构思、深化设计。导师参与的集中交流则有利于引导学生建立团队意识，培养协同合作能力。我们发现小组合作过程中有些学生不善交流，或特立独行，或过于天马行空，还有的小组同学缺少整体设计思维观念，各自为政。通过集中交流可以引导学生建立全局观念，并通过不断努力找到完善设计概念—整合设计的方法。总之，在这一过程中教师要充分调动每个同学的积极性，鼓励他们发表自己的见解，通过相互交流取长补短，锻炼思辨能力，激发学习热情，调动课堂气氛，促进教学相长。

4）多元化教学辅助手段

多媒体教学运用已成为普遍的课上教学手段。此外，为了方便课外交流，班级、小班和小组建立了各层级的微信群。2020 年由于疫情原因，学院建立和开辟了 Zoom 等线上课堂。得益于技术的进步，不断丰富和多元化的辅助教学手段使学生之间、教师与学生之间的课上和课下交流和信息发布等变得更方便和快捷。

5）明确毕业设计评价标准

在毕业生设计教学中，我们建立了明确的毕业设计综合评价标准：①设计构思、设计立意；②设计分析深入度；③设计完整度和设计表达完整度；④小组成员协作程度。其中构思与创意、设计分析深入度及小组成员协作程度三条均体现了对毕业设计过程的重视，也是最终实现小组毕业设计完整度和设计表达完整度的重要前提。在前期毕业设计动员课会让学生提前明确毕业设计的评价标准。这对于促进学生重视前期调研与策划、促进团队合作与小组交流具有积极意义。

6）重视过程考核与成果评定

为了构建完整的毕业设计教学体系，提高毕业设计教学质量，毕业设计安排了三个重要考核节点：总体规划汇报（调研成果）、中期考核和毕业设计答辩。其中总体规划汇报的目的是检查学生前期调研和方案策划的成果，体现了对前期调研、设计构思过程训练的重视。总体汇报采用大班集中交流、老师点评和学生互评形式，形成不同课题之间的交流碰撞，起到激发灵感、启发思维、拓展学生眼界，同时提高学生交流表达能力的作用。中期考核与中期总结需学生提交中期成果，老师通过集中评图和交流，及时发现教学过程存在的问题和学生毕业设计出现的问题，对设计问题多、工作量不够、没有跟上进度的同学进行督促，并在之后的中期总结大班课上总结毕业设计共性问题，提出整改意见，明确下一阶段的毕业设计要求。毕业设计答辩由外聘专家和毕业设计教学教师共同组成答辩评委，答辩成绩综合毕业设计图纸成果与答辩情况来评定，最终毕业设计成绩的评定则坚持设计过程的重要性原则，是综合毕业设计过程表现和答辩成绩的结果。答辩环节也是学生重要的学习和锻炼的机会。

综上所述，以应对复杂城市环境与培养设计综合能力为导向的继续教育建筑学专业毕业设计教学探索是对该专业专升本近几年毕业设计教学的总结和思考。时代发展、社会需求、城市发展变化、人才培养目标等始终影响着建筑教育的发展与变化。继续教育建筑学专业教学应该紧密结合城市发展和人才的培养需要，不断进行教学内容更新，以及教学模式与教学方法的改革与创新。

课程设计

Curriculum Design

1 交通建筑设计

Transportation Architecture Design

基于枢纽综合化的建筑设计

教师：赵晓芳、宗轩、王越、马怡红、庄俊倩、邓靖、张伟、包海斌、殷永达、周琳琳、陈卓 等

年级：一年级 春季学期

目标

交通运输在国民经济中的地位越来越重要，交通建筑与设施正在成为城市、区域与国家重要的标志性建筑类型之一。如今综合交通枢纽建设总量和建设规模越来越大，交通枢纽正在向以交通为核心、多种业态融合的城市综合体演变。在教学层面，需要学生学习和掌握与城市生活相融合的交通建筑设计理念。

基础教学阶段是学生进入建筑专业学习的关键阶段，是建立基本建筑技术观念的重要环节。依托类型建筑的设计教学方法，交通建筑设计着重从调研与概念设计、场地与文脉、空间与造型、徒手基本素养训练四个环节，让学生从入学的第一个设计开始，掌握设计课学习和工作方法，修炼学生自主学习和独立判断能力，培养终身学习的意识。

交通建筑设计应结合多元化的城市生活，营造富有活力的城市枢纽综合体；合理进行交通流线组织与场地功能布局；作为城市门户，建筑形象应具有标志性；体现现代交通的高效、快速与便捷，彰显现代建筑的魅力；并应呈现尊重自然和地域文化的环境观；同时体现应对环境的技术、生态策略。

理念

注重培养学生处理交通流线和环境的关系，在场地规划条件允许的情况下解决场地布局的种种问题，并激发创造性，立足区域环境将文化商业体验和生

态技术策略融入设计之中，创造出能够汇聚活力的交通建筑空间。

手段

实地调研与场地分析相结合，从城市环境、地域文化、生态技术、功能形式等多方面入手，激发设计灵感。配合手绘速写和快题表达训练，提升学生专业素养和手脑表达的一致性。

案例分析与文献阅读相结合，通过撰写调研报告，充分了解交通建筑的功能特点和空间形式，在增加感性认识的同时为设计的开展打下基础。

在概念设计阶段灵活运用手绘草图、电脑模型推敲方案，加强总体布局和空间造型的思维能力；在总体设计、深入设计和细部设计阶段培养学生设计分阶段、逐步深化的工作方法，以及电脑软件的熟练运用和表现能力。

设计的各个阶段进行小组评图和公开评图，把控教学进度，促进团队教师之间以及学生之间的相互交流，锻炼学生的方案汇报能力。

课题一

新建长途汽车客运站，规模按四级站规模等级考虑，日发送旅客数为 2000 人，5～6 个待发车位（其中至少有 1 辆可停靠大巴士）。总建筑面积控制在 2000 平方米以内，建筑层数 1～2 层。

总体场地设计部分：①站前广场要求考虑出租车候客站，设置至少 20 米出租车候车带，应能同时停靠 6 辆出租车；并考虑 40 辆社会车辆停放车位，社会车辆由专用通道与公交车分流，驶入停车场或出租车候客站，实现大小车分离；②站场至少考虑能容纳 20 辆过夜大巴士车的停放（其中代发车位可兼作过夜车停放），场地内配置洗车区和维修站，洗车区长、宽尺寸为大巴士公交车车位面积的 1.5～2 倍，且宽度不宜小于 4.5 米，长度不宜小于 13 米。维修站房尺寸 15 米 ×9 米。

客运站房设计：③候车区 900 平方米；④售票区 300 平方米；⑤办公区 160 平方米；⑥设置 500 平方米的餐饮面积，餐饮形式可以自行确定。

课题二

设计拟在 G50 沪渝高速公路浙江段（湖州）配套新建一高速公路服务区，以方便过往车辆及旅客。用地面积约 24 000 平方米，建筑面积控制在 2000 平方米左右，容积率 0.1，覆盖率不超过 10%，绿化率不低于 20%，建筑退让道路红线 20 米，退用地界线 5 米。要求进行场地设计和建筑单体设计。

总体场地设计部分：①设两个车行出入口与辅道相连；②露天停车场设计：可同时停放大货车 20 辆、大型巴士 20 辆、小汽车 60 辆；③基地内的绿化景观设计；④基地内的配套：配电房 150 平方米、水泵房 50 平方米、修理站 280 平方米的布置设计。

综合楼单体建筑设计：⑤餐饮设施：约 900 平方米；⑥服务设施：约 400 平方米；⑦后勤管理用房：约 500 平方米；⑧楼梯、走道、门厅、厕所等若干。

课题三

基地位于上海市杨浦区淞沪路殷行路（新江湾悠方购物中心）公交首末站原址。用地约 1 公顷，站场内停车坪布置 2～3 辆公交车，不考虑内部小汽车停车；商业广场地铁 10 号线 6 号出口处考虑非机动车停车 50 辆。基地考虑出租车、私家车临时停靠和残障人士使用要求。候车区总建筑面积控制在 300 平方米，1～2 层。要求功能分区明确、流线短捷清晰、使用舒适方便。

站房建筑设计：①候车区：约 180 平方米；②办公区：约 80 平方米；③书报售卖：约 20 平方米。

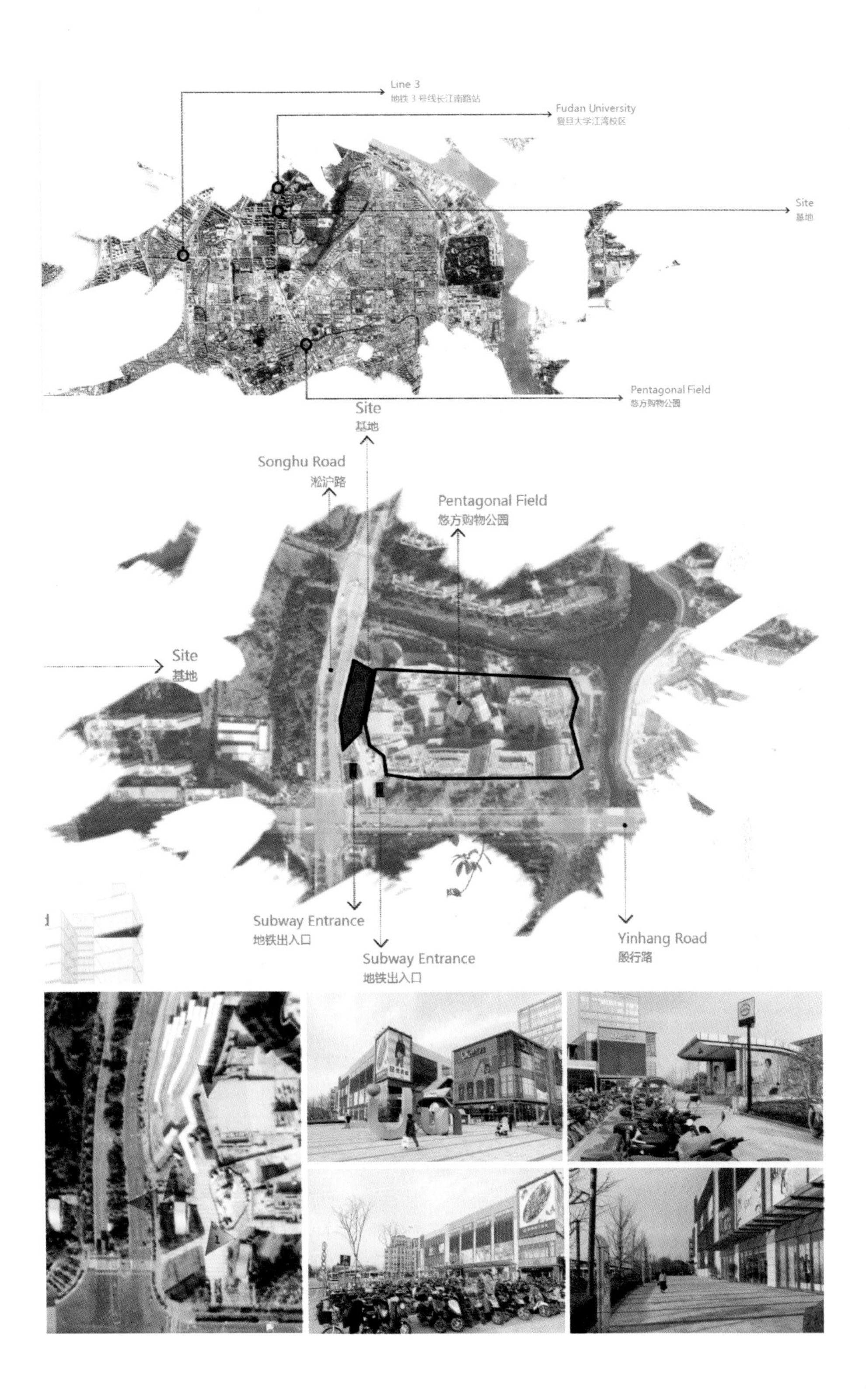

Line 3
地铁 3 号线长江南路站
Fudan University
复旦大学江湾校区
Site
基地
Pentagonal Field
悠方购物公园
Site
基地
Songhu Road
淞沪路
Pentagonal Field
悠方购物公园
Site
基地
Subway Entrance
地铁出入口
Subway Entrance
地铁出入口
Yinhang Road
殷行路

学生作业案例之一

上海折叠

学生
王盼
教师
赵晓芳
年级
2020 级

基地位于上海南浦大桥（沪军营路）。设计者通过剪切、折叠的手法，将用地最大限度利用并公园化。该方案以立体化方式进行组织，将客运站房及站场停车空间布置在地面层，社会车辆停在餐厅商业空间的地下层，而在客运站屋顶增加市民的公共活动空间。南浦大桥文艺重地打造出公园式客运站形象，以融入滨江片区环境；客运站房采用分散式布局，在候车厅与售票商业之间形成贯穿基地对角线的休闲步行广场以引入人流，形成开放式城市广场、围合式步行空间与屋顶公园的立体化递进的景观层次，但客运站停车场空间存在局限。

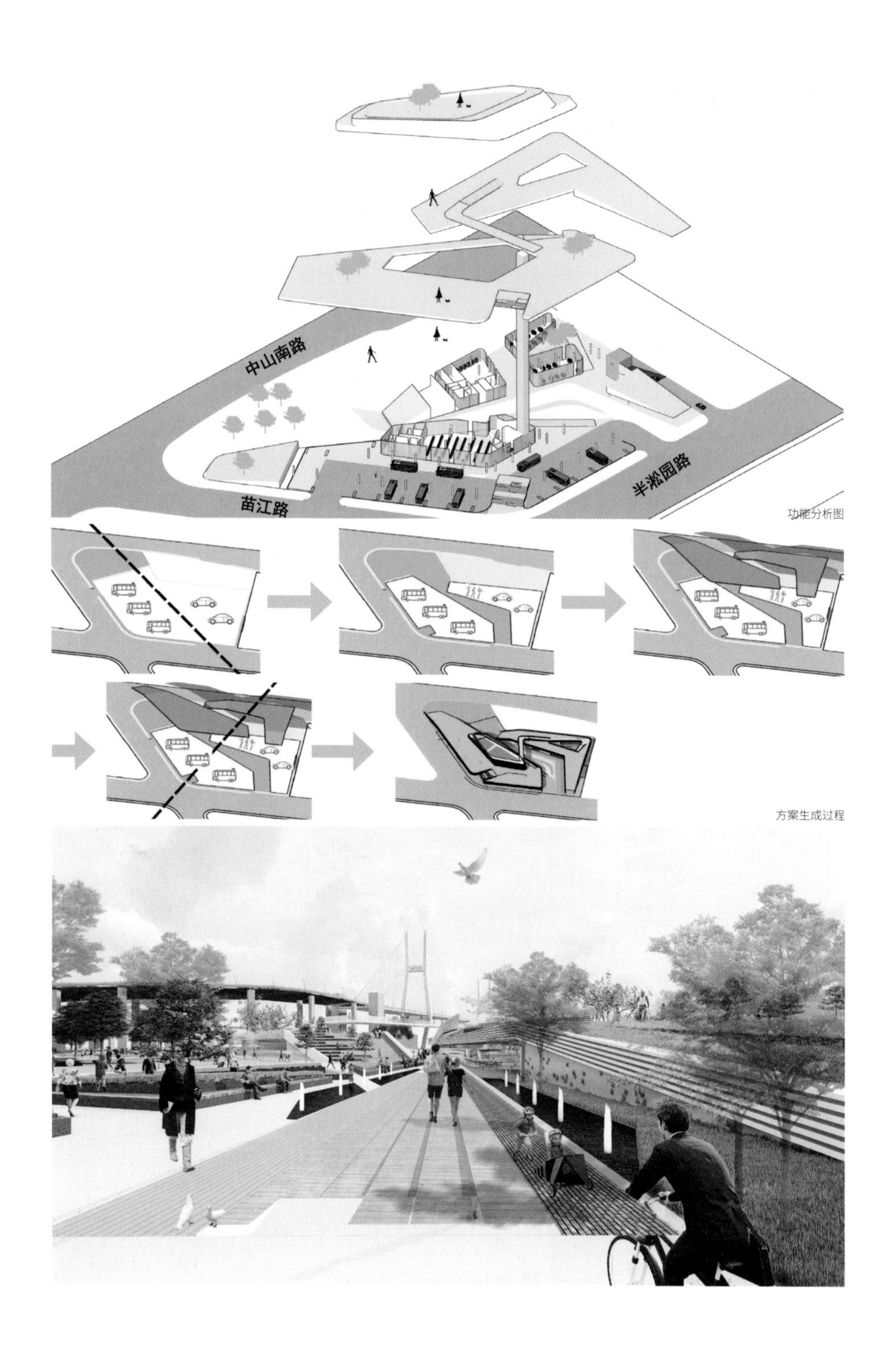

功能分析图

方案生成过程

学生作业案例之二

白玉兰

学生
林川
教师
王越
年级
2020 级

基地位于上海南浦大桥（沪军营路），是连接浦东、浦西的重要地段。设计者通过对大桥“花朵绽放”形态的提炼，以上海市花“白玉兰”为概念，与黄浦江对岸的中华艺术宫形成“圆形”与“方形”的对比，挖掘上海本土文化打造区域地标建筑。该方案从场地布局到建筑形态紧扣概念主题，宛如从地面生长蔓生的花朵与南浦大桥融为一体，同时兼顾与城市广场及城市绿地环境设计的有机融合，人车分流、流线组织合理顺畅。在功能方面由于受到花瓣造型的局限，办公区部分空间形态不利于使用，需进一步优化。

外墙弧线圆心
外墙弧线
办公区
采光风道
餐饮区
竖向交通联系
办公区
售票区
候车区
建筑立面与空间分析图
图例:
办公人员流线
污物通道流线
就餐人员流线
二层人流分析图
售票区出入口
办公区出入口
餐饮区出入口
到站出口
发车区出口
餐饮区出入口
图例:
购票人员流线
办公人员流线
出站人员流线
就餐人员流线
候车人员流线
一层人流分析图
二层平面图 1 ： 200
一层平面图 1 ： 200

虬—龙

学生
王先亮
教师
马怡红
年级
2020 级

基地位于上海市静安区地铁 3 号线宝山路站北部的虬江路，西面隔着公兴路紧邻原北区长途汽车客运站。设计者从“虬”字提炼出“龙”的形态，以客运站房为龙头，站前广场和城市广场为龙身和龙尾，为旅客和周边市民提供一个环境优美、休闲娱乐与城市生活相融合的场地。屋顶露台形成观景平台，立面上采用高大的立柱支撑起弧线形网架屋面，通透的玻璃幕将室内外环境相融合，以飘逸、轻盈、极具趣味的建筑形态，赋予客运站强烈的现代感。

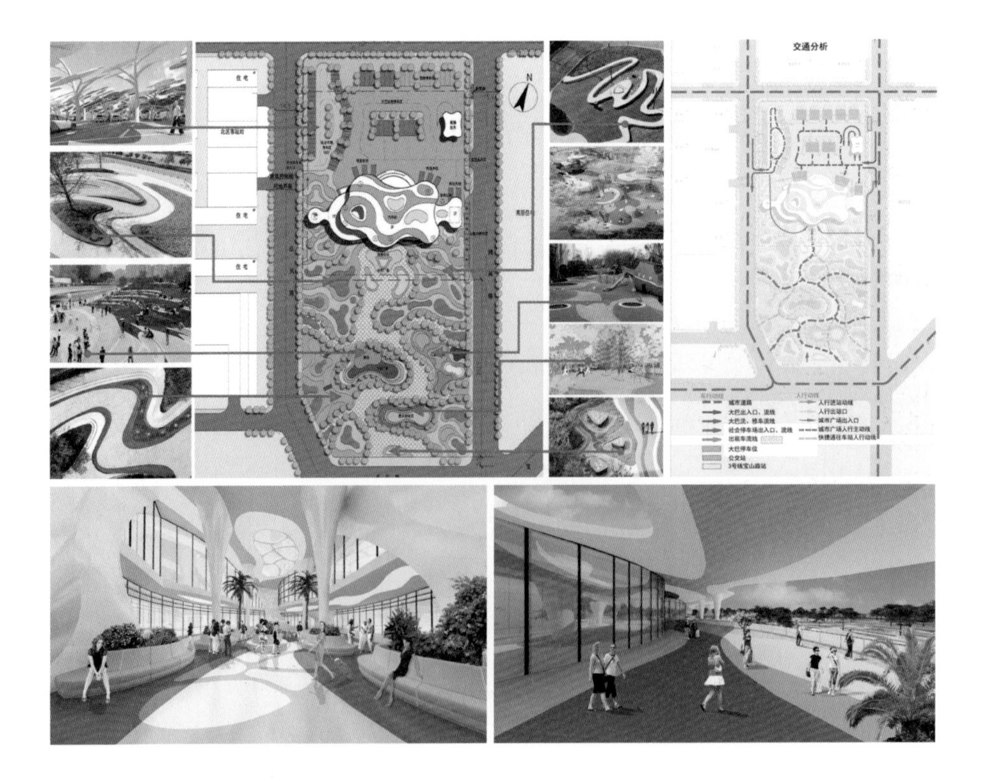

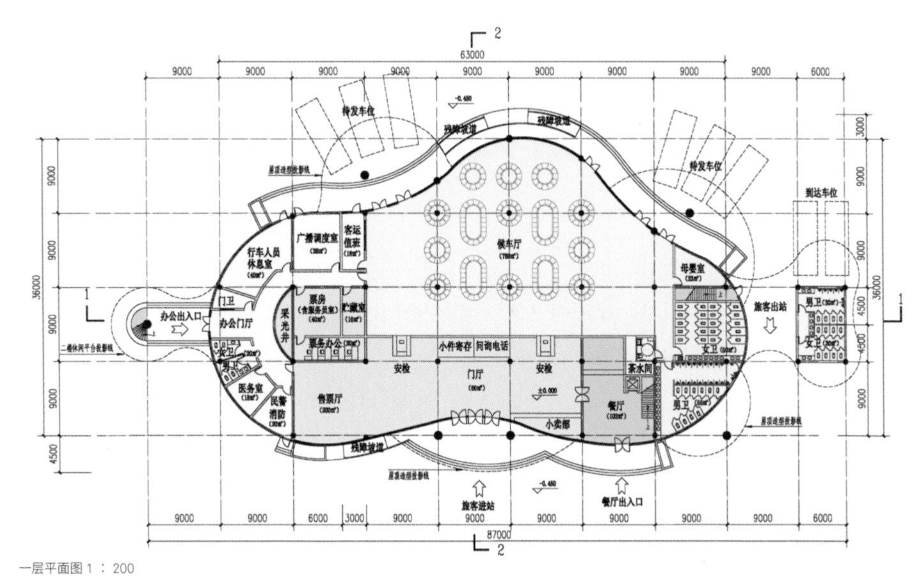

一层平面图1：200

立面图1：200

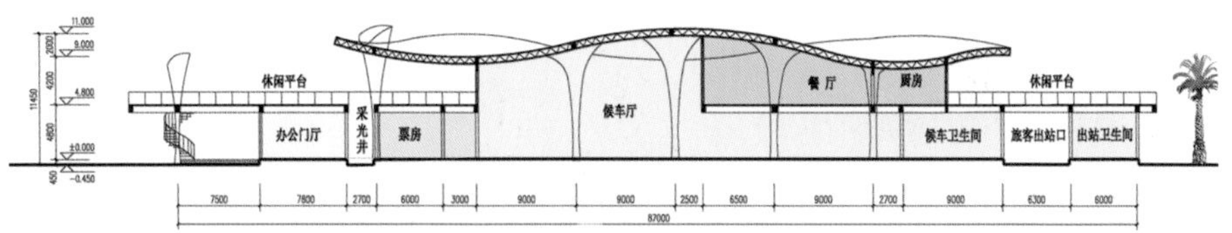

剖面图1：200

学生作业案例之四

苏州汽车客运北站

学生
李维梨
教师
赵晓芳
年级
2017 级

基地位于江苏省苏州市汽车客运北站原址。设计者结合苏州传统建筑粉墙黛瓦的建筑元素，以现代的设计手法进行表达，与西侧的苏州火车站遥相呼应。该方案车流和进出站人流的流线布局清晰合理，建筑空间组织错落有致。客运站房候车厅上空三组三角形屋架连续蜿蜒，韵律感较强，形成开放包容的旅客集散入口灰空间与明亮宽敞的室内大厅空间。

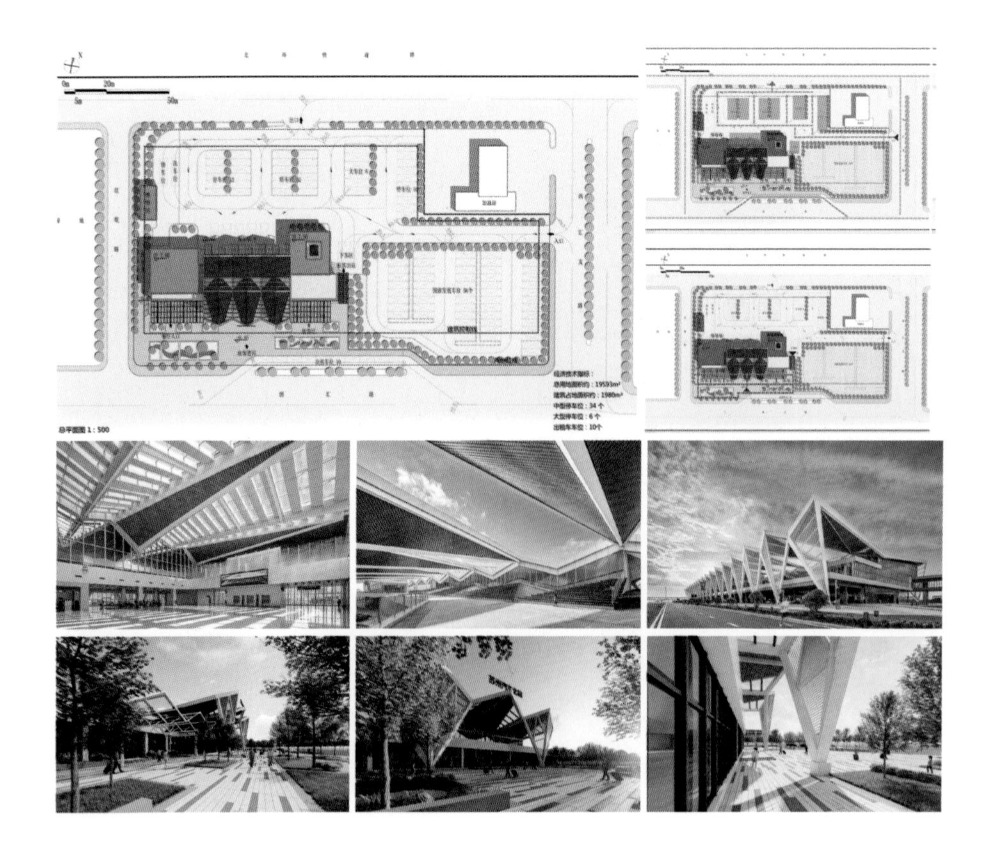

总平面图 1 : 500

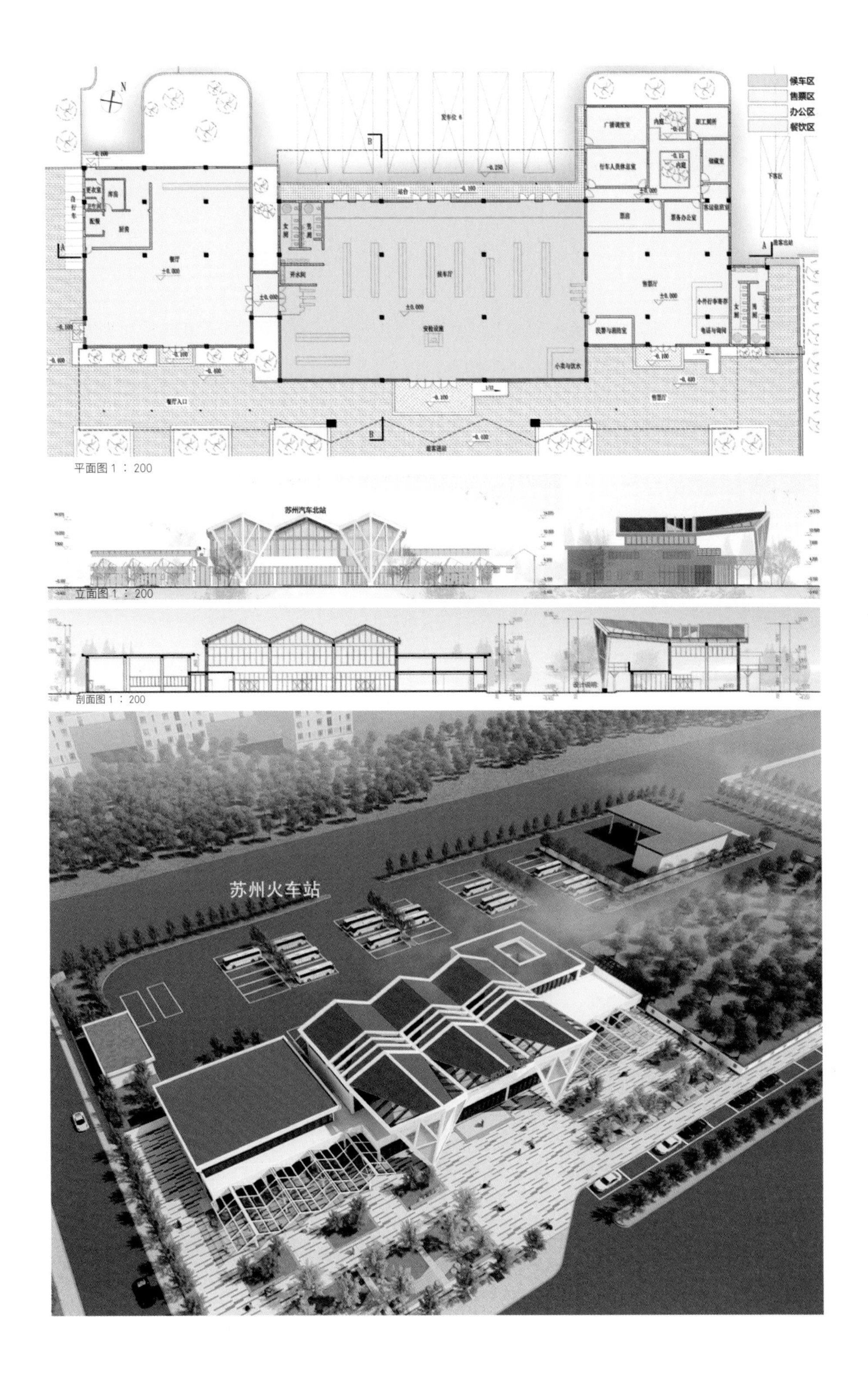
候车区
售票区
办公区
餐饮区
平面图 1 ： 200
苏州汽车北站
立面图 1 ： 200
剖面图 1 ： 200
苏州火车站

学生作业案例之五

折憩

学生

王潘俊

教师

宗轩

年级

2017 级

基地位于湖州 G50 沪渝高速公路浙江段。设计者采用“粉墙黛瓦”江南民居的建筑风格，以连绵起伏的屋顶方式，营造高速公路服务区良好的空间环境体验。沿建筑外墙挑出外廊，形成良好的过渡灰空间。大客车及货车停在基地外侧邻近下匝道处，小客车停放在基地内侧，维修区结合加油站布置在靠近出口处，车流流线布局合理。建筑表皮设计用木格栅装饰，突显屋面“折”的起伏感。建筑功能着重处理卫生间大量人流与商业餐饮休憩人流之间的流线干扰。

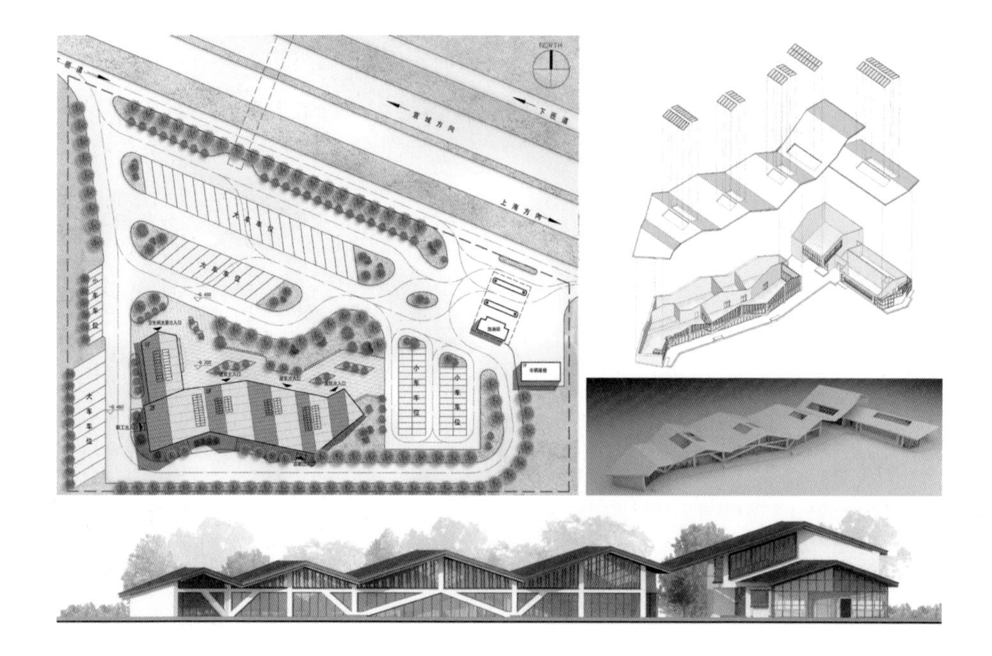

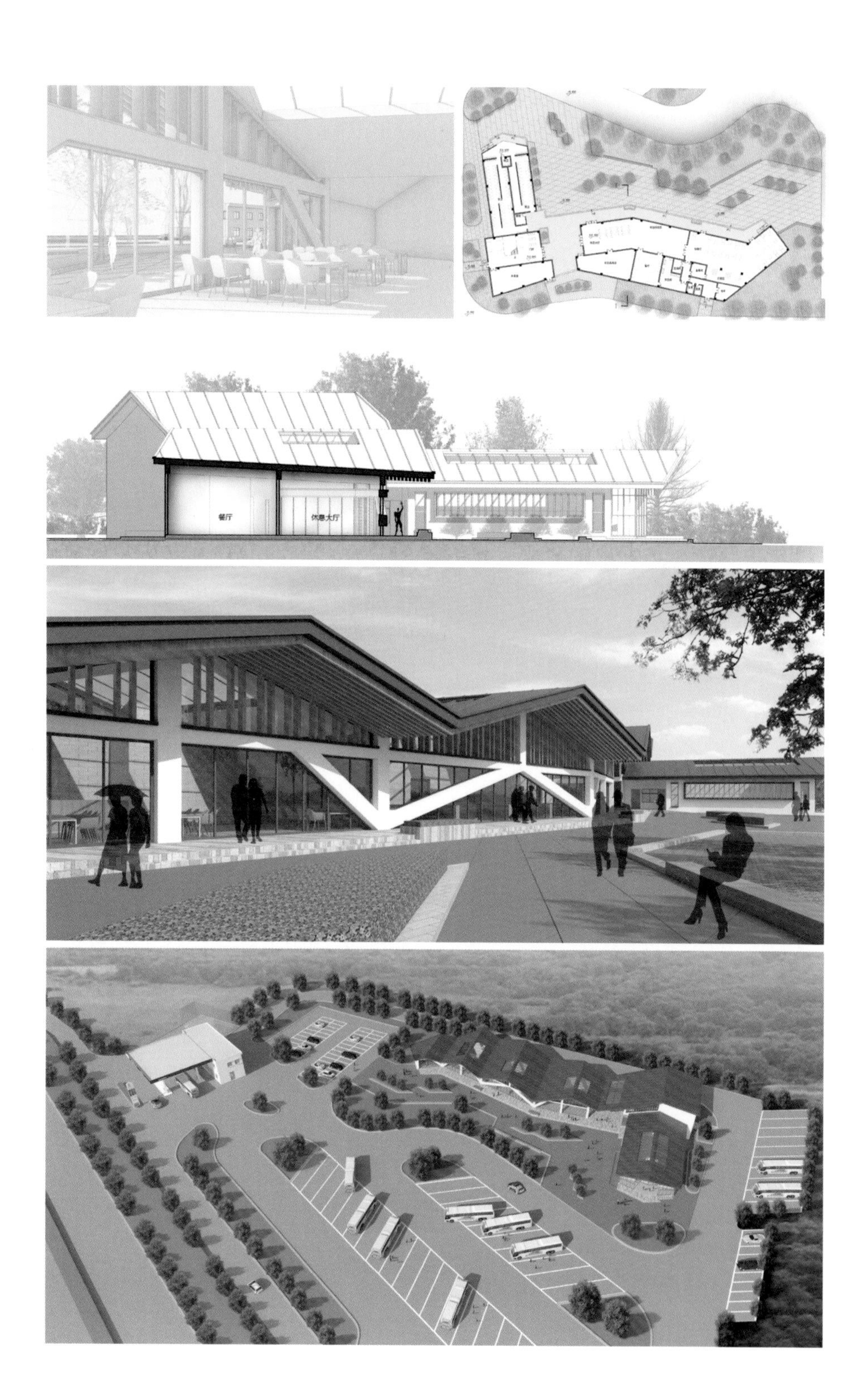
餐厅
休息大厅

学生作业案例之六

川流

学生

杨韵俊

教师

赵晓芳

年级

2019 级

基地位于淞沪路与殷行路交叉口的悠方购物中心西侧。设计者以“川流”为理念，通过几何化形态形成现代化川流不息的整体造型。其中，站台模拟水流穿过沙子留下的自然痕迹；北侧站房犹如溪流中的石子散落在这片土地上。基地周边的绿化及铺地造型通过几何图形的组合，形成主次不一的人行尺度，增加其趣味性，且更为人性化。站场雨篷形态有层次，紧扣设计理念，精彩且突出，相比之下站房形态有些呆板，需要进一步雕琢。

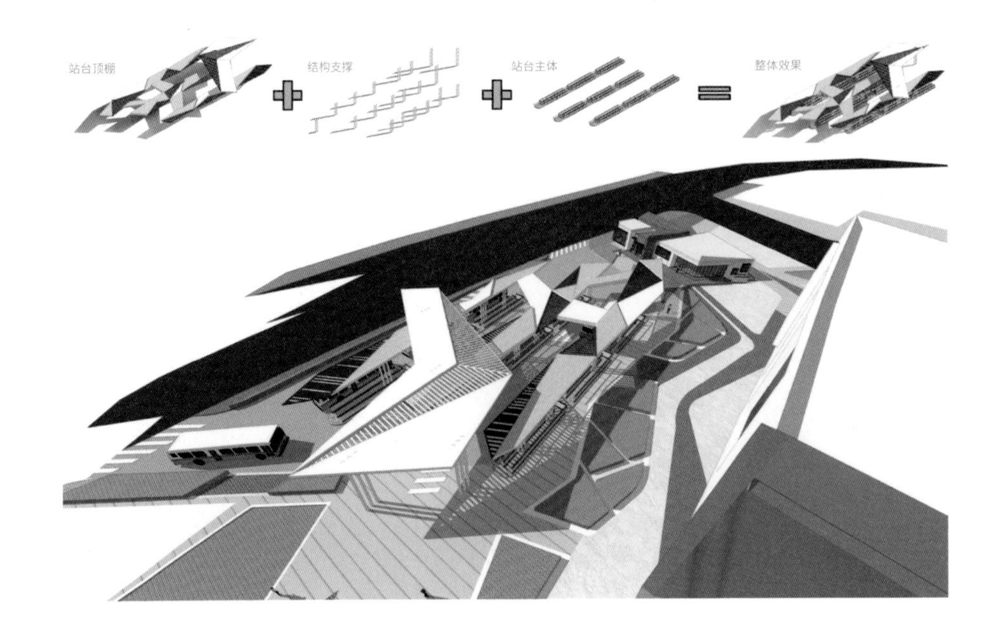

人行流线
市政道路
车行流线
购物中心
站房
站台
非机动车停车区
绿化范围
商业广场
悠方购物中心
城市绿地
4F
3F
3F
平面图 1：200
总平面图 1：500

2 山地建筑设计

Mountain Architecture Design

复杂地形下的建筑设计

教师：宗轩、赵晓芳、马怡红、
庄俊倩、邓靖、张伟、
包海斌、张峥 等
年级：一年级 秋季学期

目标

注重培养学生处理复杂地形和环境的关系，在场地条件受到限制的情况下，将限制转化为灵感，解决空间使用上的种种问题，激发创造性，创造出更符合环境特点的建筑。在课程设计中，强调训练学生对于自然环境的认知能力，认识到复杂地形对设计产生的影响，帮助学生树立因地制宜这一至关重要的设计理念。重视建筑空间与地形、地势的结合，强调建筑空间与剖面设计的合理性；训练学生面对群体建筑的空间组合能力，具体有以下四个教学目标：
1. 通过文化类建筑设计，理解与掌握具有综合功能需求的中型公共建筑的设计方法与步骤；
2. 综合解决人、建筑、环境的关系，重点熟悉并解决建筑的竖向关系以及山地建筑的设计特点；
3. 训练和培养学生建筑构思和空间组合能力；
4. 综合考虑建筑与竖向地形相结合的布局方式。

手段

通过学生自选设计地形手段，强调对自然环境认知，加深对场地周边自然环境、城市文脉和既有建筑的了解，激发设计灵感。通过案例分析与文献学习，充分了解山地建筑的功能特点和空间形式。通过工作模型和电脑模型，加强对复杂地形的认知，加强空间思维能力。

在设计的各个阶段进行小组评图和公开评图，把控教学进度，促进学生之间的相互交流，锻炼学生的方案汇报能力。

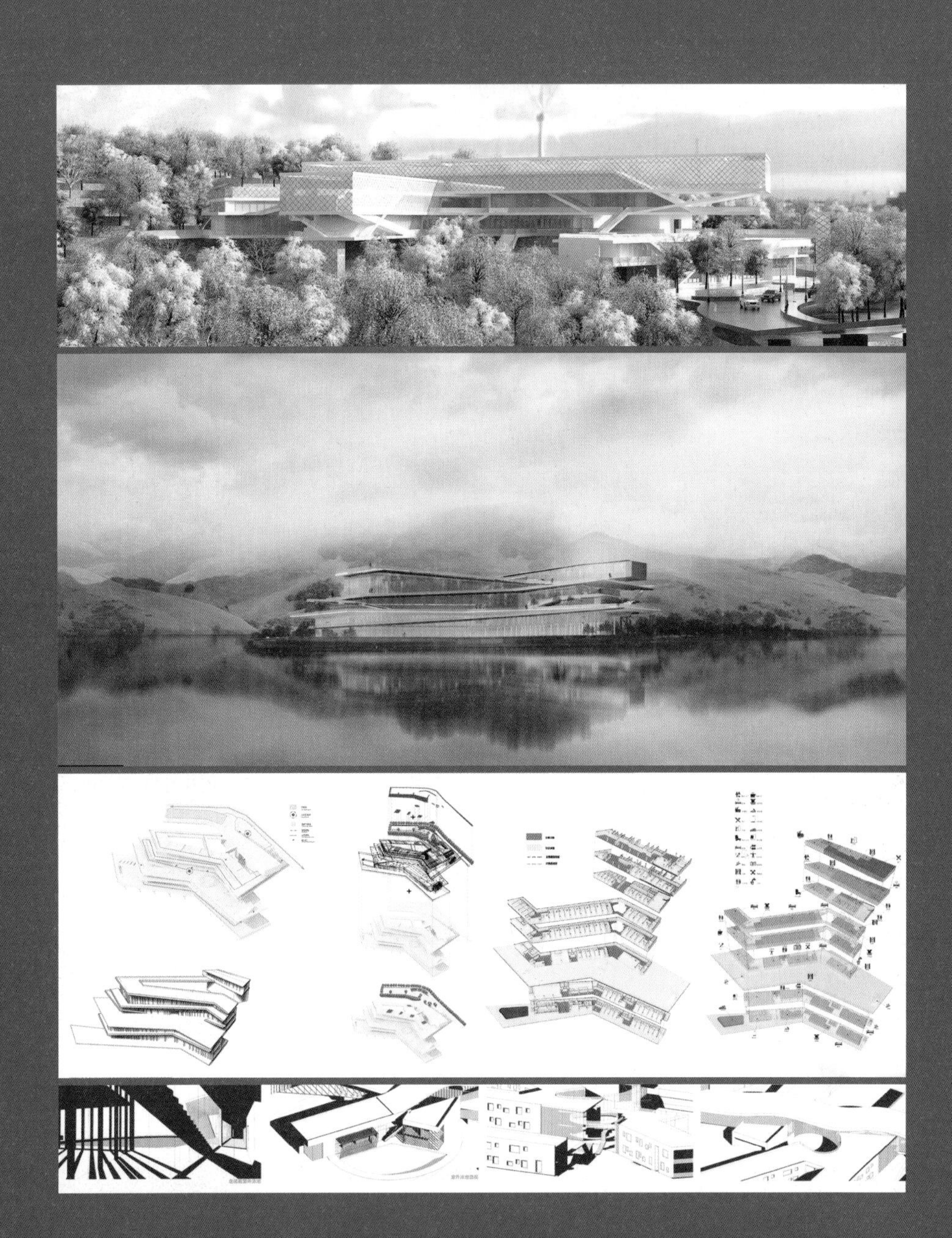

山地社区文化活动中心

Mountain Community Cultural Activity Center Design

课题一

拟在某山地景区的山坡地带建设建筑规模约为 7000 平方米的社区文化活动中心，包含文化艺术展示、活动与商业、体育空间等，作为该区域的美丽乡村建设启动示范区。要求设计能展现地区艺术与文化的精髓，创造富有场所精神的建筑空间体验。设计需要充分考虑依山傍水的自然环境，融于自然，体现朴实、灵巧、活泼、丰富的建筑风格。建筑不允许破坏山溪景观的完整性，建筑须与环境相协调，建筑层数不得高于 3 层。建筑控制线沿道路红线退界 6 米，其余各边退界 3 米。建筑容积率不大于 0.5，建筑密度不得大于 30%，绿地率不得小于 50%。

SITE ANALYSIS
基地分析

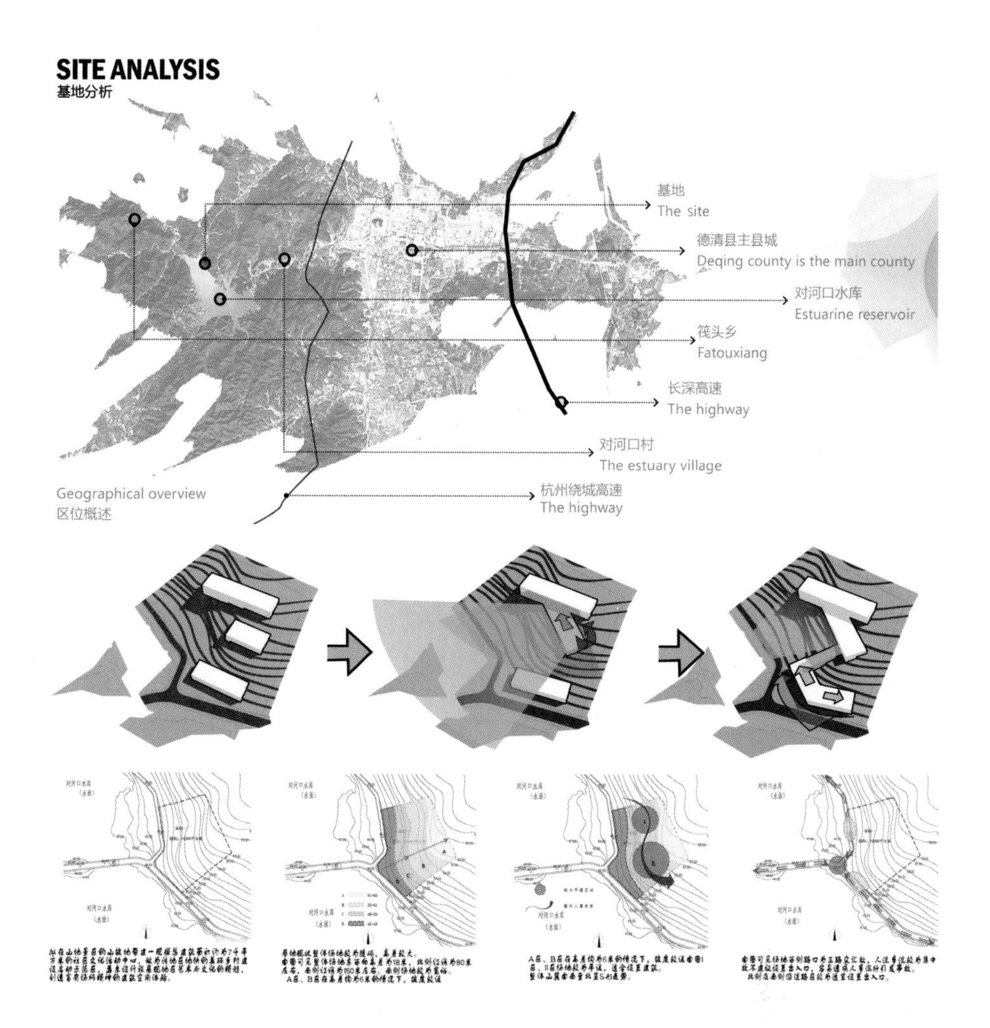

学生作业案例之一

羽翼

学生

何子平

教师

宗轩

年级

2019 级

设计以“羽翼”作为建筑形态的切入点，依据地形呈“羽翼”状展开，与山地地势相呼应。建筑根据建筑功能与布局需求，分为四个层次，依山就势逐层跌落展开。建筑形态与体量在“羽翼”的构思下得到较好的控制，形态舒展而富有张力。在建筑外观色彩与材质的选择上，大胆地选择了醒目的橙色，符合社区文化活动中心活泼的建筑性格。不足之处在于相邻形体之间的室外场地未能设计成多样化的室外活动空间，尚有改进的空间。

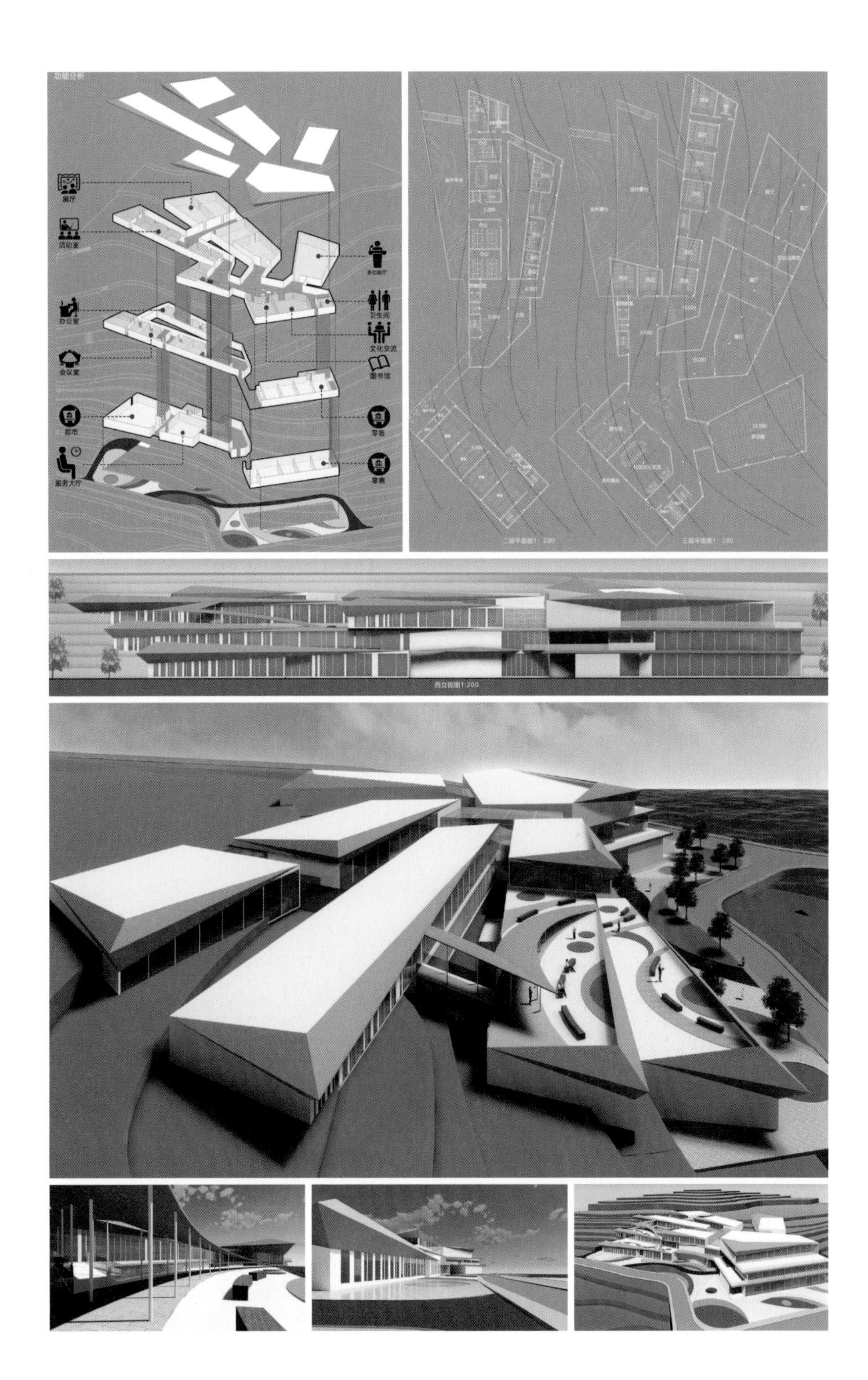
功能分析
展厅
活动室
多功能厅
办公室
卫生间
文化交流
会议室
图书馆
超市
零售
服务大厅
零售
二层平面图1：200
三层平面图1：200
西立面图1:200

学生作业案例之二

回廊

学生
余新宇
教师
邓靖
年级
2019 级

设计利用“回”字形咬合的空间组织方式，将商业、社区服务和文化活动三个主要功能分区通过两个“回”字形咬合在一起，不同功能之间既有廊道联系又能保持相对独立，并各自拥有独立的出入口和流线。在竖向空间组织上，结合地形变化设置核心垂直交通区域，在竖向上进一步对不同功能进行区分。在建筑形态的处理上，整体考虑了周边场地特色，临近湖面的静与建筑形式的中式飞檐形成一种动静切换。“回”字形庭院内环境幽静，采用粉墙黛瓦与局部玻璃幕墙的立面形式，综合了中式的静逸与现代的开放活跃，较好地平衡了素雅的地域文化特征与文化活动中心所需要的开放与活泼。

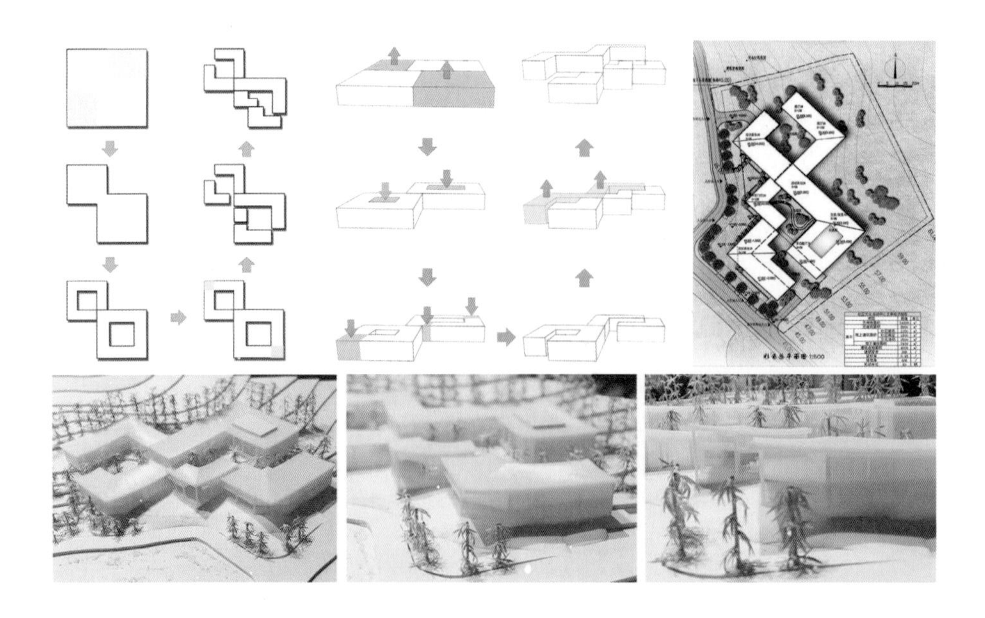

-2.00~0.00层平面图
1:300
4.00~6.00层平面图
1:300
10.00层平面图
1:300
西立面图 1：300
南立面图 1：300

学生作业案例之三

层叠

学生

朱燕

教师

宗轩

年级

2019 级

设计从三个方面构架起整体设计思路：在建筑的整体造型上，以莫干山三胜之冠的“竹”为形体元素，竹林的簇状层叠生长构成了建筑形体参差交错的意象；在建筑的外表皮生成上，强调光与建筑的联系，表皮处理上大量采用半透明玻璃与白色金属格栅，光线透过不同材质引入建筑空间，产生虚实变化的互动；在流线组织上，引入空间步道的构想，步道与建筑结构相结合，不仅让使用者可以沿着步道穿梭在周围的美景中，还巧妙地将自然景观引入建筑。方案不仅功能分区、流线设计清晰合理，整体形态协调美观，最终图纸的建筑渲染图也较好地表达出整体设计意图。

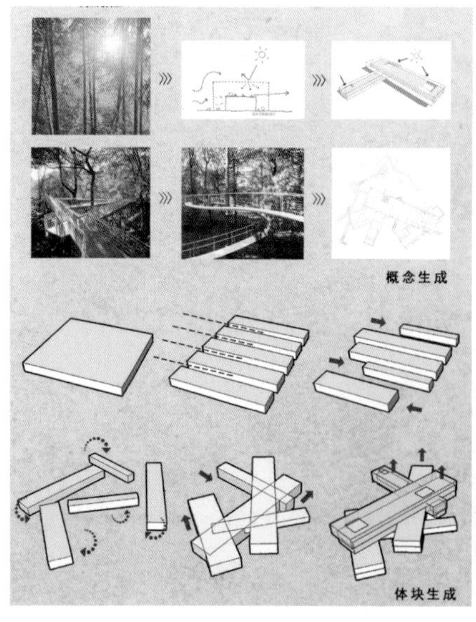

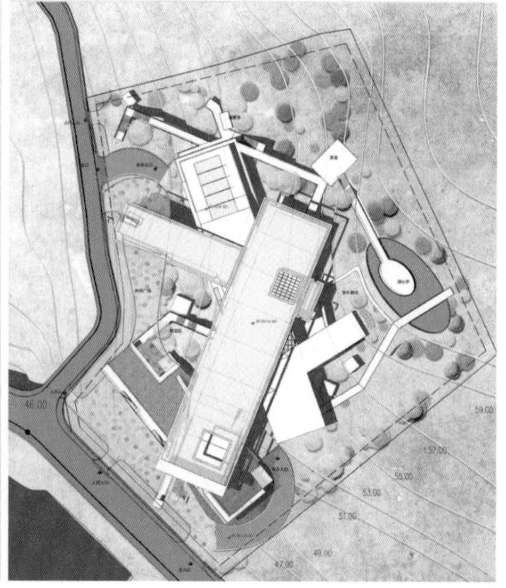

医疗养生会所设计

Mountain Medical Health Club Design

课题二

自选南方某山区用地，建一座集医疗养生为特色的山地会所。选择的建设用地要求具有一定的环境特色，面积在 1.0 万～ 1.5 万平方米，应考虑机动车可通行至基地，并设置相应的道路与停车场地。建设用地应具有一定的高程差。基地内南北两侧高程差不应小于 20 米，基地内不宜存在断崖、陡坡等用地。建筑控制线退红线要求：沿道路退 10 米，其余各边退 6 米。设置广场、室外活动场地与运动场地。

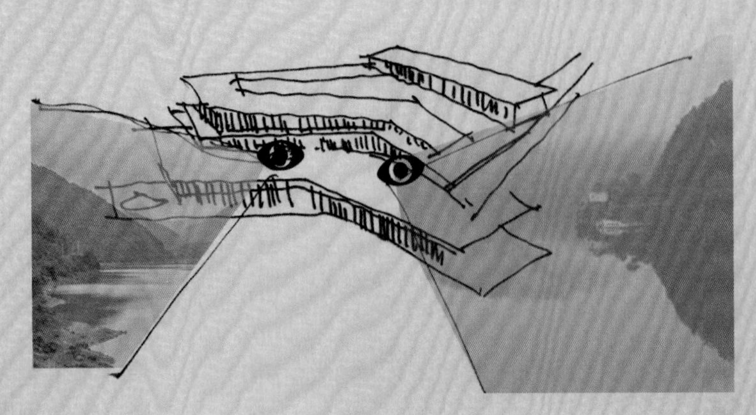

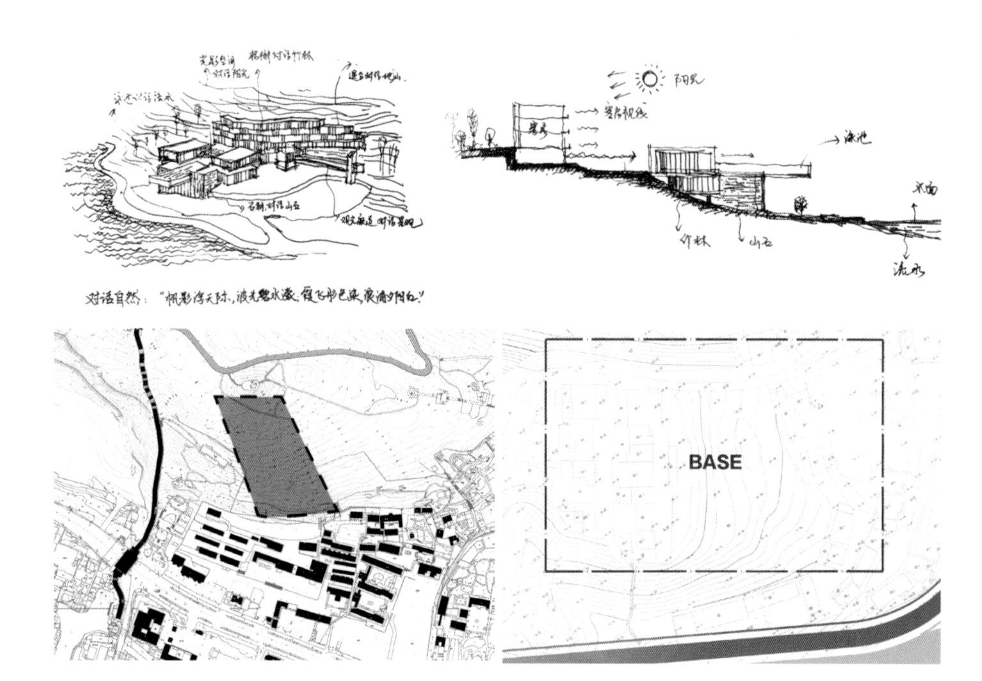

学生自选基地 1

地形分析：基地位于一片缓坡上，北侧为道路，南侧为石梅中学、石梅小学和常熟一中组成的一片教学用地，西侧为一处延绵的古城墙。学生希望基地中养生会所的老年人可以和校园中的青少年产生良性互动。因此从设计理念出发确定了用地范围：一片狭长的矩形地块，等高线分布均匀，用地平缓。由于基地跨越的高差较多，基地走势垂直于等高线，在设计中应特别注意建筑形体结合高差设计，避免建筑中有过多的竖向交通，引起使用不便。

学生自选基地 2

地形分析：基地东西端高差达 30 米，北侧有城市道路。在设计中应注意与场地交通的结合，南侧有部分等高线较为密集的区域，不利于布置建筑，应尽量避免。设计者选择拆除用地西面已有的一片砖房，在设计时可利用这片已经实现高差整合的空间进行设计。

学生作业案例之一

纽带

学生

伍文波、王金科

教师

宗轩

年级

2017 级

设计者注意到场地附近有两所学校，希望能把校园里的青少年吸引到场地中来，与疗养院里的老年人产生互动，使其相互之间产生良性影响，通过建筑解决一些深层次的社会问题。为了实现这个目的，设计者在建筑中设计了一条长长的“纽带”以联系疗养院和学校。这条“纽带”是贯穿场地的一条廊道，将若干个矩形功能体块串联起来。廊道内部是供老年人行走和活动的交通空间，顶部是供青年活动、富有趣味性的波浪状平台，空间形式结合不同类型使用者的行为特点进行设计。连续的屋顶空间作为设计中的亮点，具有较强的可识别性。

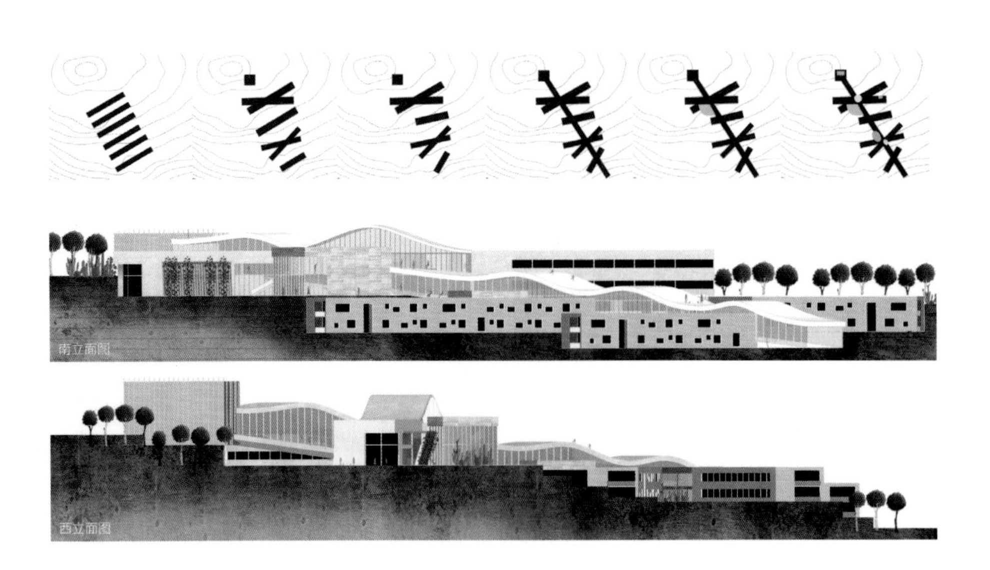

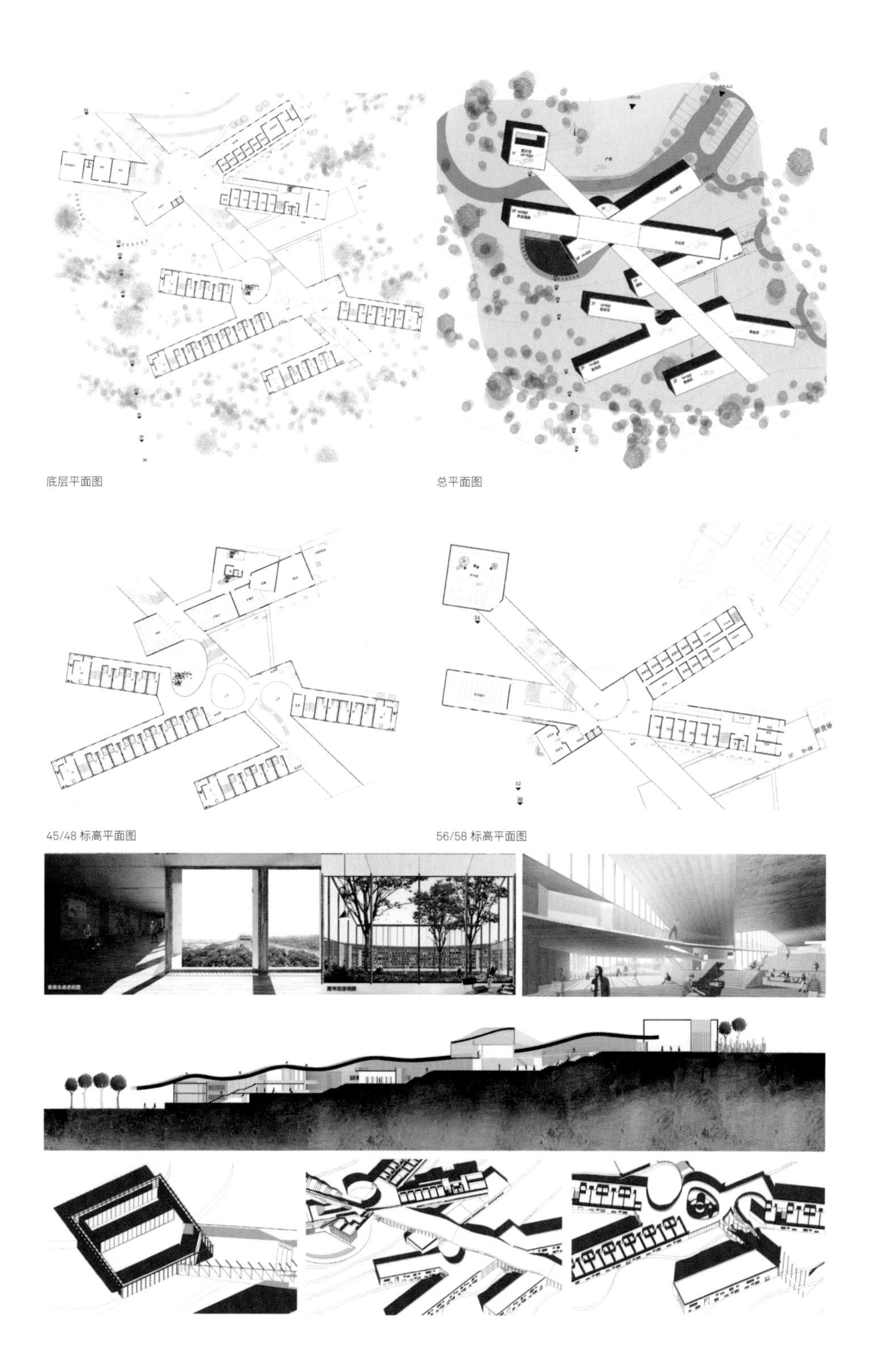

底层平面图

总平面图

45/48 标高平面图

56/58 标高平面图

学生作业案例之二

山中漫步

学生

章为洲、朱鹏吉

教师

宗轩

年级

2017 级

设计者希望使用者能最大限度地感受场地独特的景观和文脉，通过漫步，全方位地感受建筑与环境。为此，设计者设计了一条蜿蜒曲折的屋顶平台廊道，从场地最高处一直延续到最低处，将建筑和山体及周边环境紧密结合在一起。建筑由若干折线形体块组成，体块之间通过坡屋顶和室外庭院联系，包括休闲娱乐区、餐饮区、客房区、医疗区和办公辅助区，舒展的体块使得每个区域都能获得良好的景观。合理的竖向交通组织不仅巧妙利用山地的高差，也使建筑内部空间与外部屋顶平台之间产生便利的联系，使室内外空间进一步融合。延绵的屋顶平台是本设计的一个亮点，是吸引使用者停留的室外休闲空间，但对屋顶平台的设计应该更加细致。

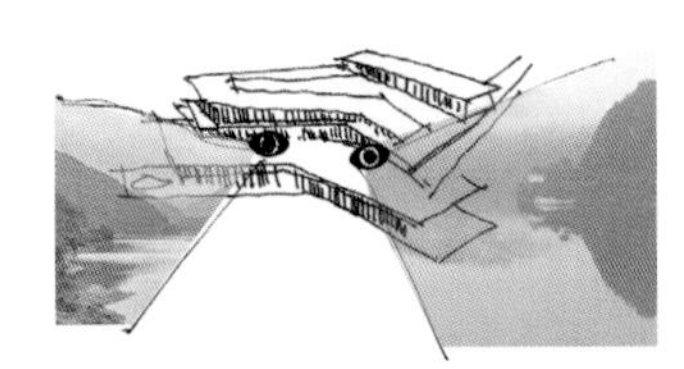

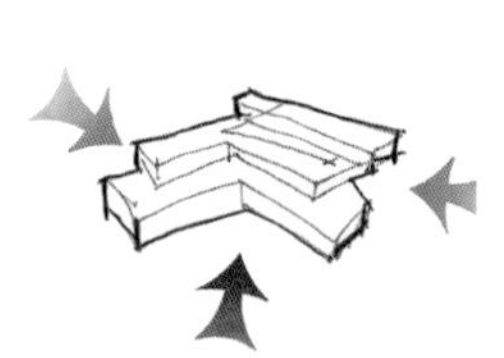

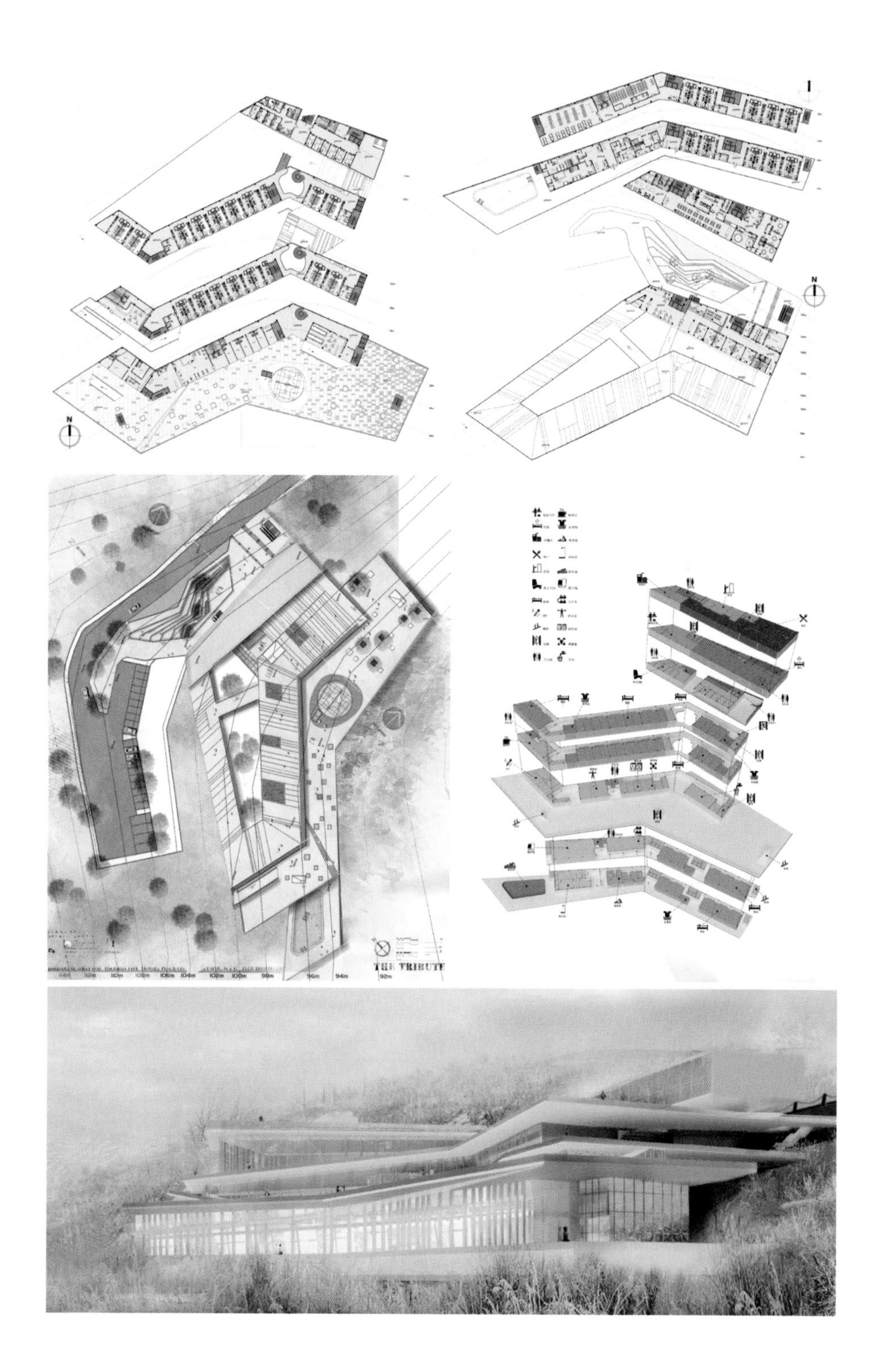
THE TRIBUTE

学生作业案例之三

延展

学生
张涛
教师
宗轩
年级
2017 级

设计希望充分利用自然与地势优势，使各个室内功能空间都享有优越的景观面。结合地形，尽可能地减少对自然环境的破坏。设计者采用简单明确的设计策略，用两个体块构成整个设计。垂直于等高线的矩形体块内，门厅、医疗、办公、客房等分区分层布置，保障了客房空间能获得较好的日照条件。另一部分的体块为平行于等高线、层层跌落的不规则折线体块，主要功能为公共活动区，四至五层为客房，这部分的功能空间可以获得良好的景观面。折线体块与室外流线形景观平台相结合，形成丰富的空间效果。建筑在横向和纵向上都进行了合理的分区，将私密性要求较高、较安静的客房放在三层以上，低层为公共休闲活动区，避免了相互干扰。

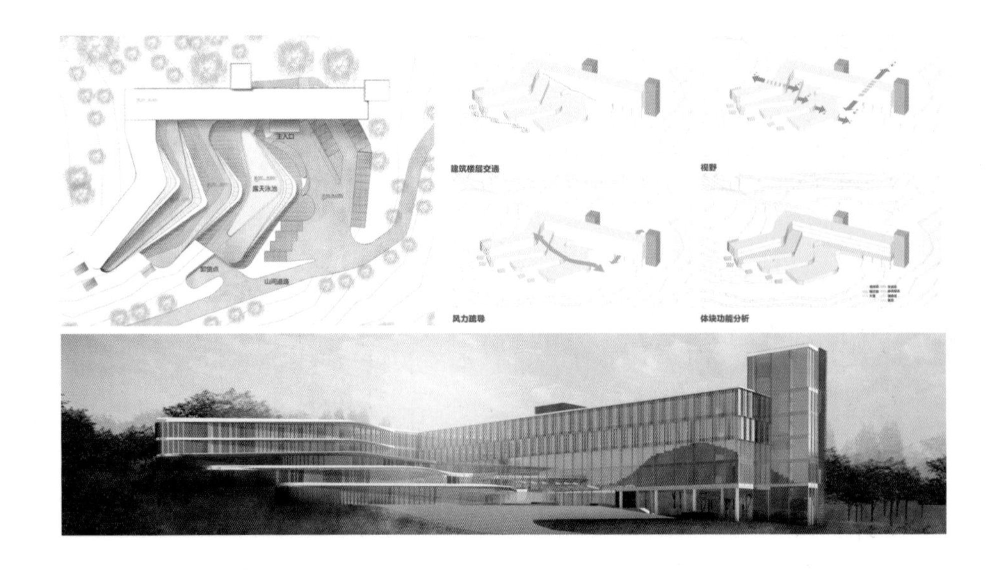

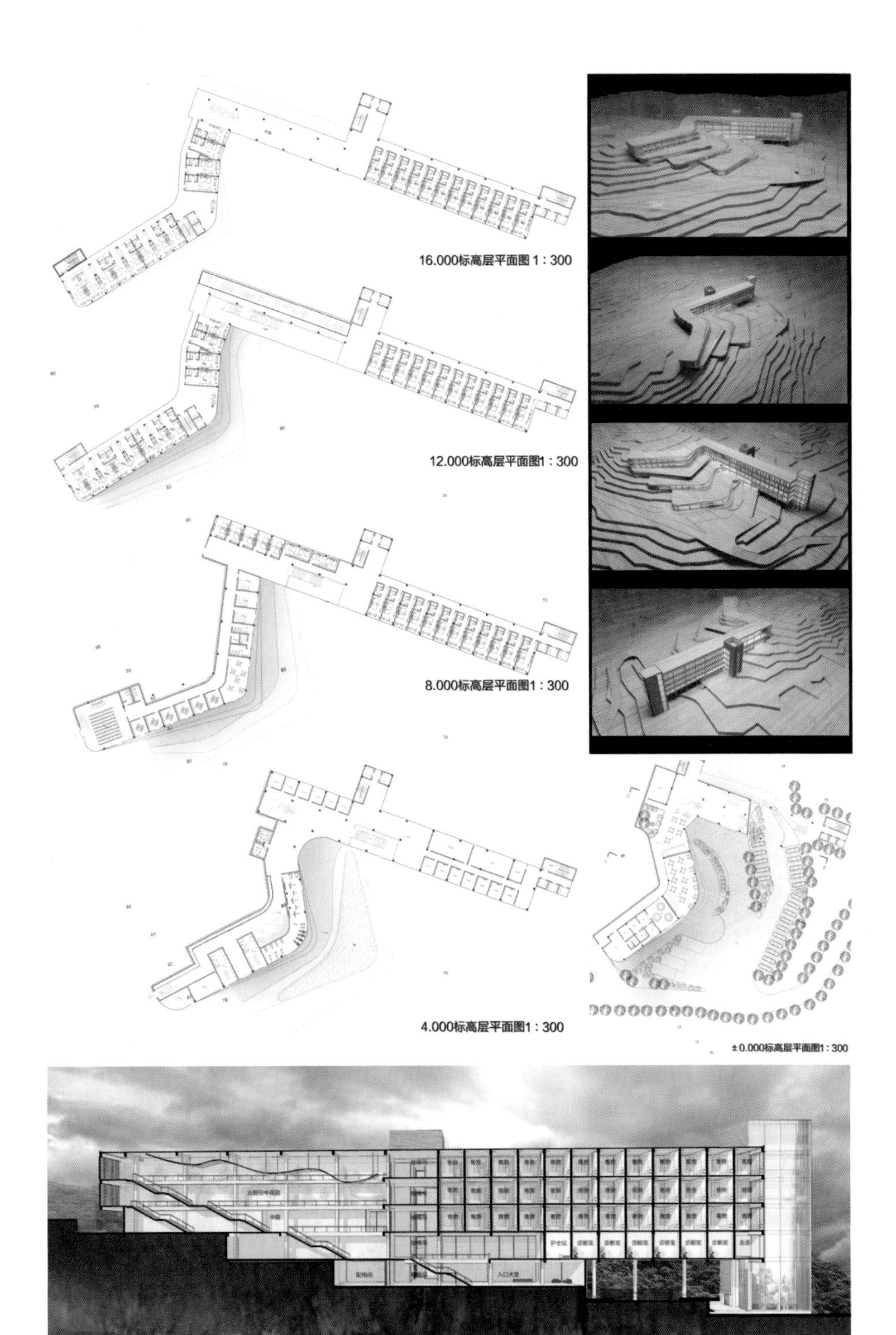
16.000标高层平面图 1 : 300
12.000标高层平面图1 : 300
8.000标高层平面图1 : 300
4.000标高层平面图1 : 300
±0.000标高层平面图1 : 300

3 商业建筑设计

Commercial Architecture Design

城市商业环境中的建筑设计

教师：董珂、张伟、朱勍、包海斌
年级：二年级 春季学期

目标

商业是现代城市生活中的重要内容，作为商业行为场所的商业建筑，与社会经济和文化的发展关系紧密。现代城市商业项目的开发已经走向综合化、集约化，功能和业态的多样性带来了空间环境的多重变化，商业空间的流线也需要与之相适应。

通过设计城市商业区内包含不同业态功能和空间类型的商业综合体，了解商业项目开发选址和业态布局的意义，掌握商业建筑功能分区和动线设计的基本原则和方法，完成商业建筑内部空间和外部环境的各个设计环节，掌握有关城市商业建筑及其环境规划设计的规范和要求，并进一步加强群体建筑的协调能力。商业建筑与城市环境的相互关系，是商业建筑设计课程的主要学习任务和教学目标。

手段

在大中型城市选取商业开发条件较好的地段，开展商业综合体的课题设计。通过对所在地区的地理环境、交通条件、商业定位等因素的调研分析，对商业课题项目的业态分布、总体布局、空间和动线组织等方面进行合理设计。

通过对既有商业建筑实例的调研、设计原理和相关规范的学习，使设计者了解商业项目开发和建筑设计必须遵循的规律，建立起符合现代商业运作和消费行为的设计理念，进一步激发设计“灵感”。

课题设计要求设计者通过对设计任务包括基地条件的分析，充分理解设计目标和教学要求，并在设计过程中体现合理的商业定位和流线设计，构建丰富的室内外空间，营造符合环境主题的外观造型与建筑风格。

教学中，充分运用小组讨论、集体评图等手段加强不同设计思路和设计方法的交流与总结，并通过手绘草图、建筑体块模型等方式锻炼设计表达能力。

课题一

课题基地位于江南某市经济技术开发区内，南面为商业用地，西面为开发区公共开放用地，东面为开发区生活区，北面为新建的政府行政区。为满足该区域内工作、生活、休闲等需要，根据开发区总体规划要求，拟建一综合性城市商业中心，在功能上集购物、餐饮、娱乐休闲为一体，在形象上体现新兴开发区风貌和时代气息。

总建筑面积约 9000 平方米，层数根据方案自行确定。设计内容包括中心专营百货、出租专业商店、餐饮、娱乐等部分。建筑覆盖率不大于 40%；绿化率不小于 35%；建筑退让主要道路红线 20 米，退其他次要道路至少 8 米，退其他基地红线至少 4 米。

课题二

课题选择位于上海市区的两块基地，其一位于上海市杨浦区黄兴路与国顺东路交叉口，其二位于上海市闵行区七宝漕宝路与吴宝路交叉口。基地内拟建包含中心专营百货、出租专业商店，以及餐饮、娱乐等功能的商业综合体。设计者自行选择设计基地，进行调研设计。

总建筑面积约 14 000 平方米，层数根据方案自行确定。建筑覆盖率不大于 40%，绿地率不小于 30%。基地一，建筑退让国顺路道路红线至少 15 米，退让黄兴路至少 10 米。基地二，建筑退让吴宝路道路红线至少 5 米，退让其他道路和用地至少 5 米。

学生作业案例之一

石头与水

学生

李晓明

教师

董珂、张伟、

朱勍、包海斌

年级

2018 级

设计者采用“石头与水”的基本概念进行形态设计。石头寓意商业建筑本体、商业经营理念、宗旨及信誉，象征稳固坚定的经营主体；水则象征顾客、商品和资金的流动，两者互为依托，表现了商业的活力与繁荣。

设计者将其定位为社区型商业广场，主要针对中、青年客户群，在购物模式上更贴近社区配套服务。一层以商铺为主，局部为百货与轻餐饮；二层主要为中心百货，三层为餐饮及休闲教育的业态分布。当今商业主要以体验性经济为主，所以在建筑造型的设计上打破传统的“盒子”形式，采用异形的构图方式，呈现轻松活跃的购物气氛。在内广场注入互动性、趣味性元素，采用街坊式的经营模式，营造邻里之间的亲和力。

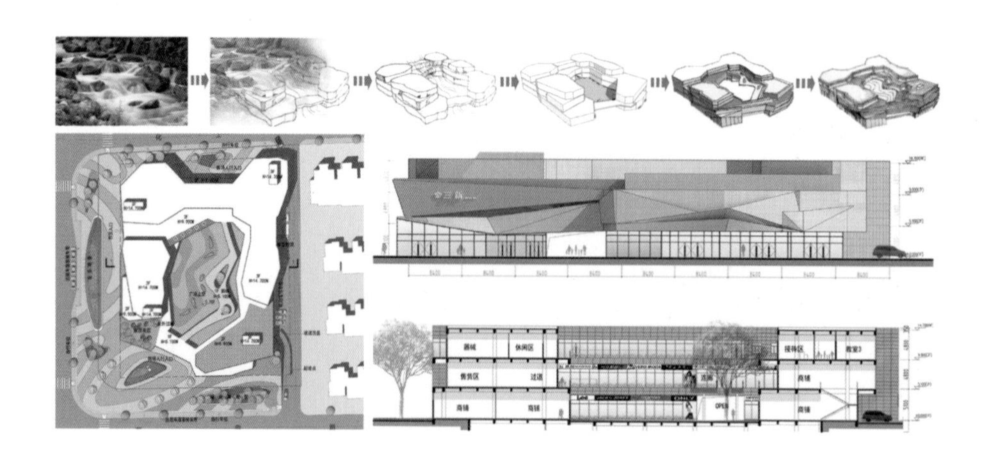

一层平面图
二层平面图
三层平面图

学生作业案例之二

小型商业综合体

学生

李莉

教师

董珂、张伟、

朱勍、包海斌

年级

2018 级

设计者将本课题定位为小型商业综合体，结合现代审美及生活需求，以满足所在区域及其周边居民的生活、工作、休闲需要为设计理念打造一处空间形式多样、功能类型丰富的商业综合体建筑。

一层以商铺为主，局部为百货与轻餐饮；二层以百货和娱乐休闲为主，局部为轻餐饮；三层为餐饮及轻餐饮，并设计了空中花园及露台咖啡厅。立面设计以现代简约的线、通透的玻璃幕墙结合当下的时尚元素打造出高端大气的建筑形象，提升购物环境的舒适感，打造出“绿色、环保、健康”的购物环境。

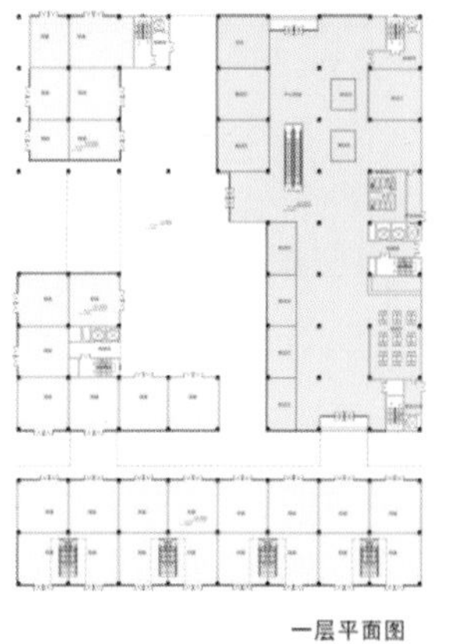

一层平面图

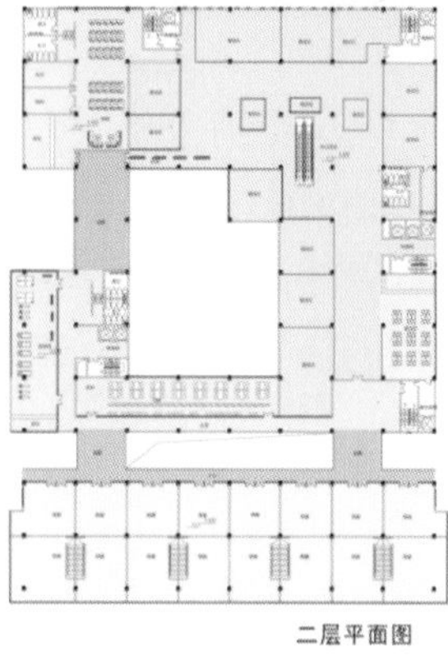

二层平面图

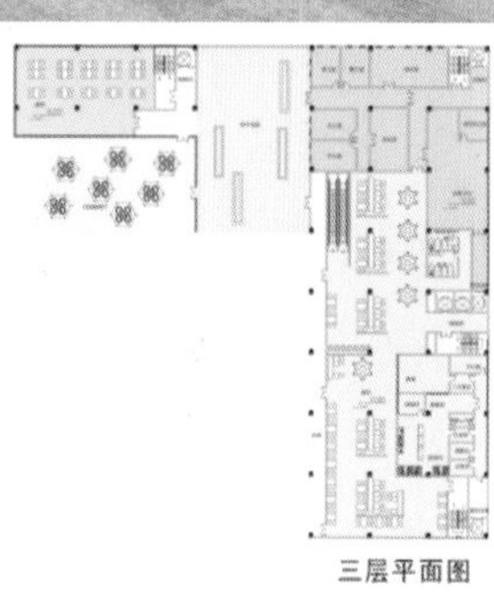

三层平面图

东立面图

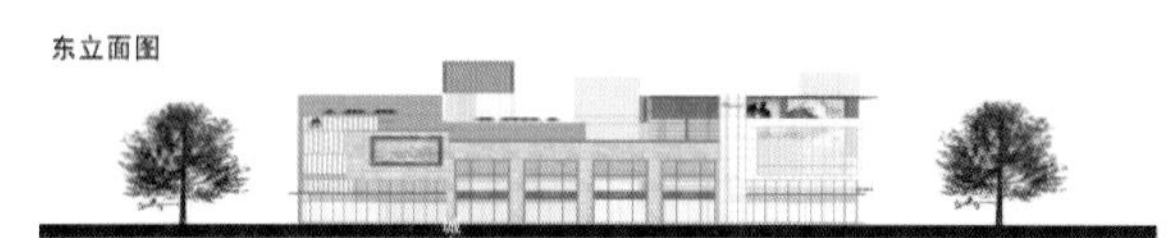

南立面图

西立面图

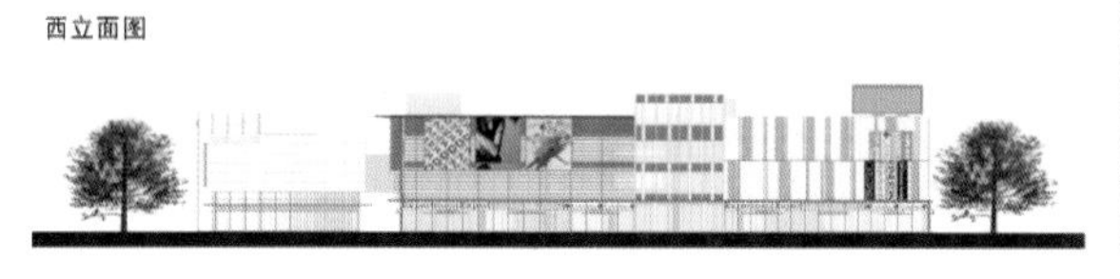

学生作业案例之三

流动的时光花园

学生

李丰庆

教师

董珂、张伟、朱勍、包海斌

年级

2018 级

设计者在该商业建筑设计中，以“流动的时光花园”为理念，希望不仅打造一个花园般的购物环境，更重要的是创造一个能把人留下来消磨时光的场所，使之成为附近社区居民的“会客厅”和“后花园”，满足人们交往需求的同时也促进消费，从而提高商业项目的经济效益和社会效应。

建筑形态从城市角度考虑与周边环境相协调，处理为层层后退的景观平台形式，不仅形成了丰富的建筑立面，同时也提供了室外休闲平台，提高了与城市公共空间的互动交流。

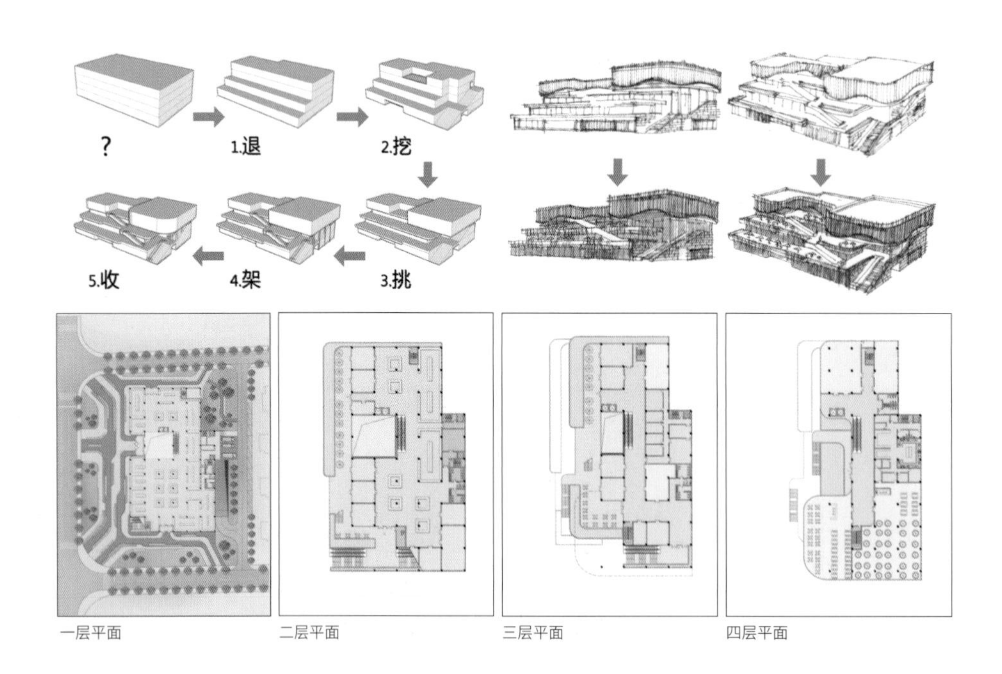

一层平面　二层平面　三层平面　四层平面

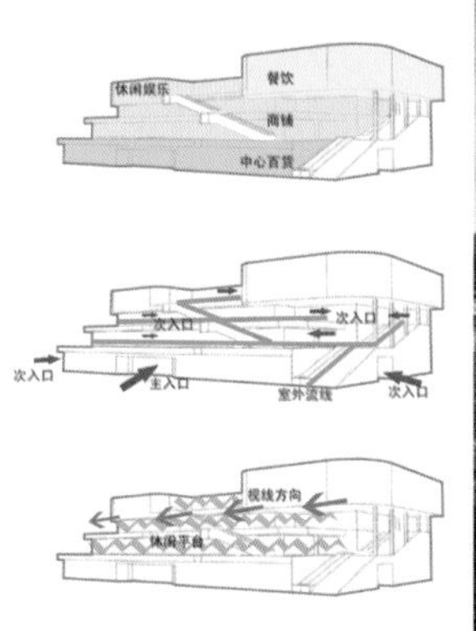
休闲娱乐
餐饮
商铺
中心百货
次入口
次入口
次入口
主入口
室外流线
次入口
视线方向
休闲平台

学生作业案例之四

城市之舟

学生

管明磊

教师

董珂、张伟、朱勍、包海斌

年级

2019 级

基地位于上海市闵行区七宝漕宝路地块。该方案设计以“城市之舟”作为设计概念，希望该地块可以不仅仅局限于商业价值，更可以作为一个城市平台承载市民休闲娱乐、商业会面等功能，成为一个城市生活的节点，将商业、休闲、自然、生活进行有机“缝合”。同时，在沿街街角处设计景观节点和下沉广场，并将下沉广场和地铁出入口结合设计，以更好地将行人引入地块内。在二层设置开放的屋顶平台，并引入屋顶绿化，将“商业、人、自然”更好地融合在一起，使商业氛围更加活泼自然，更好地与城市环境相容，互为应和。

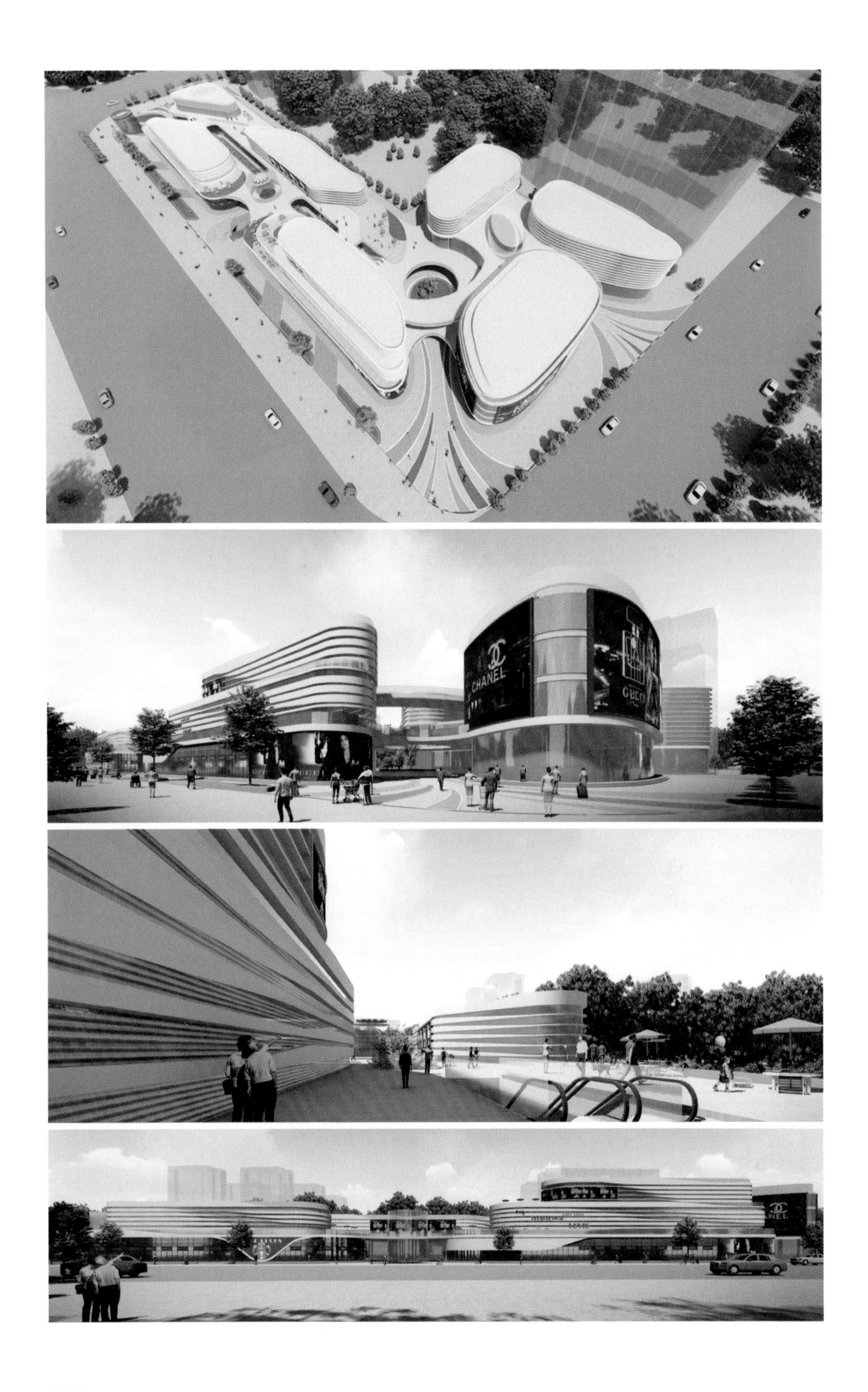
CHANEL
GUCCI

学生作业案例之五

暇适

学生

杨韵俊

教师

董珂、张伟、

朱勍、包海斌

年级

2019 级

本案以一条绿廊作为主轴线，通过局部的收放形成大小不一的空间节点，曲折的沿街建筑布局丰富了沿街的城市形象面。在地块的西侧和东侧以及中侧开口，形成入口广场，将人流引入到内街当中。通过一条蜿蜒曲折的连廊将这些建筑联系起来，形成一个整体的购物空间。同时，本案主要打造以花园式商业为主体的商业模式，因此整体的商业体量都保持较小巧的类型以更适应于整个商业模式的空间尺度需要。在单体形态中局部设置了退台以及骑楼以丰富形态空间，同时也为购物者提供更多的空间体验，从空间层面提升商业价值。

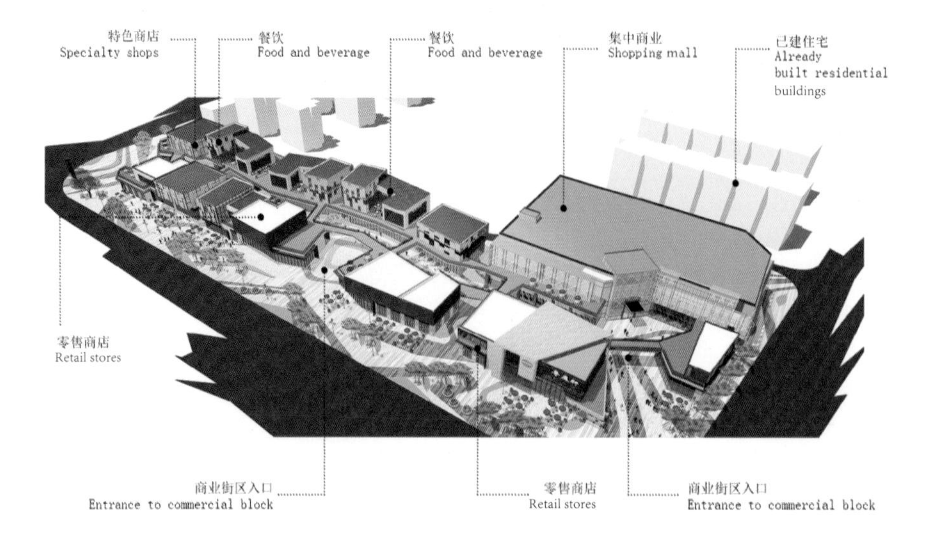

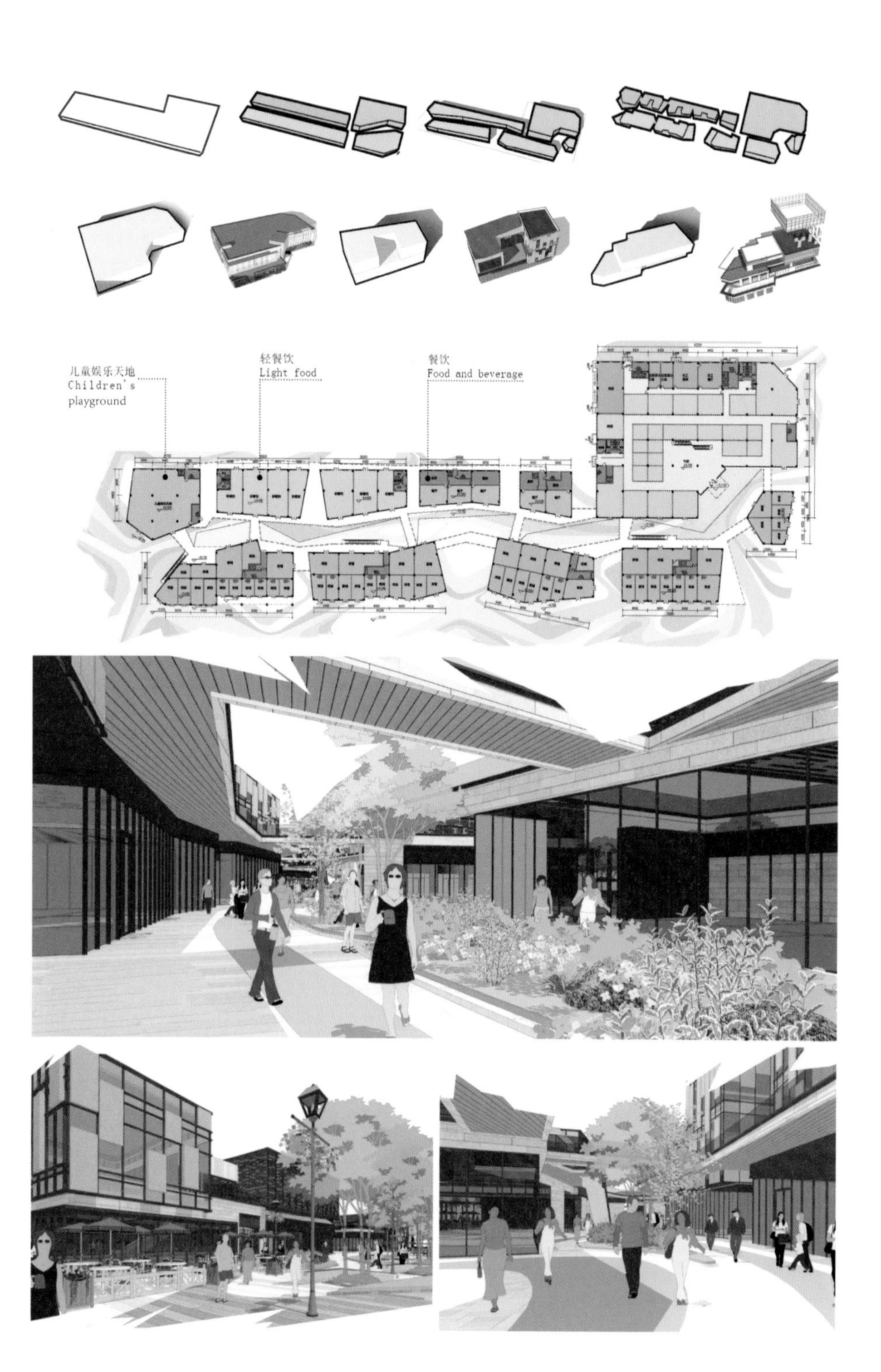
儿童娱乐天地
Children's
playground
轻餐饮
Light food
餐饮
Food and beverage

学生作业案例之六

圈

学生

朱燕

教师

董珂、张伟、朱勍、包海斌

年级

2019 级

基地位于五角场商圈附近，设计者从史地维度进行考量，追根溯源，以期还原故往的生态环境，使本项目在形态上与五角场的地标性圆环相呼应，形成显性商圈与隐性商圈的对比，两者互有联系又有区分，同时力图满足周边需求。总体造型上有四面八方汇聚而来的形式感，斜轴的商业内街与主体建筑之间虚实变化，圆弧形长坡道穿梭于各个层面，动线变得更为丰富灵动。同一形体的雕塑凉亭，与建筑辉映统一，曲线的绿植与铺地环抱着建筑，使整个复合型的商业中心形成一个“圈”，营造出闹中有静、轻松惬意的商业环境。

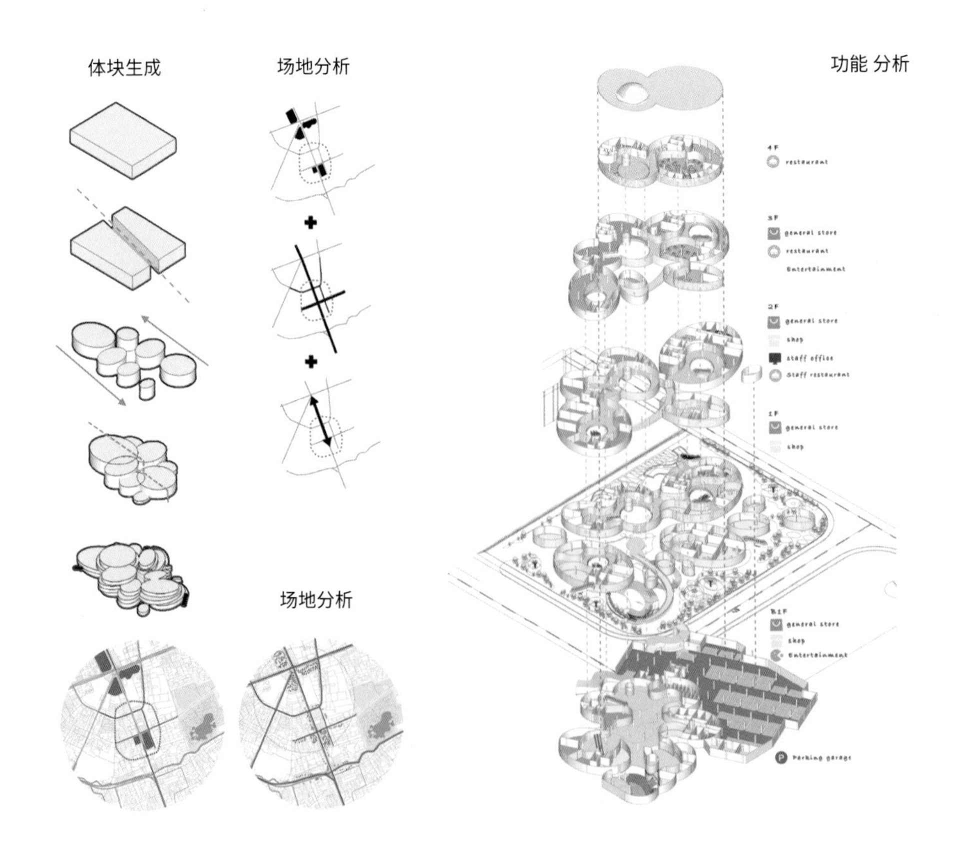

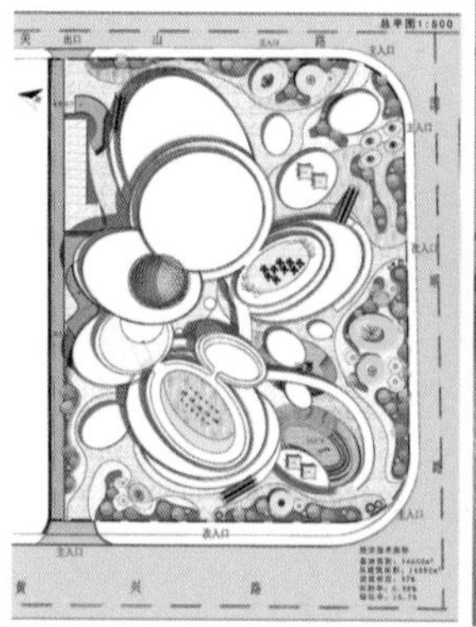
总平图1:500
主入口
次入口
黄
兴
路

南立面图

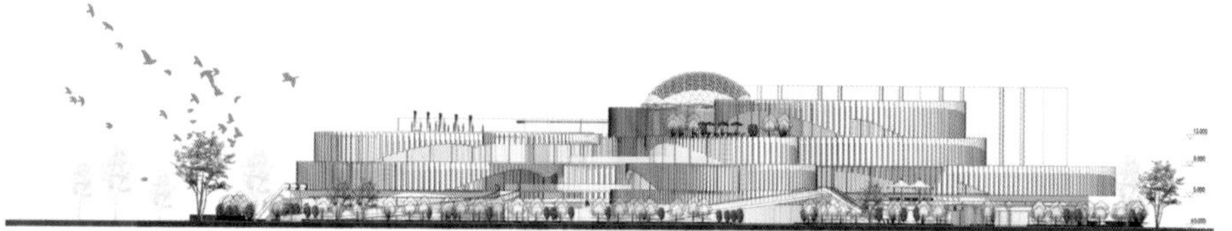
西立面图

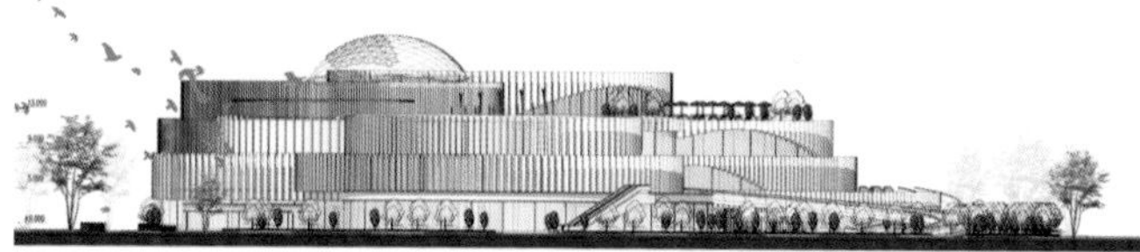

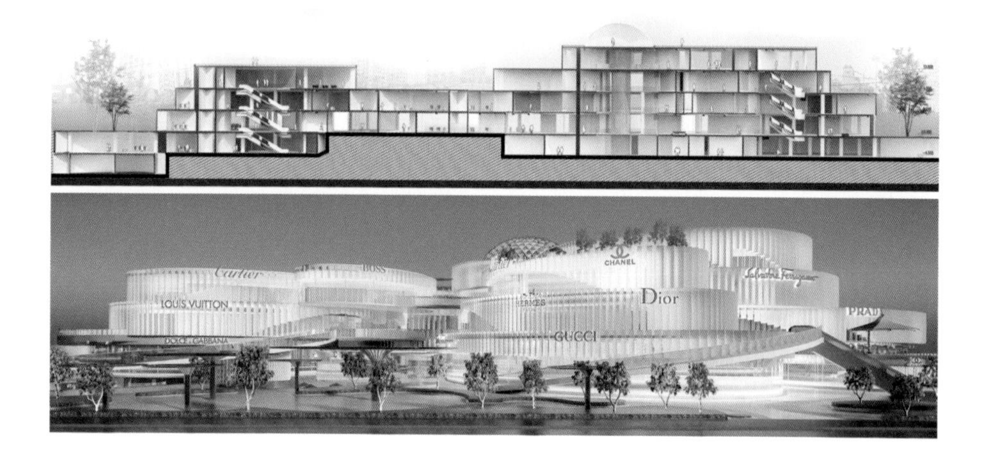
Cartier
BOSS
CHANEL
LOUIS VUITTON
HERMES
Dior
Salvatore Ferragamo
DOLCE&GABBANA
GUCCI
PRADA

4 高层建筑设计

High-Rise Architecture Design

复杂城市环境中的综合设计

教师：包海斌、董珂、朱勍 等
年级：二年级 春季学期

目标

高层建筑设计主要针对高层建筑具有技术性和综合性的特点；全面了解高层建筑设计理论及设计手法；综合此前分项设计练习的技能，培养学生掌握复杂建筑技术、建筑空间设计的方法和能力：

1. 掌握现代高层建筑的设计规律，包括结构、设备、垂直交通及消防等特殊问题。
2. 掌握高层建筑的群体造型处理方法，认识高层建筑与城市环境及景观的关系。
3. 掌握高层建筑的设计特点与一般要求。

课程设计分为五个阶段：

一、调研分析阶段

1. 熟悉高层建筑设计理论原理和消防规范对于高层建筑的消防要求；
2. 了解高层建筑的发展历史情况，我国高层建筑设计的现状和成绩；
3. 深入了解本次课程设计的设计条件和背景信息。

二、总体构思阶段

1. 掌握高层建筑设计方案构思的基本方法；
2. 鼓励有特色与有趣味的设计构思；
3. 掌握总体布局和型体设计的技能，熟练进行图面表达。

三、功能设计阶段

1. 针对具体的功能类型，进行方案构思的具体功能化；

2. 理解复杂功能的多层次分区和流线组织；
3. 深入掌握高层建筑标准层和核心体的设计。

四、剖面型体设计阶段
基本掌握高层建筑结构、设备、消防的技术内容。

五、设计表达阶段
1. 具备把个性化构思设计转化成建筑设计技术图纸的能力，保证构思能够落实到具体的设计成果中，
2. 分析复杂的设计影响元素，在方案中区分它们，形成理性条理化的整体，
3. 有能力选择适合本次设计的个性化的方案表现方式。

手段

高层建筑课程设计是在教学目标的指导下进行的，在确定的计划内完成各个单元教学内容并提出相应的阶段性成果，进行评定打分。教学形式根据具体阶段的不同，分为课堂讲授、实地参观、调研讨论、设计改图、集体评图等。

1. 课堂讲授：分为三种形式，集体讲授、设计小组讲授和针对性个人讲授。集体讲授主要安排在学期开始，主要内容为高层设计的基本原理和任务要求、法规规范等内容。设计小组讲授分布在学期整个周期之中，有计划内和计划外的内容，根据各阶段的具体问题和设计小组方案的特有问题安排。个人讲授指一对一针对具体方案构思的问题讲解，与讨论有所不同，讲解确定性内容。
2. 调研讨论：通过文献搜集阅读和与有经验的设计师交流等方法，了解高层建筑设计的发展和现状，使接下来的高层建筑课程设计更加结合实际。
3. 设计改图：一对一进行设计图纸的讨论和修改，老师充分了解学生的构思过程，针对学生的个性化特点和知识技能的优劣，进行针对性的指导，可以起到鼓励学生充分发挥个性，提出并深化独特的建筑设计构思的作用。
4. 集体评图：在全班内或者小组内进行集体评图，有利于学生间互相取长补短和接触不同老师的设计思维特点。

广州某高层办公综合楼设计

Design of a High-Rise Office Complex Building in Guangzhou

课题一

一、设计内容

项目用地位于广州天河区银定塘村南侧，地块呈矩形，南高北低，高差5～6米，占地面积为10 276平方米。用地北侧为银定塘村，环境较为杂乱，西侧、南侧为高层住宅区，东侧为药厂。南临16米宽规划路，北临为银定塘大街，中部有道路穿过，分成东西两部分，用地内现有宿舍楼4栋及部分简易平房，拟拆除，建设商业、办公及酒店式公寓。

二、设计条件

1. 地块规划条件：建筑从南侧红线退让大于5米，其他方向退让6.5米，且与现有建筑最近距离须满足防火要求。

2. 规划指标：

总用地面积：10 276平方米

容积率：4.0（可±5%调整）（对城市开放的架空层不计入容积率）

建筑密度≤45%

建筑高度<100米（从主要消防登高场地的室外地坪至塔楼主体屋面，屋顶机房、楼梯间、构架不计）

绿化率≥30%

三、设计要求

1. 强调高层建筑应解决的问题，如建筑造型、结构选型、设备配置及其技术要求、消防规范及其他相关规范等。

2. 充分考虑建筑空间效果与使用合理性、经济性之间的关系，实现空间层次丰富、使用效率高、运营成本较低的目标。

3. 功能构成：裙楼商业部分，建筑面积约10 000平方米；办公部分建筑均为商务办公，商务公寓建筑面积10 000平方米。办公及公寓部分布置于塔楼。

4. 建筑外形：合理利用平面的规划，塑造风格独特新颖、稳重、大方的现代化高级办公大楼建筑效果。

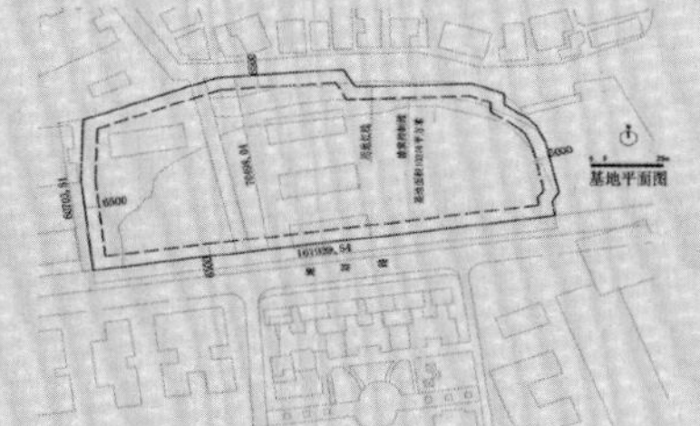

5. 总平面设计：妥善考虑大楼形象与街区空间的关系，为市民创造良好的商业环境和城市开放空间；有条理地布置地面层交通路线，主入口布置在南侧规划路；穿越地块中部的人行道须保留，宽度≥5米，如有构筑跨越，净高须≥4.5米。

6. 平面设计：

1）裙楼商业可采用沿街商业与大空间购物相结合的形态，顾客、货物的出入口分开，如设餐厅，须妥善安排餐厨流线。主要出入口、卫生间须考虑无障碍设计。

2）办公部分及商务公寓要求有独立使用的大堂出入口和独立使用的电梯，裙楼屋顶可布置供商务公寓使用的休闲设施。

3）商务公寓采用酒店套房形式，可考虑标准间为主，适当设套间。

胶南市体育中心东南角地块商业开发项目

Commercial Development Project of Southeast Corner Plot of Jiaonan Sports Center

课题二

一、项目概况

项目胶南市珠海中路、石桥路交叉口西北角，规划用地面积7810平方米。

二、规划条件

1. 规划用地性质为商业办公用地，规划面积7810平方米。

2. 沿珠海路后退用地红线不低于15米，沿石桥路规划多层建筑与保留下来的石桥路商业网点距离不低于6米，规划高层建筑与保留石桥路商业网点距离不低于9米。日照间距系数为1 ：1.6，容积率不高于

3.5，建筑密度不高于 50%，绿地率不低于 20%，建筑限高 80 米。

3. 规划建筑无偿提供 500 平方米作为体育中心办公场所以及 8 个蹲位对外使用公厕一个。

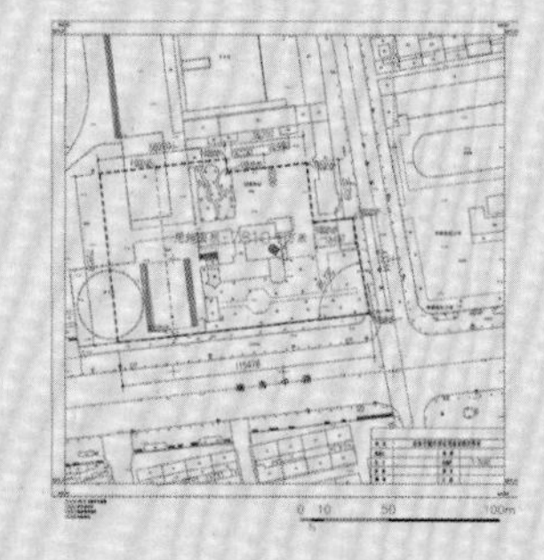

三、用地周边状况

北临保留三层商业，南至珠海中路，东为规划路石桥路，西为胶南市体育中心。

四、项目规模和组成

总规划建筑面积约 2.62 万平方米。建议各功能分区的面积组成可以按以下比例考虑：商业 5000 平方米，办公 6000 平方米，酒店式公寓 15 000 平方米。

五、建筑总体布局要求

为充分利用周边商业条件，商业建议布置在用地的东侧（临石桥路侧）。为充分利用土地资源，公寓部分建议建设高层。在保证沿街立面的景观价值外，还应充分发挥珠海中路的交通优势，为办公楼和公寓楼的升值创造条件。办公楼和商业宜整体考虑，以创造出吸引人气的商业氛围，组织好交通线路，避免公寓、办公、商业的人流交叉干扰。

上海市某高层综合办公楼设计

Design of a High-Rise Office Building in Shanghai

课题三

一、项目概况

上海市某通信集团近几年业务发展迅速，原有办公楼已不能满足使用要求，拟新建一座高层综合办公楼，总建筑面积为 25 000 平方米（地上部

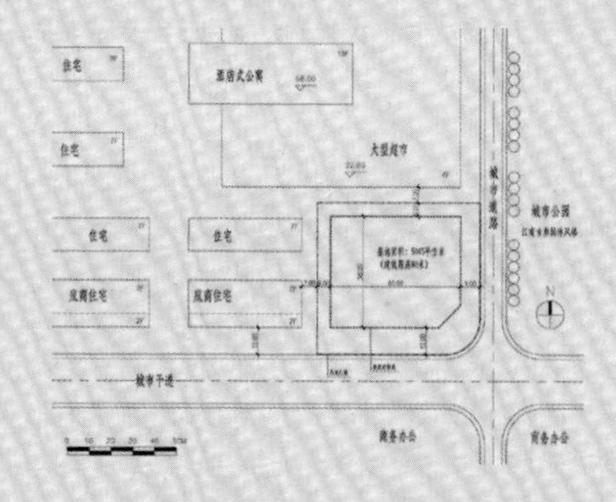

分，面积上下浮动不超过 10 %），地下室不计入建筑面积。项目新址位于城市道路交叉口，南面临城市干道，东临城市公园，西面为住宅区（临街为底商住宅）。基地地势平坦，详见后附地形图。

二、设计要求

1. 建筑退界要求详见地形图。
2. 日照系数为 1，主导风向：夏季为东南风，冬季为西北风。
3. 建筑主入口附近设 20 辆小汽车停车位和 200 辆非机动车停放场地。
4. 主体建筑框剪结构，建筑高度≤ 80 米。

三、具体功能内容

1. 体验式展厅模块

通信相关的新技术新设备展示、发布、体验：1000 平方米；库房：400 平方米（分层设置，裙房每层需设置库房）；可出租零售商铺：内容、面积自定；品牌咖啡厅：面积自定，可结合营业厅、展厅设置。

2. 门厅、楼梯、电梯厅等交通辅助空间，面积自定。

3. 办公部分

多功能厅：提供会议、讲座、节日活动需要，400 平方米（应设于 3 层以下，便于解决消防疏散问题）；开放式办公室：设于 4 层及以上，分层设置或集中设置于几个楼层，不考虑隔断；办公标准层设置：小办公室：每层 4 间，每间 30 平方米；中办公室：每层 2 间，每间 60 平方米；会议室：每层 1 间，每间 60 平方米；卫生间：每层按男女工作人员各 50 人计，考虑无障碍厕位。

4. 其他

地下车库（地下可设 1 层或 2 层）：停车数量满足地方规范要求，每个车位按 2.5 米 ×5.5 米计；低压配电间 30 平方米；空调机房 60 平方米；水泵房 30 平方米；消防控制室：设于一层，可直通室外 30 平方米；值班及保安室：设于一 层，20 平方米。

一至三层为营业厅、展厅等，主要展示、销售通信产品，营业厅内需设上、下行自动扶梯。四层及以上为公司办公楼，部分可供共享办公出租使用（设计时需考虑空间使用的灵活性）。

需考虑无障碍设计，需考虑绿色建筑技术。

学生作业案例之一

矩形组合

学生

张浩

教师

包海斌、朱勍、董珂 等

年级

2015 级

本方案设计中，建筑形体由大小比例不同的矩形形体穿插构成，每个大的部分都由至少两个以上的形体组成，虽然是由简单的矩形形体组成，但是形成了丰富多变的总的建筑形体。

建筑裙房中部保留贯通南北的通道，二层由两道连廊连接，三层部分形体完全连接起来，这样既保证了南北通道、裙房形成一个商业整体，同时创造了丰富的商业室内外空间。公寓塔楼采用玻璃外表皮，可能不是很合适实际使用。整体色彩比较单调生冷，尤其是裙房部分似乎缺少商业的温暖亲切气氛。办公大堂可以设计得更加宏大，就更能与办公塔楼的宏大形象配合。

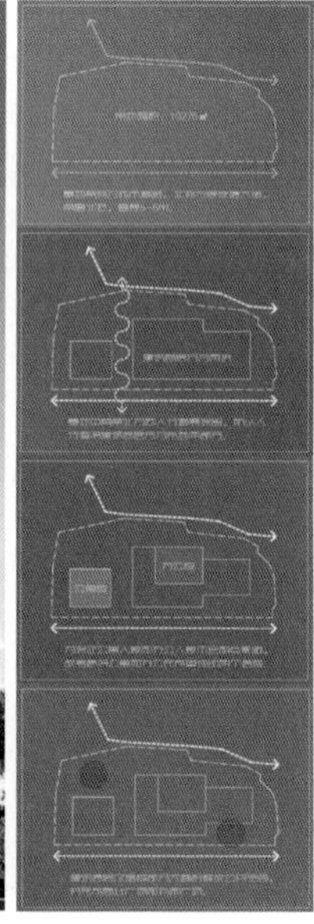

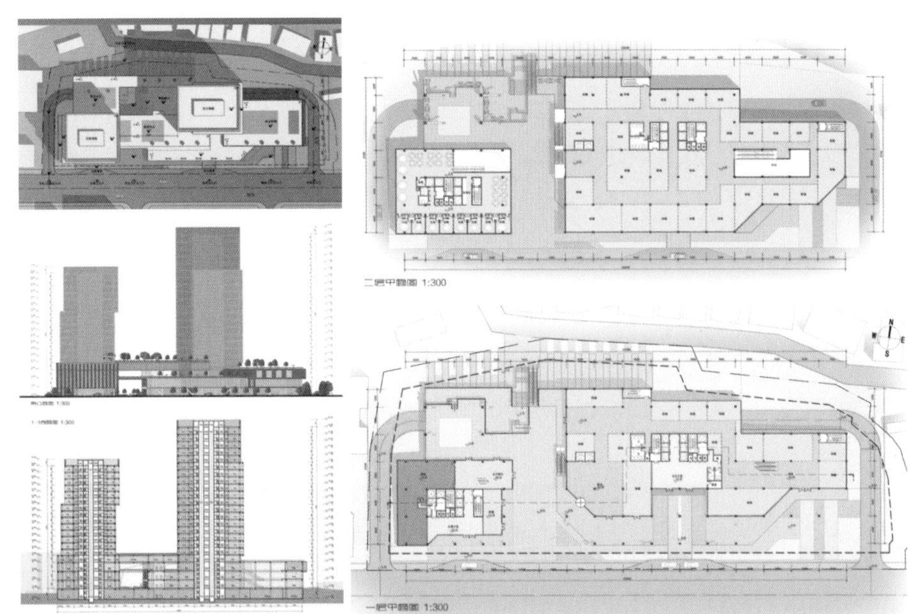

学生作业案例之二

丰富的街区

学生

赖莉莉

教师

包海斌、朱勍、董珂 等

年级

2014 级

本方案的功能布局考虑得比较深入，布局合理。根据周边环境和规划条件要求，为酒店式公寓和商务办公楼分别设计一座塔楼，设置于地块的东西两侧，底部三层裙房为商业百货空间，地下一层为车库和设备用房。

沿银锭塘大街设置了部分商业，两座塔楼中间根据现状道路中有一条横穿地块南北的道路，在步行道路两侧设置商业主要出入口，使南北东西向人流都能到达商业内部。地块南高北低，依据地形高差将后勤卸货区设置在地块西面酒店式公寓底层。商业裙房顶部为屋顶花园，是人们休闲活动的主要场所。

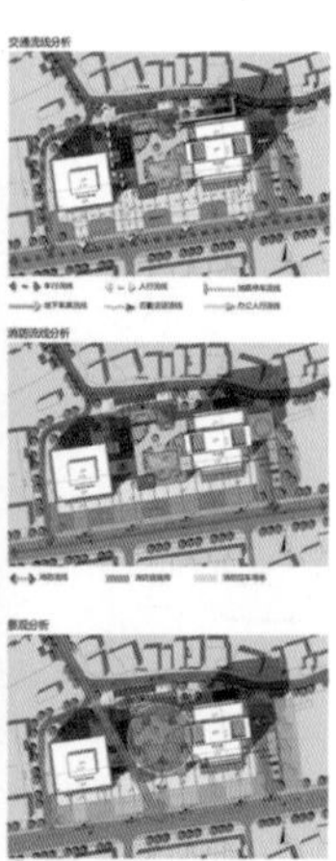

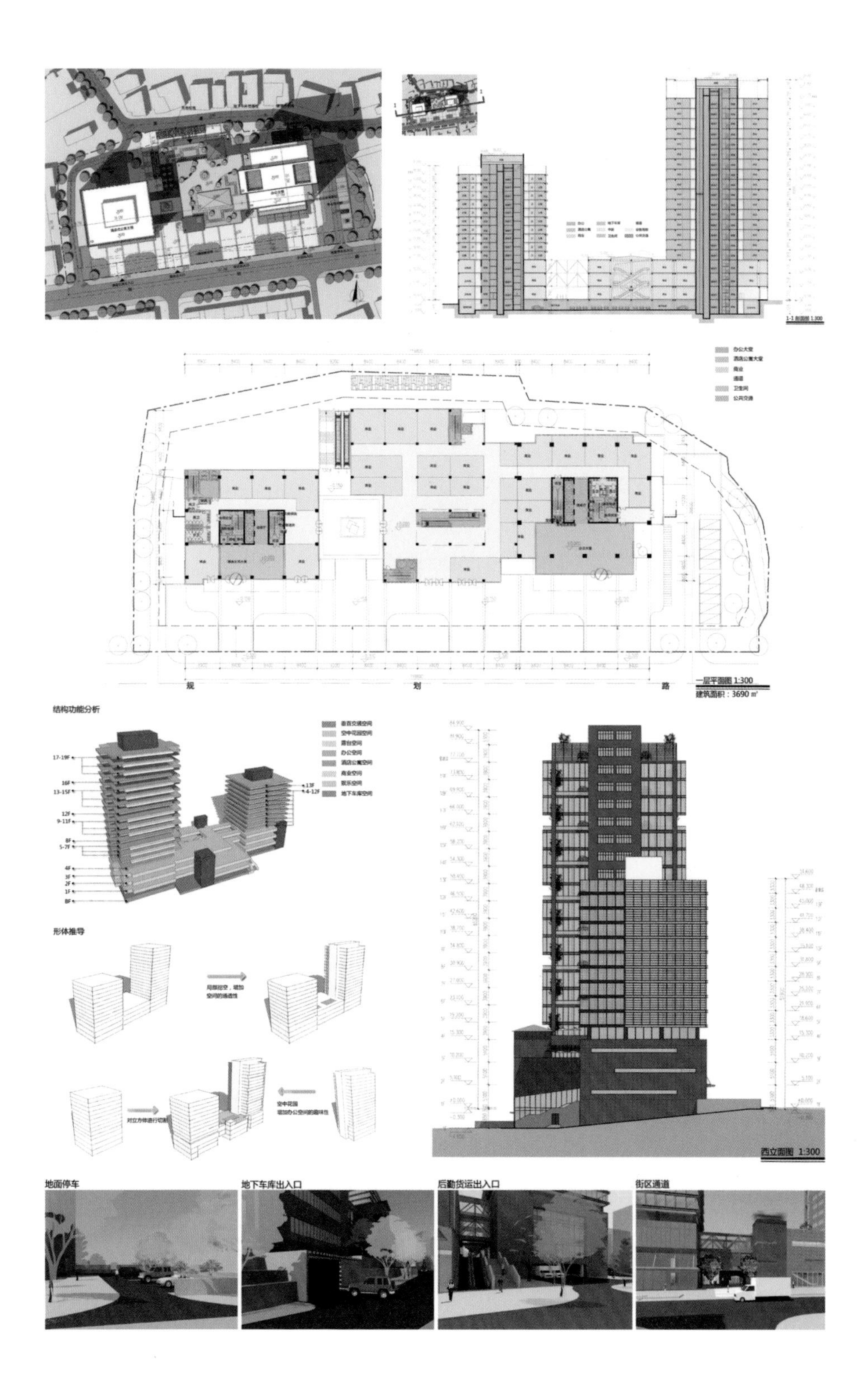
1-1剖面图 1:300
办公大堂
酒店公寓大堂
商业
通道
卫生间
公共交通
规
划
路
一层平面图 1:300
建筑面积：3690 m²
结构功能分析
17-19F
16F
13-15F
12F
9-11F
8F
5-7F
4F
3F
2F
1F
B1F
13F
4-12F
垂直交通空间
空中花园空间
露台空间
办公空间
酒店公寓空间
商业空间
娱乐空间
地下车库空间
形体推导
局部挖空，增加
空间的通透性
对立方体进行切割
空中花园
增加办公空间的趣味性
西立面图 1:300
地面停车
地下车库出入口
后勤货运出入口
街区通道

学生作业案例之三

传统与现代

学生

汤建明

教师

包海斌、朱勍、董珂 等

年级

2014 级

设计从广州本地人文气质出发，结合当地传统民居内院式商业布局，同时拔高塔楼，加强设计项目在本区域内的标志性。商业裙房位于西端，塔楼办公公寓位于东端，商业裙房根据规划情况，中部道路穿插商业内街，与中庭相连，形成流畅的商业动线。建筑形体通过体量穿插玻璃与实体，形成虚实对比，造型简洁清爽。

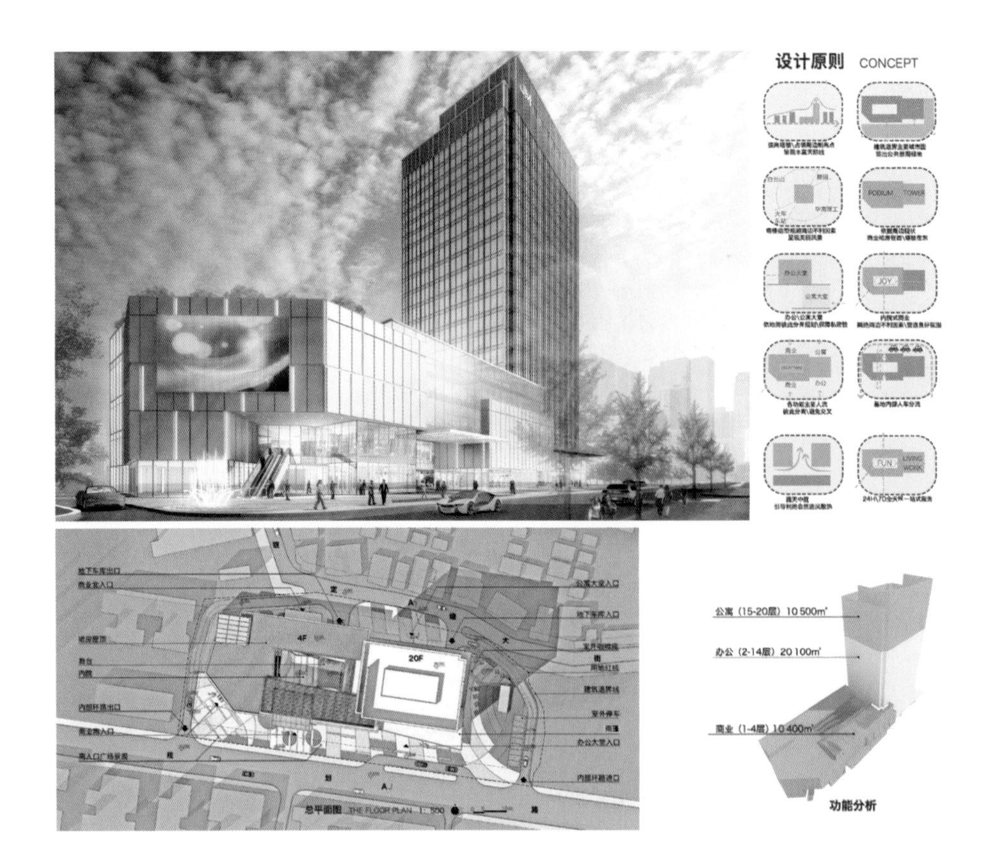

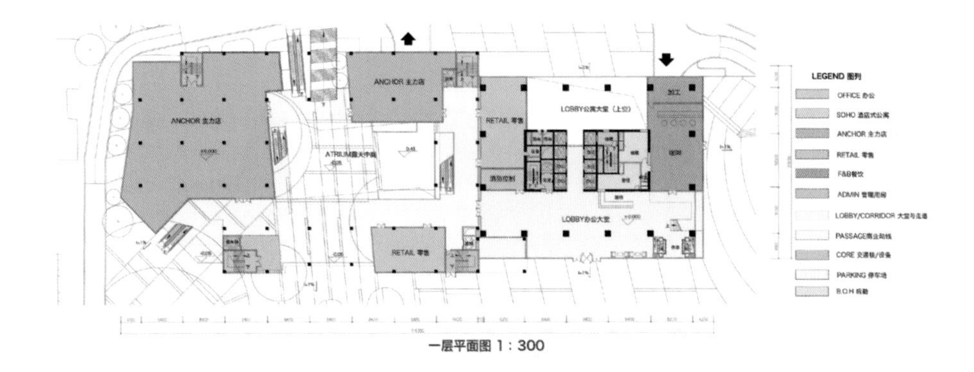

一层平面图 1：300

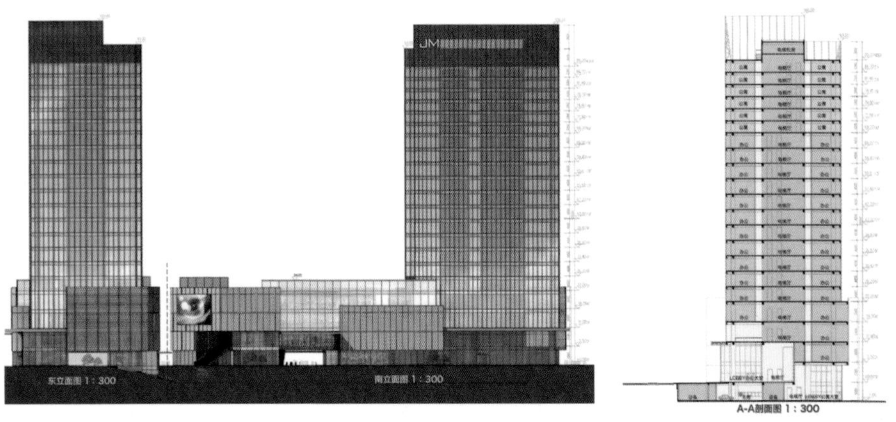

东立面图 1：300　　南立面图 1：300

A-A剖面图 1：300

学生作业案例之四

运动场旁的城市生活

学生

陈一松

教师

包海斌、朱勍、董珂 等

年级

2016 级

本方案建筑裙房中部设计立体化的商业入口空间，丰富了简单矩形形体基础上商业空间的单调缺点，功能上连接外部沿路商业人流和用地北侧的运动场的球场区域，适合商业部分的功能定位——运动品牌商业店铺。裙房的屋顶设计 2 层屋顶花园，塔楼顶部设置退台露台，为塔楼公寓和办公提供休闲活动空间，与体育场的运动人员分开，功能布局设计合理。

面向用地东侧商业街设计了商业人流的开口，虽然呼应东侧商业布置地下车库坡道和一条转折的人行通道，但是功能上并没有利用东侧的商业人流。

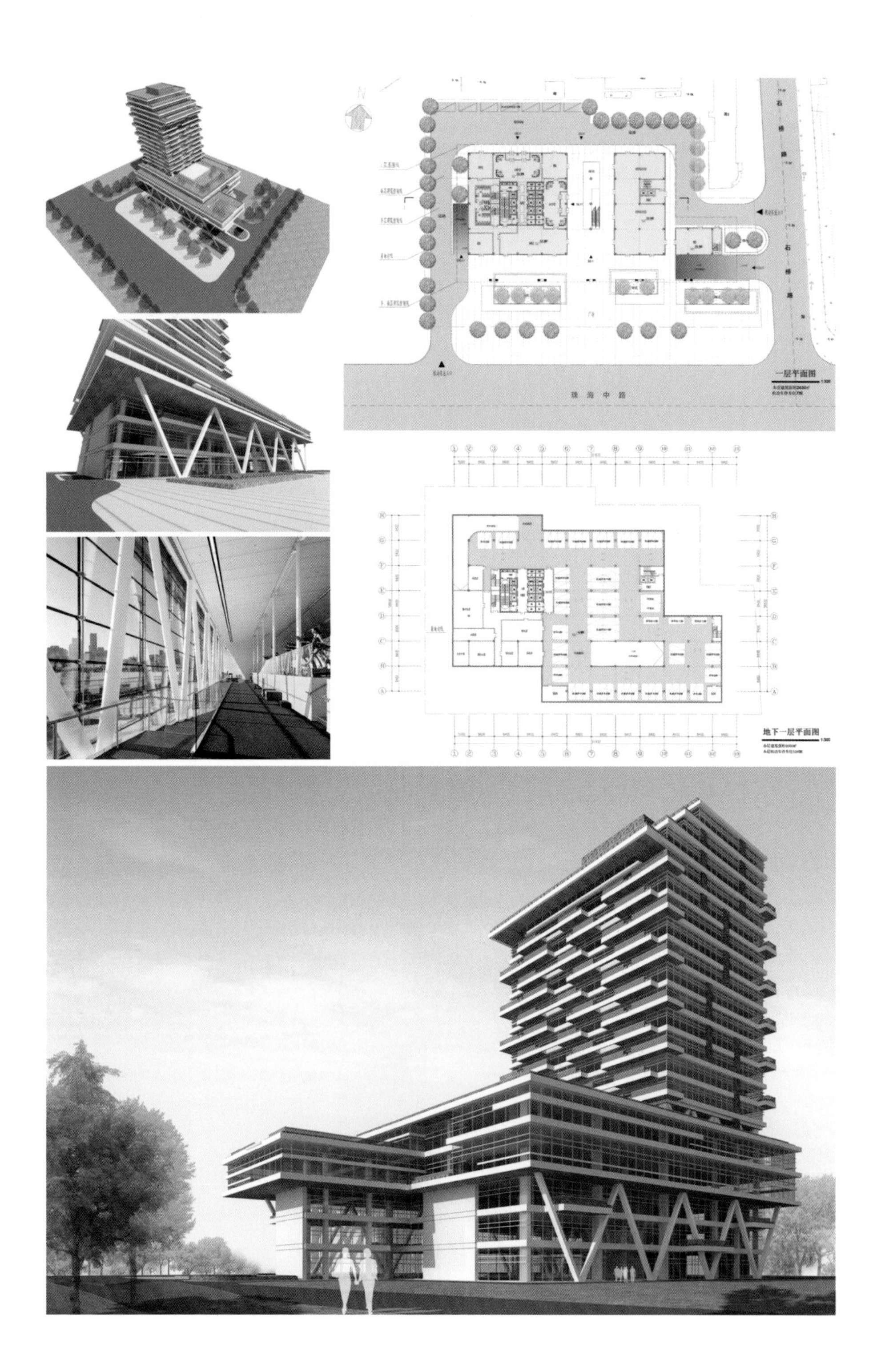
石桥路
一层平面图
1:300
珠海中路
地下一层平面图
1:300

学生作业案例之五

丰富而多变

学生
夏伟
教师
包海斌、朱勍、董珂 等
年级
2018 级

此设计方案在有限的用地范围内设置高低双塔楼，构成丰富的体量变化，完善了城市街区的天际线。办公大堂设置在广场两端，避开中部的商业人流，可以做到良好的功能分区，并且两个塔楼能够提供更多样的出租管理模式。多功能厅位于中部裙房北部分，采用异形结构形式，可提供独特的办公共享公共空间，不足之处在于此异形结构与其他部分协调会较难，并且位于沿街面背面，浪费了形式感的表现力。

该同学设计中对幕墙的构造考虑较深入，考虑了形式、节能、景观等多方面的因素，给予了合理的设计处理，符合项目现代办公楼综合体的建筑风格。

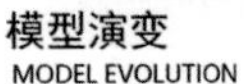

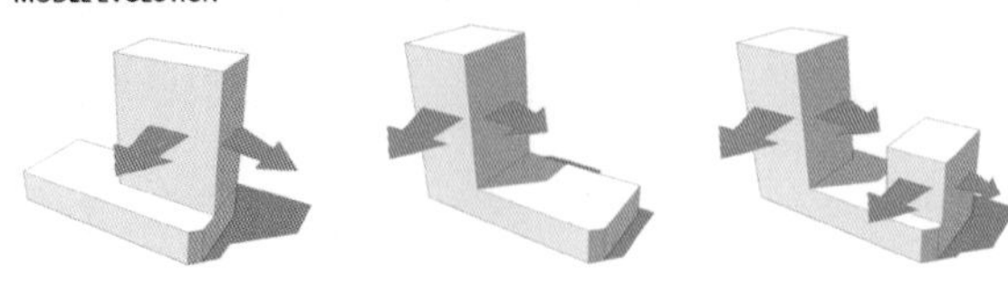

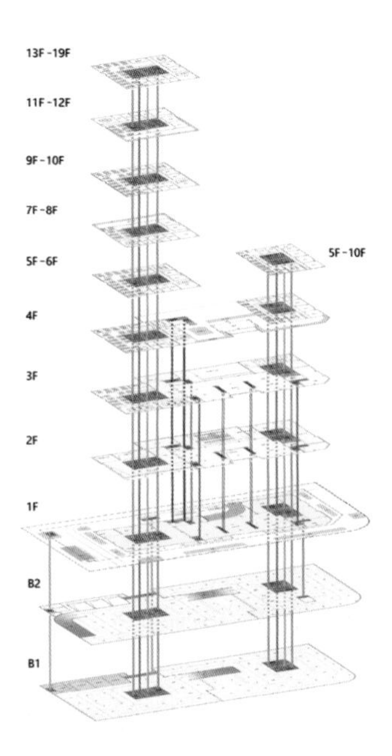

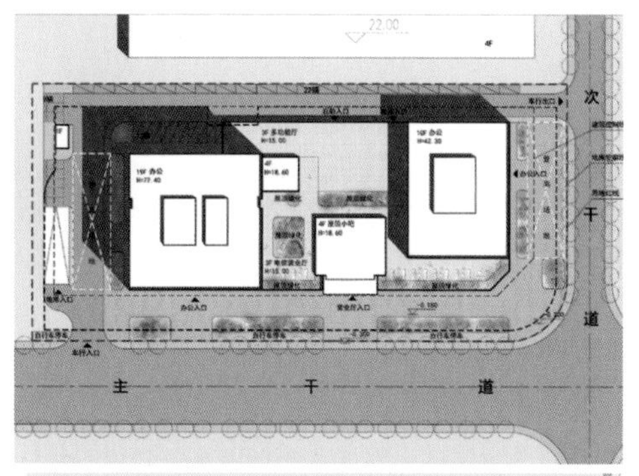

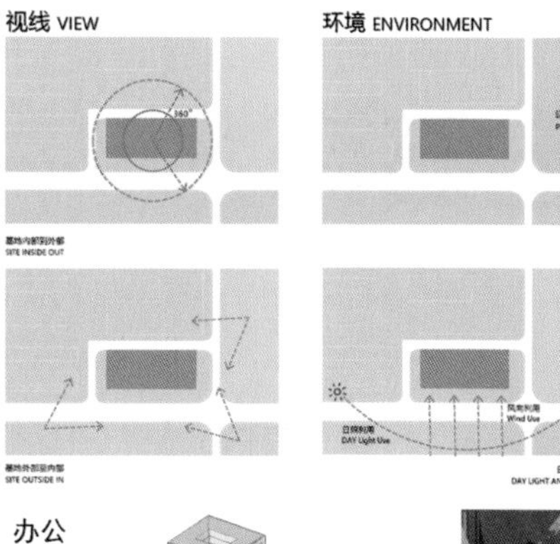

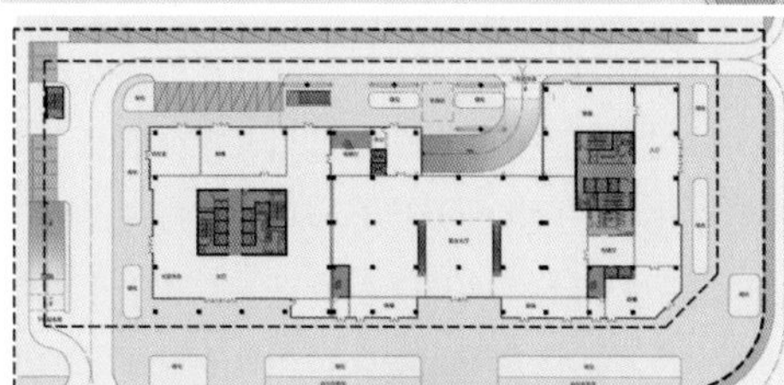

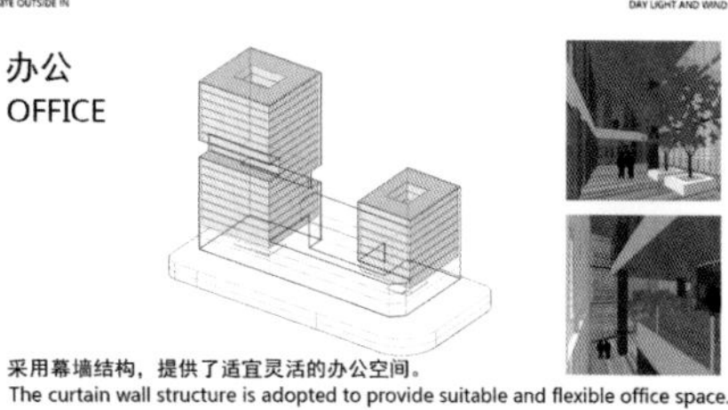

采用幕墙结构，提供了适宜灵活的办公空间。

The curtain wall structure is adopted to provide suitable and flexible office space.

办公大堂位于广场两端，避开了商业人群。

The office lobby is located at both ends of the square, avoiding business people.

位置贯穿于两座塔楼之间，达到高效便捷。

The location is between two towers, which is efficient and convenient.

商业布置贯穿一层至三层，保证了功能和空间的相互连接。

Commercial arrangements run through one to three floors to ensure the interconnectedness of functions and spaces.

学生作业案例之六

叠石流水

学生

朱燕

教师

董珂

年级

2019 级

位于城市道路交接口的用地为设计的展开提供了多种可能性。此设计中高层建筑主体采用扭转旋上的方式逐渐展开，颇具“叠石流水”之意，是比较有特色的设计处理方法。设计以标准平面的渐变旋转，形成颇具动感的整体向上的建筑形态，同时考虑与周边江南园林的互动，设置逐层而上的渐变螺旋式景观阳台。每层环绕建筑的空中走道以及多层次的绿化空间，形成较为丰富的空间体验。外围护外设置带有图案的装饰性构件来丰富建筑造型，但高层建筑外墙装饰性构件的结构安全性是值得研究的课题，这方面仍需要深入研究。

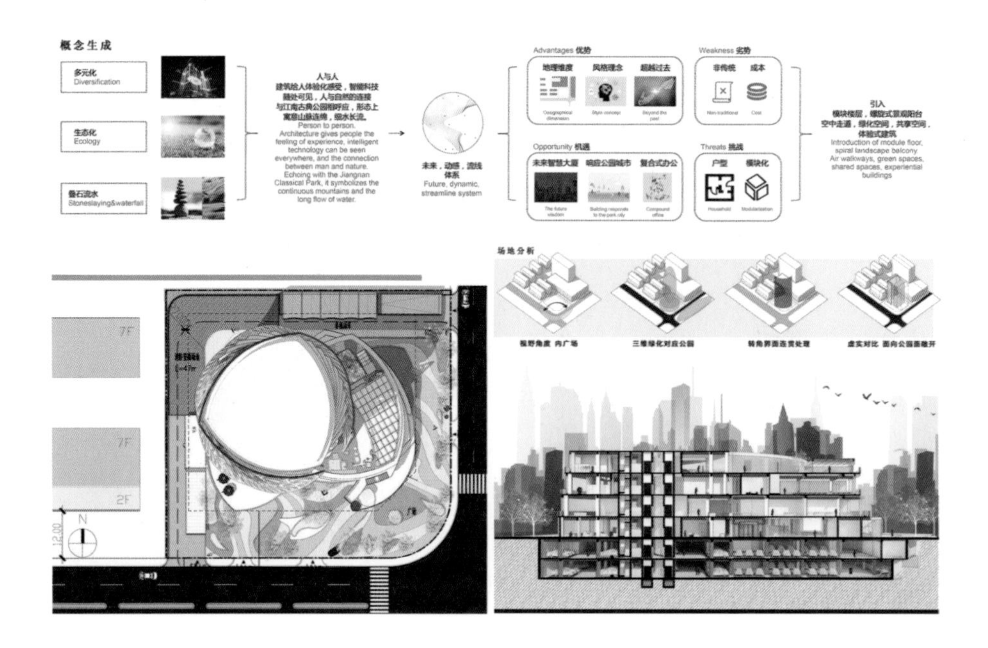

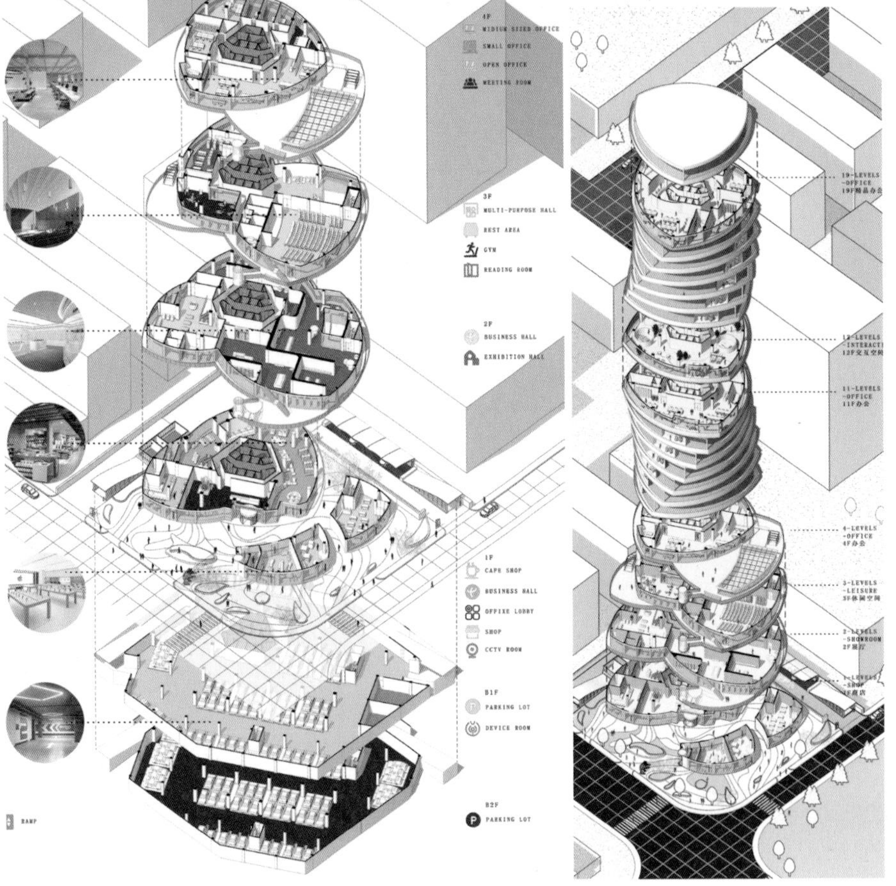

4F
MIDIUM SIZED OFFICE
SMALL OFFICE
OPEN OFFICE
MEETING ROOM
3F
MULTI-PURPOSE HALL
REST AREA
GYM
READING ROOM
2F
BUSINESS HALL
EXHIBITION HALL
1F
CAFE SHOP
BUSINESS HALL
OFFIXE LOBBY
SHOP
CCTV ROOM
B1F
PARKING LOT
DEVICE ROOM
B2F
PARKING LOT
RAMP
19-LEVELS
-OFFICE
19F精品办公
11-LEVELS
-OFFICE
11F办公
4-LEVELS
-OFFICE
4F办公
3-LEVELS
-LEISURE
3F休闲空间
-SHOWROOM
2F展厅

学生作业案例之七

让光转弯的塔楼

学生
张晔俊
教师
包海斌
年级
2019 级

设计将高层建筑理解为微型城市，希望创造出一个丰富、多变的内部空间，从而满足城市中使用者对于光线和绿化的需求。设计在高层塔楼内部创造了一个充满阳光和绿化的、螺旋向上生长的中庭空间，将其作为建筑最为活跃的核心空间，光线直射和折射所产生的光影为“城市中的居民”创造一个有趣而活跃的工作环境。

建筑的外部形态规整而简洁，内部空间生动而活跃。此设计内外空间形态含蓄内敛，又活泼多变，是高层建筑设计比较值得倡导的设计手法。

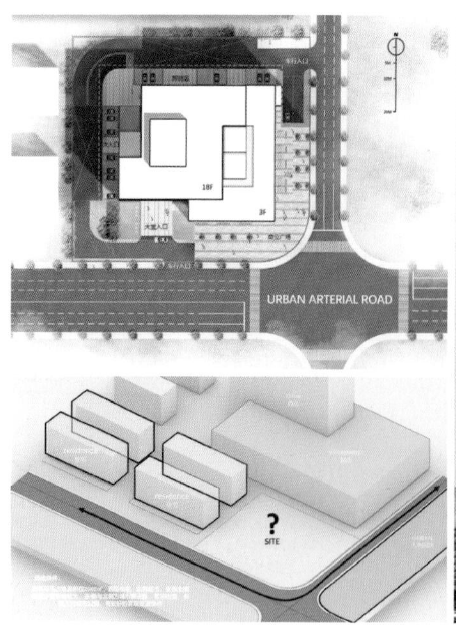

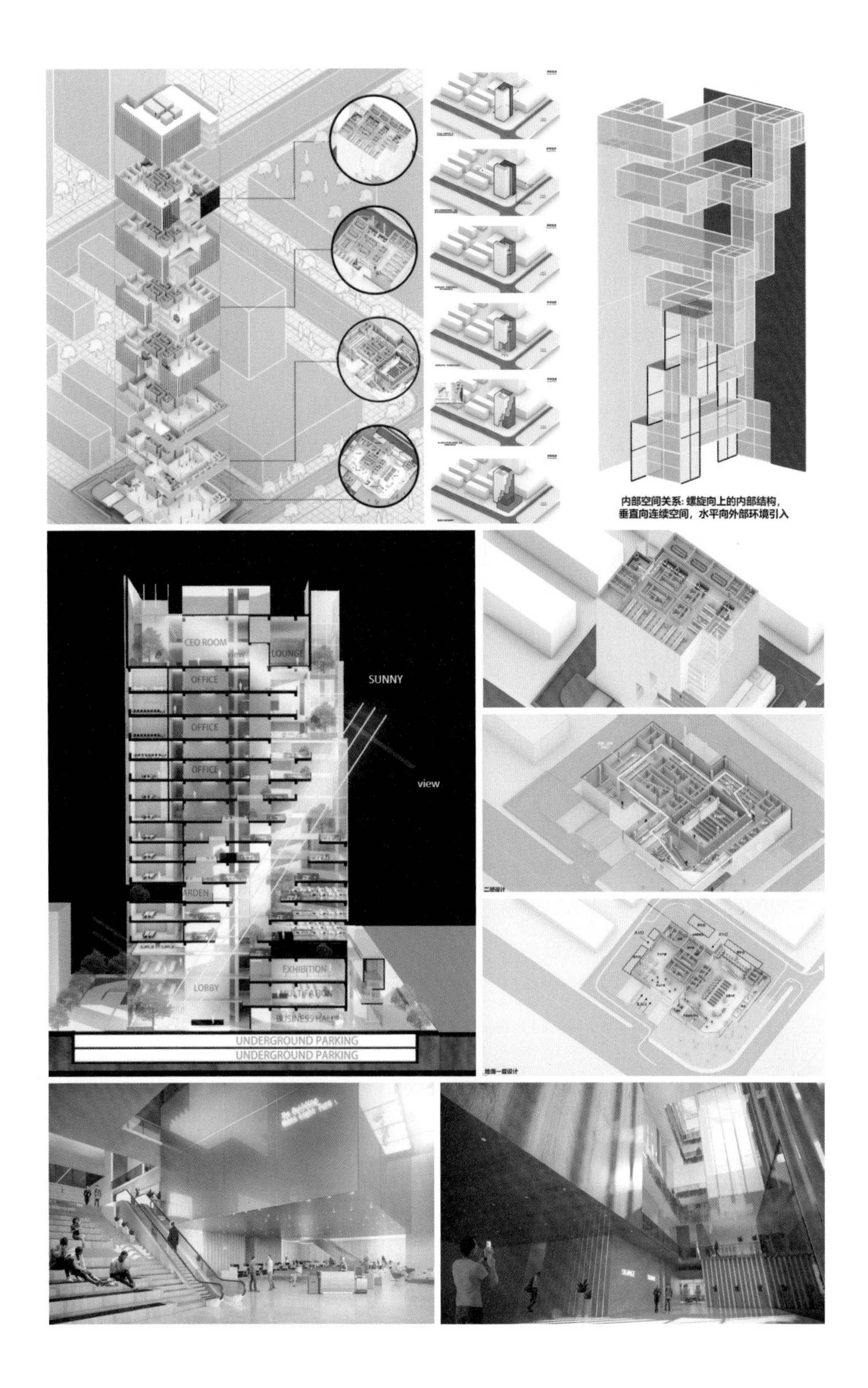
内部空间关系：螺旋向上的内部结构，
垂直向连续空间，水平向外部环境引入
CEO ROOM
LOUNGE
view
OFFICE
SUNNY
OFFICE
OFFICE
view
ARDEN
EXHIBITION
LOBBY
MULTIFATION
BUSINESS HALL
UNDERGROUND PARKING
UNDERGROUND PARKING
二层设计
地面一层设计

空中阶梯

学生

高毅

教师

朱勍

年级

2019 级

在受疫情影响的 2020 年，需要思考什么样的公共建筑适合高密度的聚集办公。在无法降低建筑密度的现实情况下，通过绿地空间的垂直转移策略，将城市绿化引入至建筑及室内结合，并对基地东侧城市公园进行回应。

设计整体构思比较统一，开放的空间介质依据阶梯逻辑穿插在高层塔楼主体中，寓意为“向上的阶梯”，建筑高层处朝城市公园方向外挑，在室内仿佛踏空于公园之上，与公园在空中对话。

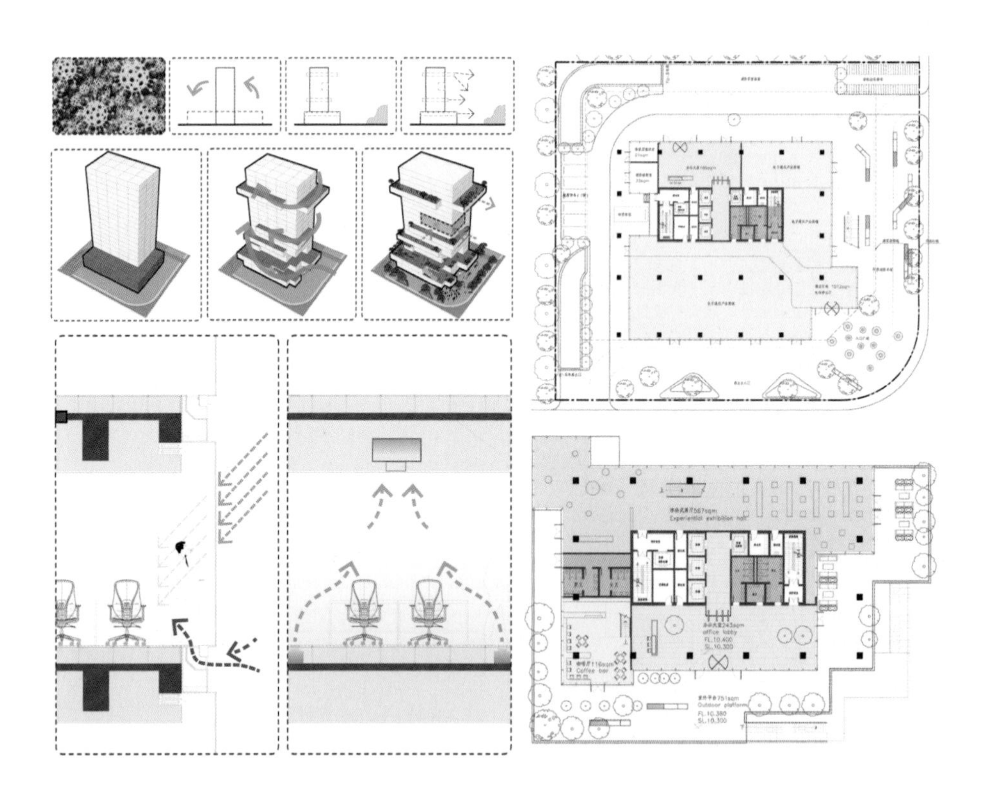

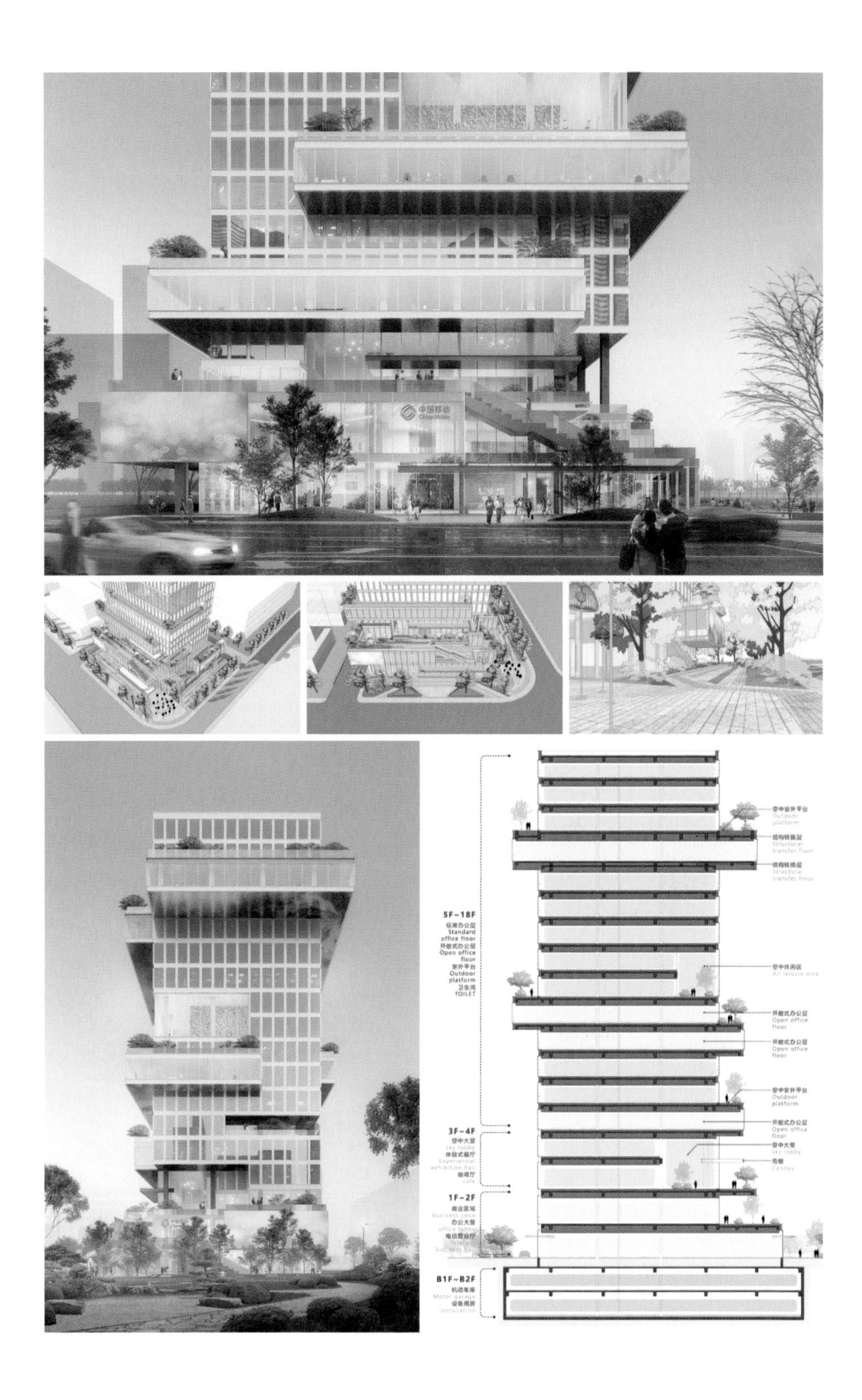

5F~18F
标准办公层
Standard office floor
开敞式办公层
Open office floor
室外平台
Outdoor platform
卫生间
TOILET
3F~4F
空中大堂
sky lobby
体验式展厅
Experiential exhibition hall
咖啡厅
cafe
1F~2F
商业区域
business zone
办公大堂
office lobby
电信营业厅
B1F~B2F
机动车库
Motor garage
设备用房
installation
空中室外平台
Outdoor platform
结构转换层
Structural transfer floor
结构转换层
Structural transfer floor
空中休闲区
Air leisure area
开敞式办公层
Open office floor
开敞式办公层
Open office floor
空中室外平台
Outdoor platform
开敞式办公层
Open office floor
空中大堂
sky lobby
雨棚
Canopy

5 观演建筑设计

Theater Design

影剧院建筑

教师：宗轩、赵晓芳、马怡红、
庄俊倩、邓靖、周琳琳 等
年级：三年级 秋季学期

目标

观演建筑是民用建筑中建筑功能、建筑结构、建筑技术与建筑形态要求都较高的建筑类型，教学中不但需要训练与提高学生建筑设计方法与手段，也特别需要学生掌握观演建筑这类建筑的设计原理与设计范式，了解观演类型、观看模式及空间需求，对观演建筑中涉及较为复杂的建筑技术问题，如舞台形制、声学、视线等问题有正确的基本认识。通过本设计任务希望实现以下四个方面的教学目标：

1. 学习了解观演建筑的功能特点、流线组织与空间组成等建筑设计原理。
2. 学习掌握不同演出类型的舞台形制与观众厅的声学、视线、疏散等专业知识。
3. 学习掌握大空间、复杂空间的建筑结构选型与建筑形态塑造能力。
4. 学习训练大跨度建筑艺术形象构成的设计创造力。

手段

观演建筑中参与活动人员类型多，需求复杂，演出的空间功能与空间环境都有明确技术要求，因此在本设计中需要强化提高的是：学生的建筑功能的组织能力、交通流线的协调能力、建筑空间的塑造能力。注重培养学生处理复杂空间和建筑形态的能力，在主要功能空间的尺度和空间都被严格限制的前提下妥善处理功能合理与设计创意的关系，以及大跨度空间与结构选型的关系，创造出功能合理、造型新颖并可以激发城市活力的公共空间。

因此在本设计的前期调研阶段，实地调研是非常有必要的，对观演建筑中各类使用者的流线和各功能空间的使用方式进行直接观察，以帮助同学们对观演建筑的运作有一个整体的认知。

除实地调研之外，还需要同学结合观演建筑经典案例与相关文献，充分了解观演建筑舞台及各功能空间的相关尺度和规范，以及复杂大空间的设计思维与空间组织方式。

观演建筑空间形式复杂，尤其是舞台和观众厅，对设计者的三维想象能力和空间组织能力提出了较高的要求。因此在设计的各个阶段都需要通过工作模型与电脑模型来辅助设计，实时把握设计效果。

电影与文化艺术中心设计

Film, Culture and Art Center Design

课题一

本课程设计用地位于上海市杨浦区控江路源泉路，原址为杨浦大剧院，基地面积 16 600 平方米左右，开发容积率 1.4，沿控江路退红线 20 米。该地段为杨浦区人口稠密地段，拟建一个电影与文化艺术中心以丰富城市文化生活，为周边市民休闲娱乐活动提供场所，为区域发展注入活力。

课程设计了两种教学可能性，一是在杨浦大剧院原址的新建用地，建设一座歌舞剧院及部分商业，建筑面积 1.0 万 ~1.2 万平方米，由学生单独完成；二是为以杨浦大剧院原址为出发点的区域更新改造，建设集表演、展览、文化与商业设施为一体的社区文化艺术中心设计，建筑面积 3.5 万 ~4.0 万平方米。可由 2~3 名学生组队完成。

本课题除了需要学生学习和解决观演建筑设计中的问题与难点，更将设计关注的重点延伸到建筑与城市的关系，以及建筑文化价值等多方面的议题，对于学生解决实践问题的能力会有综合提高。

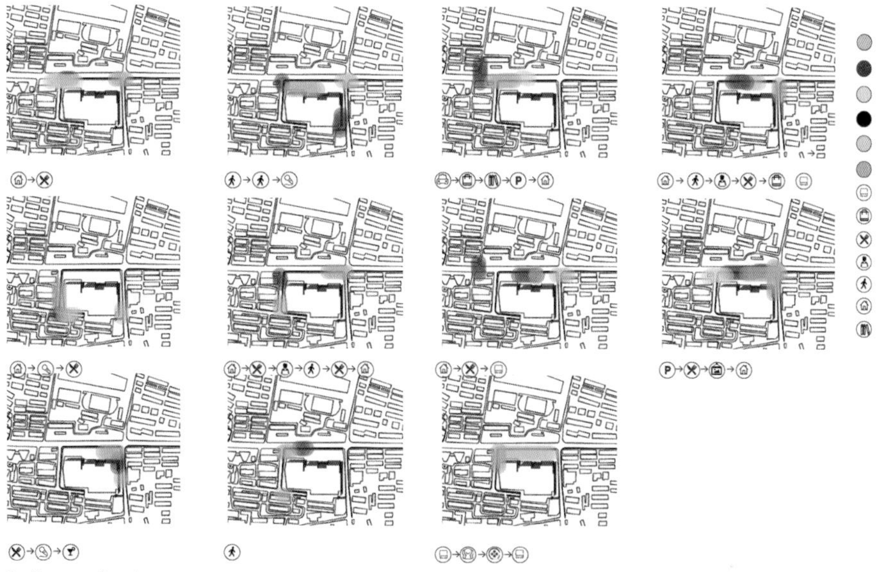

brainstorming /sessions

整理出同一活动类型的点的连线和边界的交点，并根据此连线所代表的点分出老人、孩子所需要的空间。

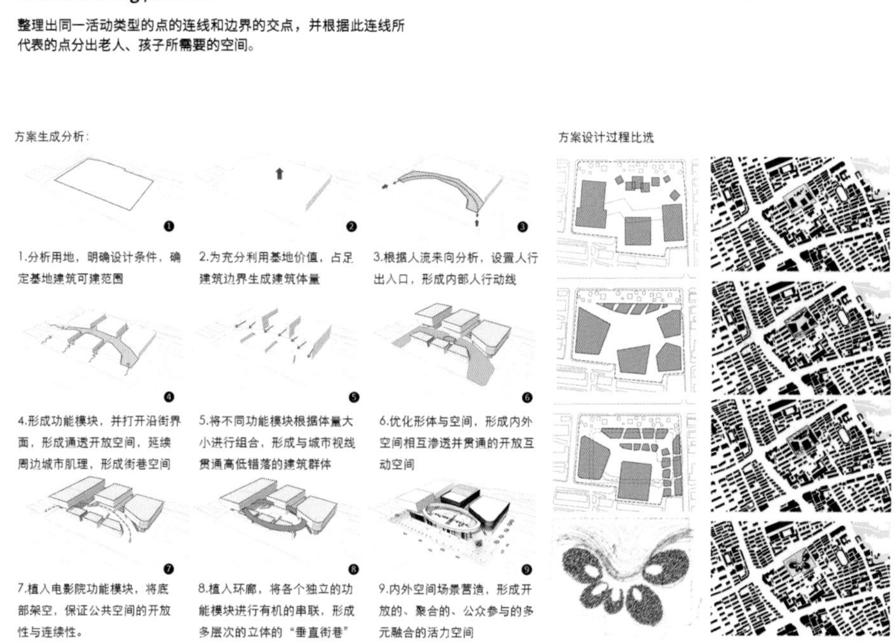

方案生成分析：
1.分析用地，明确设计条件，确定基地建筑可建范围
2.为充分利用基地价值，占足建筑边界生成建筑体量
3.根据人流来向分析，设置人行出入口，形成内部人行动线
4.形成功能模块，并打开沿街界面，形成通透开放空间，延续周边城市肌理，形成街巷空间
5.将不同功能模块根据体量大小进行组合，形成与城市视线贯通高低错落的建筑群体
6.优化形体与空间，形成内外空间相互渗透并贯通的开放互动空间
7.植入电影院功能模块，将底部架空，保证公共空间的开放性与连续性。
8.植入环廊，将各个独立的功能模块进行有机的串联，形成多层次的立体的“垂直街巷”
9.内外空间场景营造，形成开放的、聚合的、公众参与的多元融合的活力空间
方案设计过程比选

学生作业案例之一

空中之旅

学生

汪红雨、王婷、蔡思齐

教师

宗轩

年级

2019 级

该设计从杨浦大剧院的改造出发，重新梳理和规划了大剧院周边地块。通过对基地及城市环境的调研，设计定位为社区型艺术文化中心，在“融合、多元、社群”的概念基础上，强调多个元素的联系——建筑与城市、个人与社会、传统与现代、开放与私密、过去与未来，并用空中环廊加以有机联系，形成动态、立体、开放、融合的文化中心。设计中的空中环廊，在加强各部分空间联系的同时，增强了空间的流动与故事发生的可能性，为建筑赋予多种维度的空间场景，激发片区乃至城市活力。

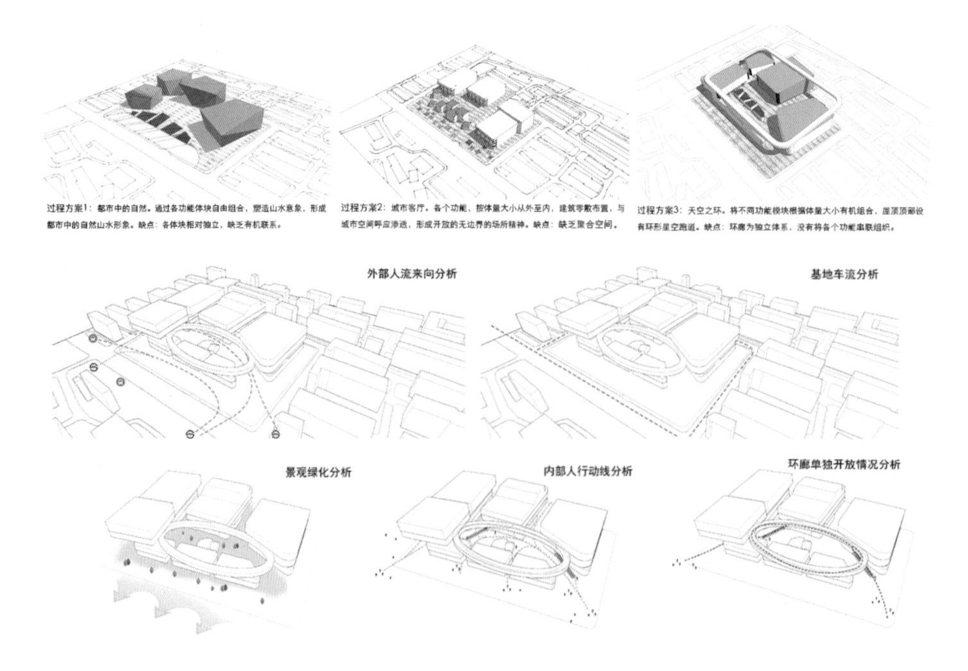

过程方案1：都市中的自然。通过各功能体块自由组合，塑造山水意象，形成都市中的自然山水形象。缺点：各体块相对独立，缺乏有机联系。
过程方案2：城市客厅。各个功能，按体量大小从外至内，建筑零散布置，与城市空间呼应渗透，形成开放的无边界的场所精神。缺点：缺乏聚合空间。
过程方案3：天空之环。将不同功能模块根据体量大小有机组合，屋顶顶部设有环形星空跑道。缺点：环廊为独立体系，没有将各个功能串联组织。
外部人流来向分析
基地车流分析
景观绿化分析
内部人行动线分析
环廊单独开放情况分析

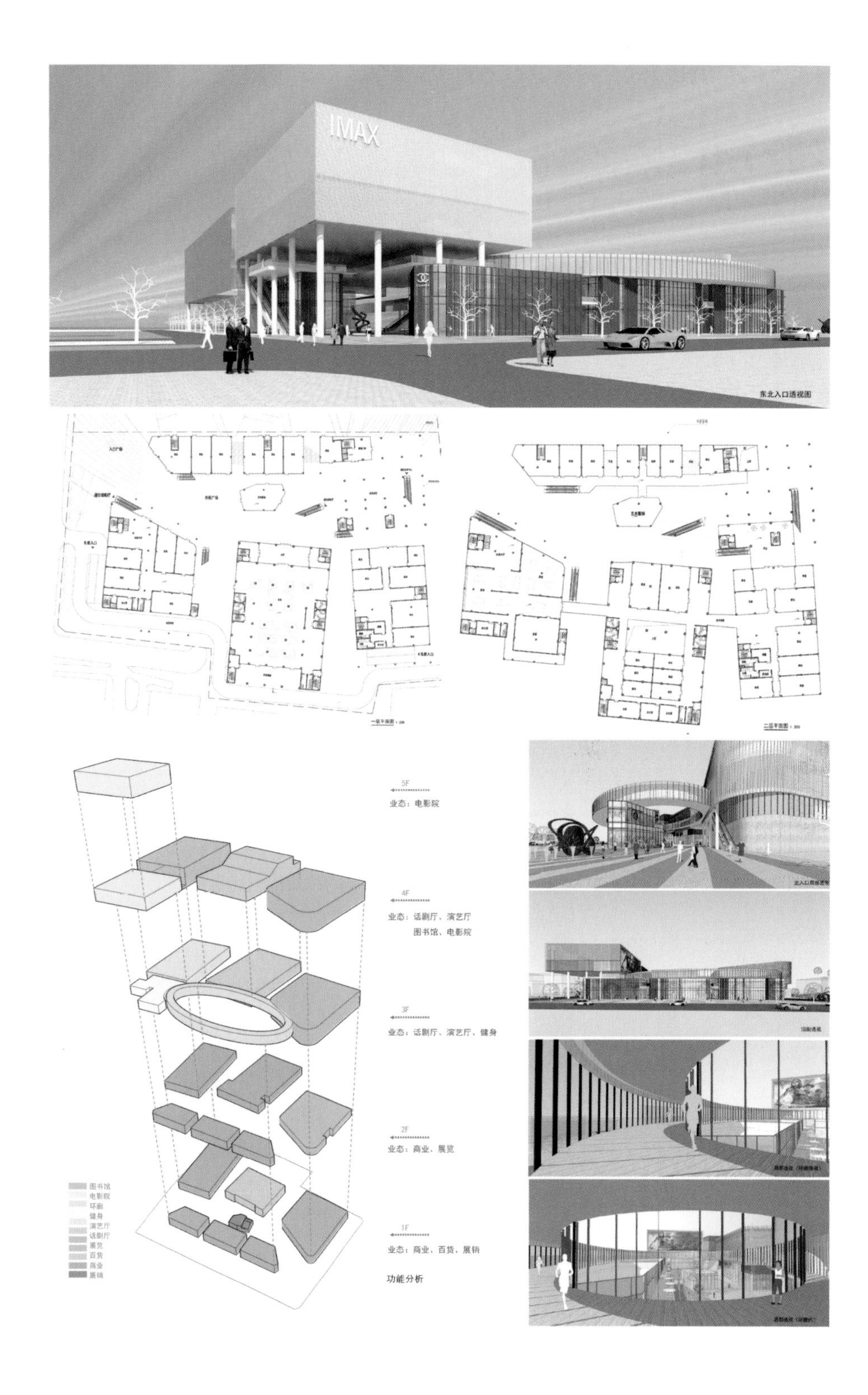
IMAX
东北入口透视图
一层平面图
二层平面图
5F
业态：电影院
4F
业态：话剧厅、演艺厅
图书馆、电影院
3F
业态：话剧厅、演艺厅、健身
2F
业态：商业、展览
1F
业态：商业、百货、展销
图书馆
电影院
环廊
健身
演艺厅
话剧厅
展览
百货
商业
展销
功能分析

学生作业案例之二

律动

学生
王潘俊
教师
邓靖
年级
2019 级

该设计的目标是在有限的场地空间内创造一个包含商业和剧场的建筑综合体，商业与剧场的功能前后组合得当，利用一个醒目的坡道将观演人群直接引入剧院门厅，解决了剧院人群引入问题，并结合商业布局产生不同的观赏空间。建筑形态上希望削弱剧院大空间建筑的体量感，整体采用流线形，并结合渐变式参数化立面创造具有渐变与细腻的风格建筑外观。设计突出之处是在有限的空间中营造了不同的退台，增加人与城市的互动，在丰富建筑造型的同时营造丰富多样的公共空间，吸引周边居民在闲暇时间前来，激发区域活力。

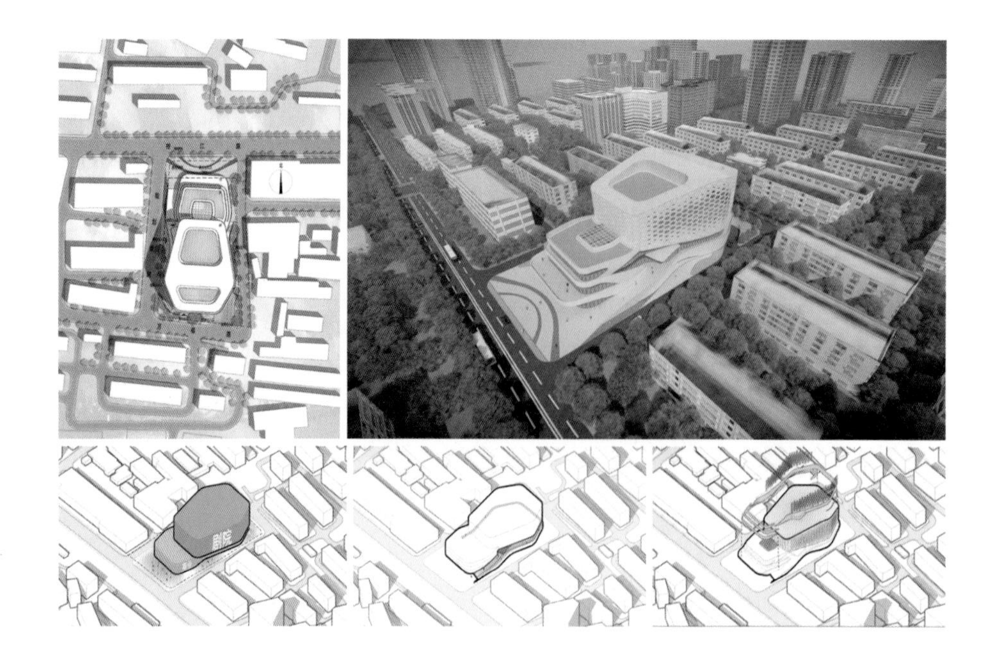

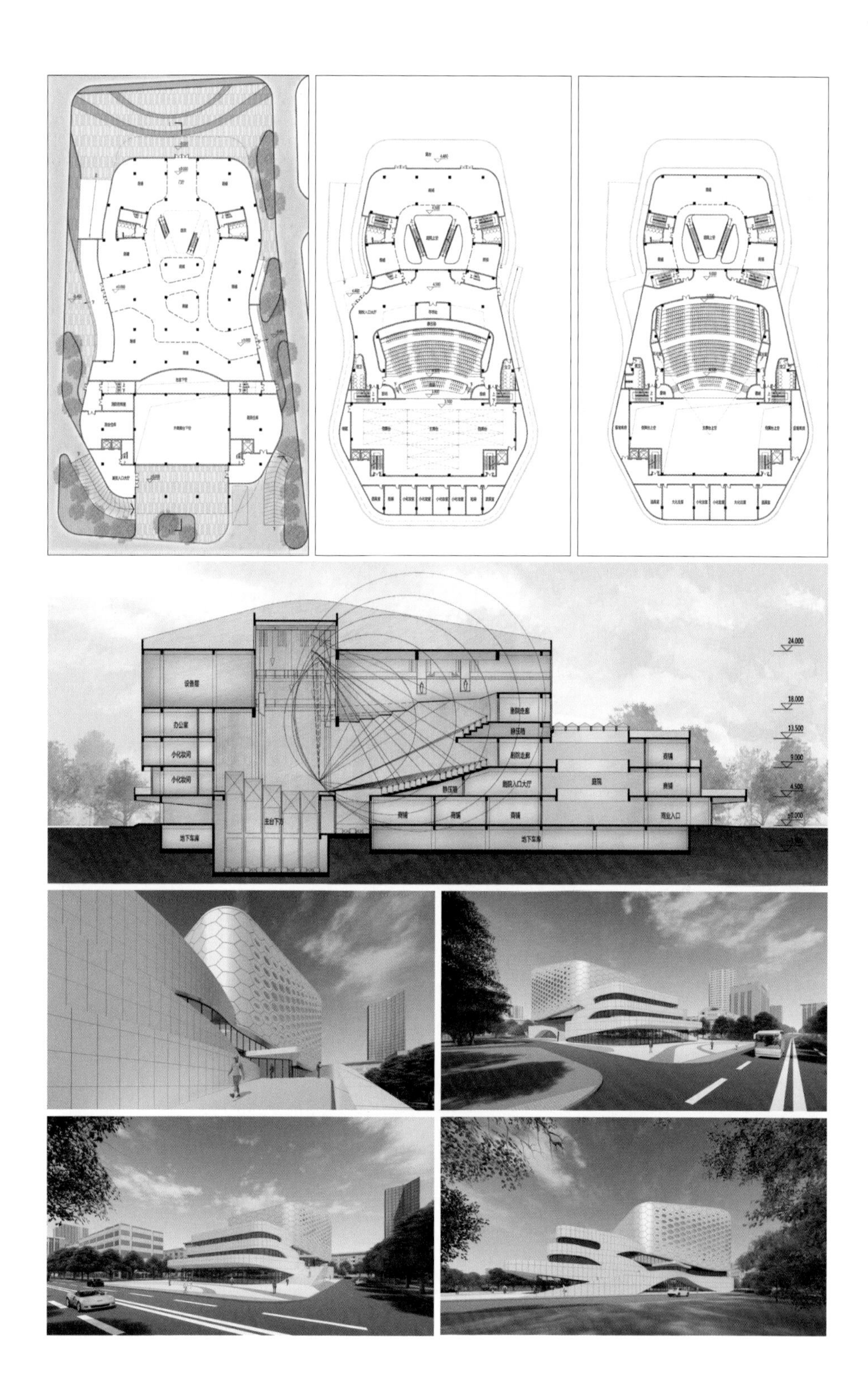
24.000
18.000
13.500
9.000
4.500
±0.000
设备层
办公室
小化妆间
小化妆间
主台下方
地下车库
静压箱
剧院入口大厅
庭院
商铺
商铺
商铺
商铺
商铺
商业入口
地下车库

学生作业案例之三

城市客厅

学生

朱鹏吉、章为洲、张鹏飞

教师

宗轩

年级

2019 级

该设计从周边居民的日常生活可能发生的路线出发，从 20 条居民日常生活路线中选取与建筑边界有交集的路线，并结合周边的老人与儿童经常使用的区域在场地设置了不同类型的活动空间。在此基础上确定了建筑的出入口形式和相应的建筑垂直交通、广场和体块的错动，最终生成的建筑不仅形态灵活多变，还很好地贴和了周边居民原有的日常生活，使建筑有机地融入原有的社区肌理，成为新的城市休闲客厅。

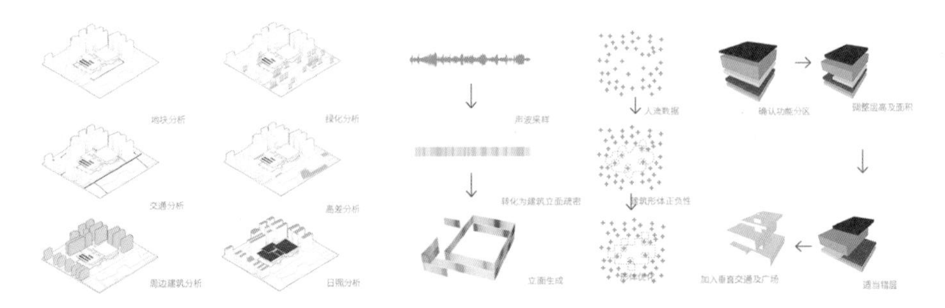

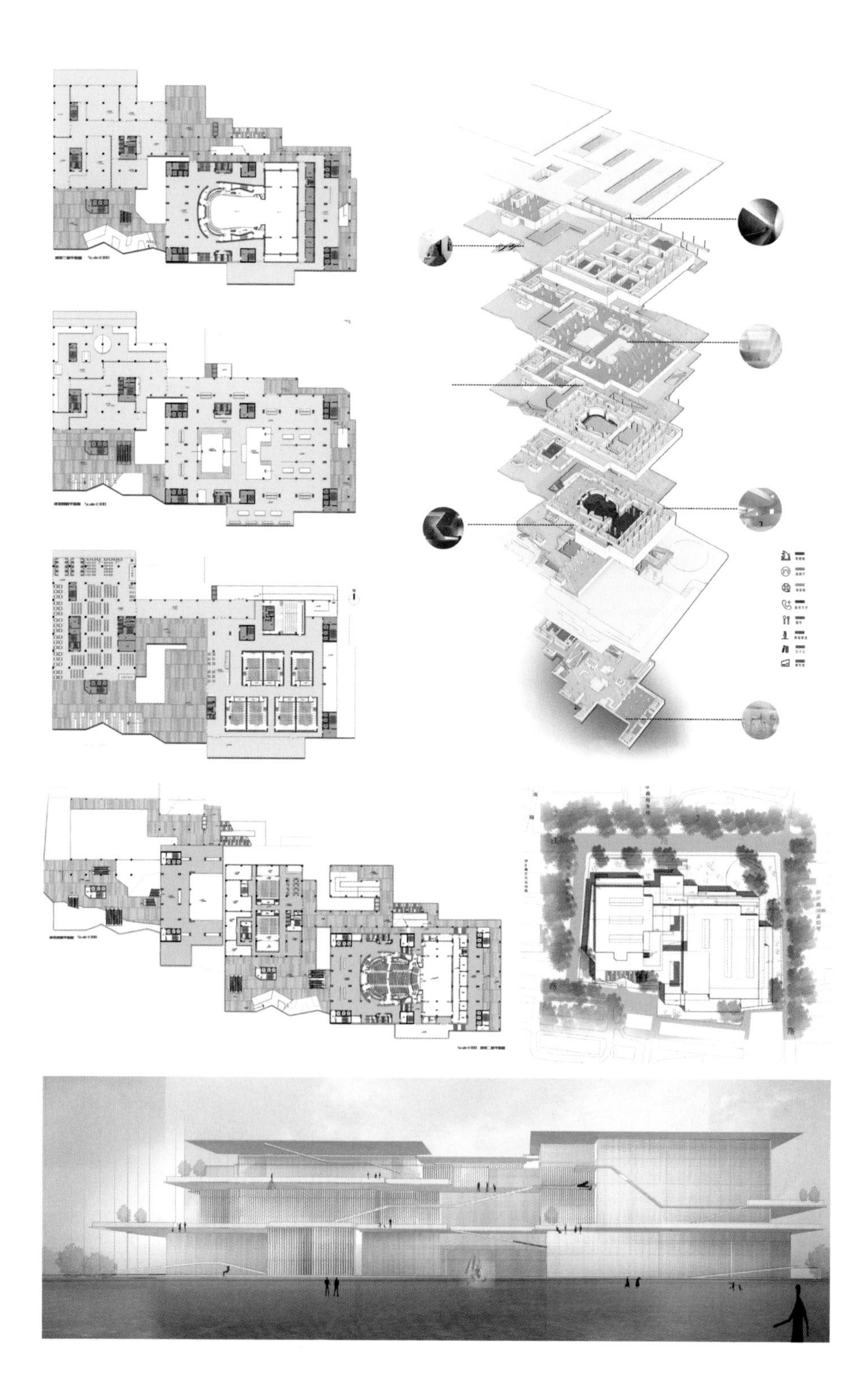

群众艺术馆建筑设计

Public Art Center Design

课题二

本课程选题为上海松江区群众艺术馆建筑设计，设计基地位于上海松江中央公园，基地面积约 25 000 平方米，主要功能包括：①共享大厅，面积约 1000 平方米；②群众演艺厅，面积约 3500 平方米，其中观众厅面积约 800 平方米，是否设置楼座根据设计方案确定，但最大视距应不大于 28 米；③电影放映区，面积约 1500 平方米，包括 4 个放映厅，总坐席约 600 个；④展览厅，面积约 1000 平方米；⑤服务区，面积约 500 平方米，包括咖啡或茶室、快餐、音乐文化书店等；⑥地下停车场及配套设备用房，面积约 5000 平方米；⑦室外活动场地。

此课题用地周边环境条件较好，益于学生控制建筑与城市环境的关系，具有很大的建筑塑造空间。建筑功能涉及剧场、电影、展览、商业、管理等多种功能，对训练提高学生的功能组织能力有非常大的助益。

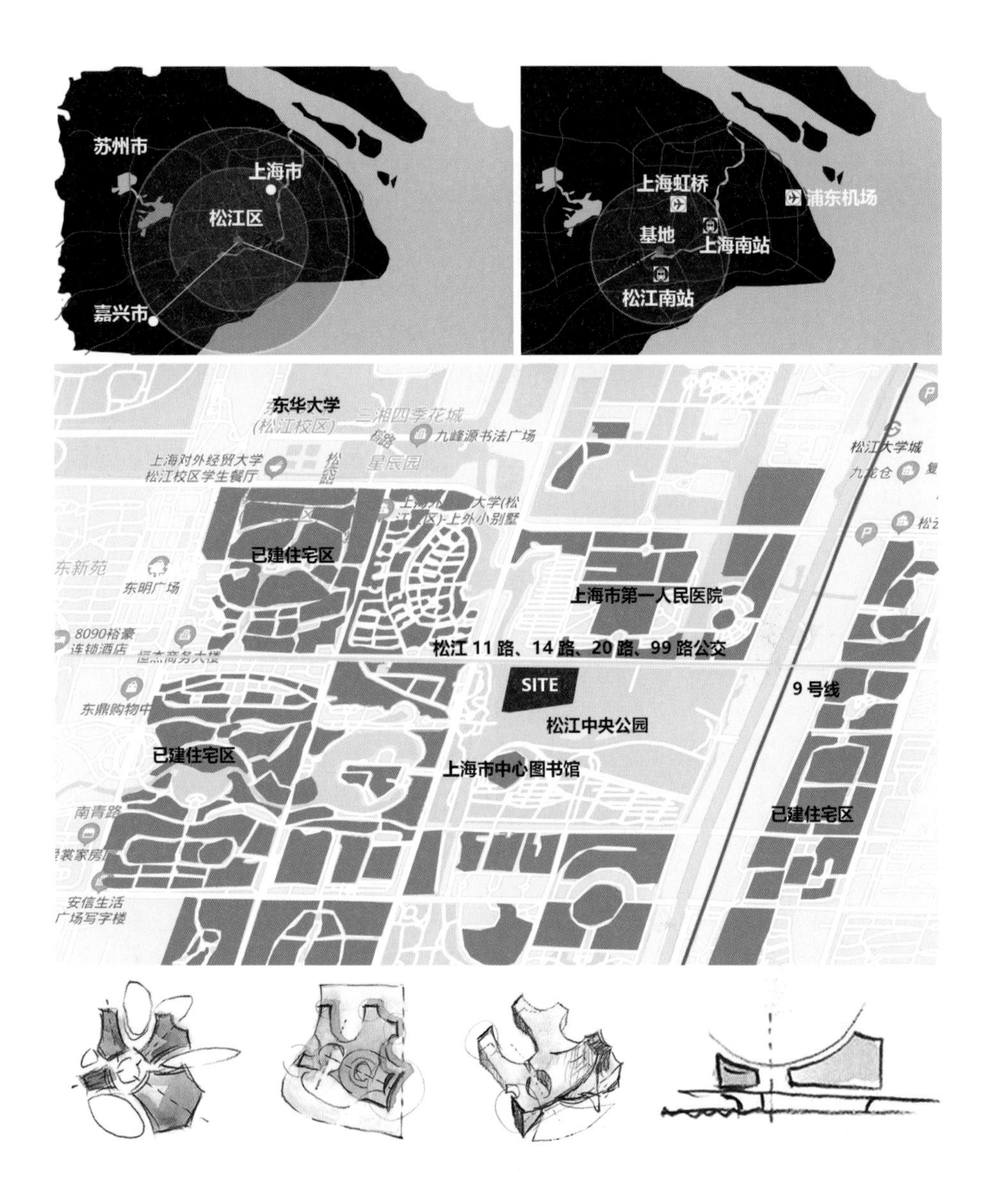
苏州市
上海市
松江区
嘉兴市
上海虹桥
浦东机场
基地
上海南站
松江南站
东华大学
(松江校区)
三湘四季花城
九峰源书法广场
上海对外经贸大学
松江校区学生餐厅
星辰园
已建住宅区
东新苑
东明广场
上海市第一人民医院
8090裕豪
连锁酒店
松江 11 路、14 路、20 路、99 路公交
SITE
9 号线
松江中央公园
已建住宅区
上海市中心图书馆
南青路
已建住宅区
安信生活
广场写字楼
松江大学城
九龙仓

学生作业案例之一

绿坡、叠合

学生
葛佳惠
教师
宗轩
年级
2017 级

该设计在竖向空间上整合演艺剧场、电影放映、展览等功能。以“开放、绿色、多元”为设计的出发点，以“绿坡、叠合”为设计理念，打造多层次、多样化的城市公共空间。在建筑功能布局上，剧场、影院、展览紧密相连又相互独立，三馆共享一个公共门厅，再分别进入各自独立的入口，功能分区明确。屋顶的绿坡设计形成不同高度的平台较好地体现了开放、多元的现代城市生活特征，是设计富有特色之处。

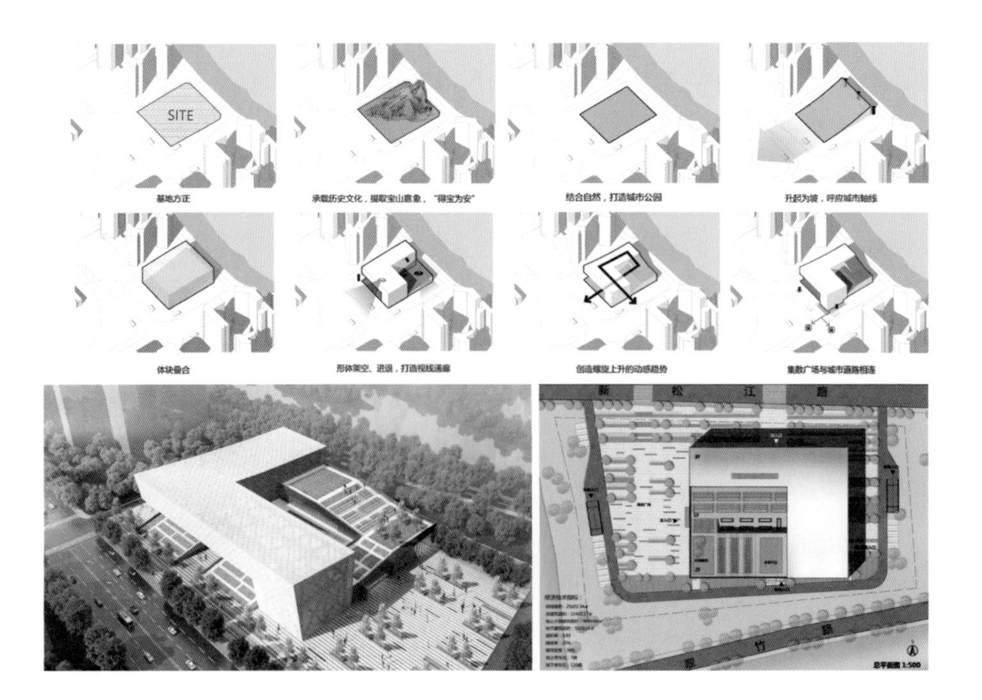

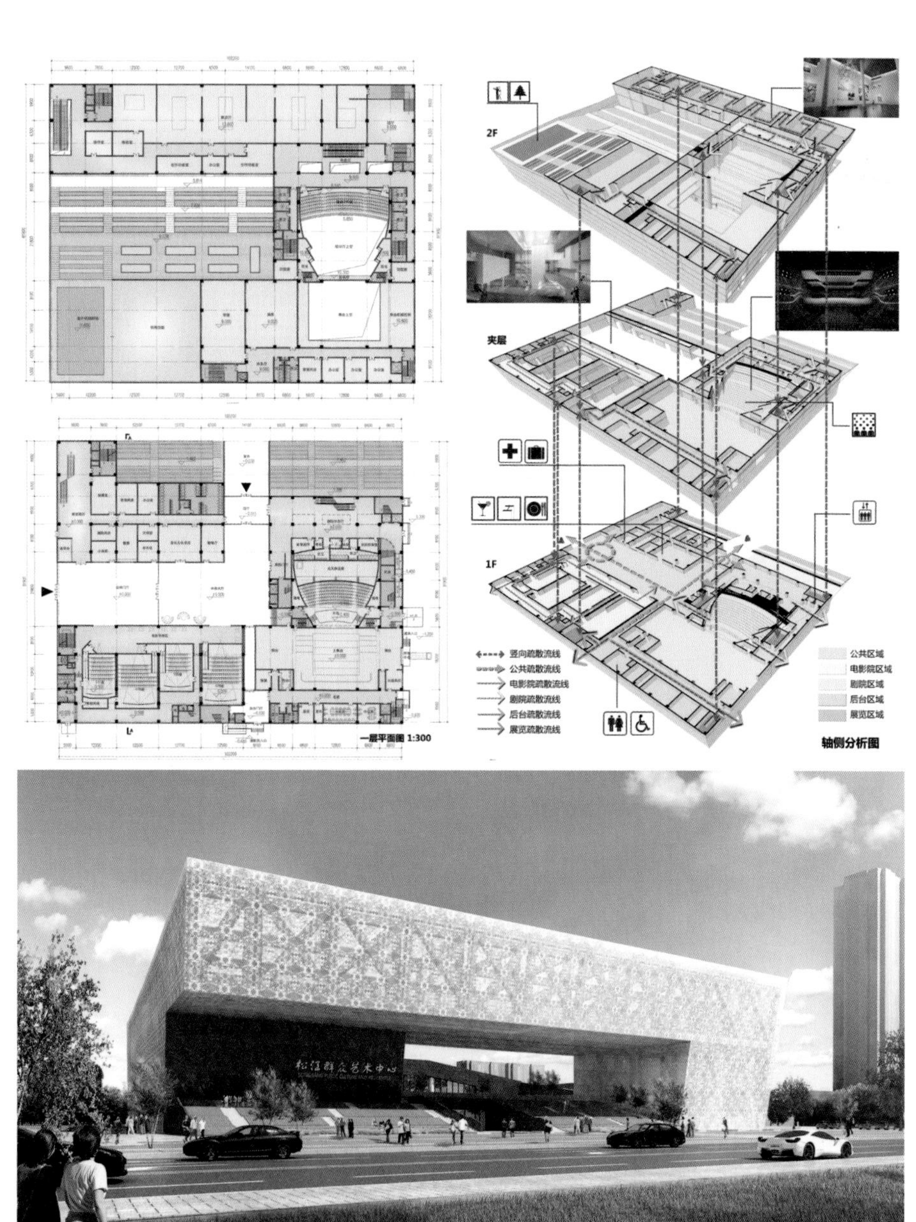
2F
夹层
1F
竖向疏散流线
公共疏散流线
电影院疏散流线
剧院疏散流线
后台疏散流线
展览疏散流线
公共区域
电影院区域
剧院区域
后台区域
展览区域
一层平面图 1:300
轴侧分析图

松江群众艺术中心

学生作业案例之二

无界

学生
李丰庆
教师
宗轩
年级
2017 级

设计者提出了“无界”的设计理念，希望打造一座生长在公园里的群众艺术馆。设计中的“无界”体现在以下三个方面：①空间上无界：在建筑形态上采用了打通、围合、融合、渗透、咬合等多种手法，打破建筑与公园的界限，将建筑最大限度融入公园中；②时间上无界：将道路、河流、公园和灰空间相连，让使用者可以在任何时段进入到建筑的公共空间中；③功能上无界：模糊了剧场与公园之间的关系，将剧场作为公园功能的补充，即使在剧场不营业的时间，建筑仍然可作为公园的一部分运营。建筑空间多变灵活，空间与功能相互渗透，达到了预设的设计效果。

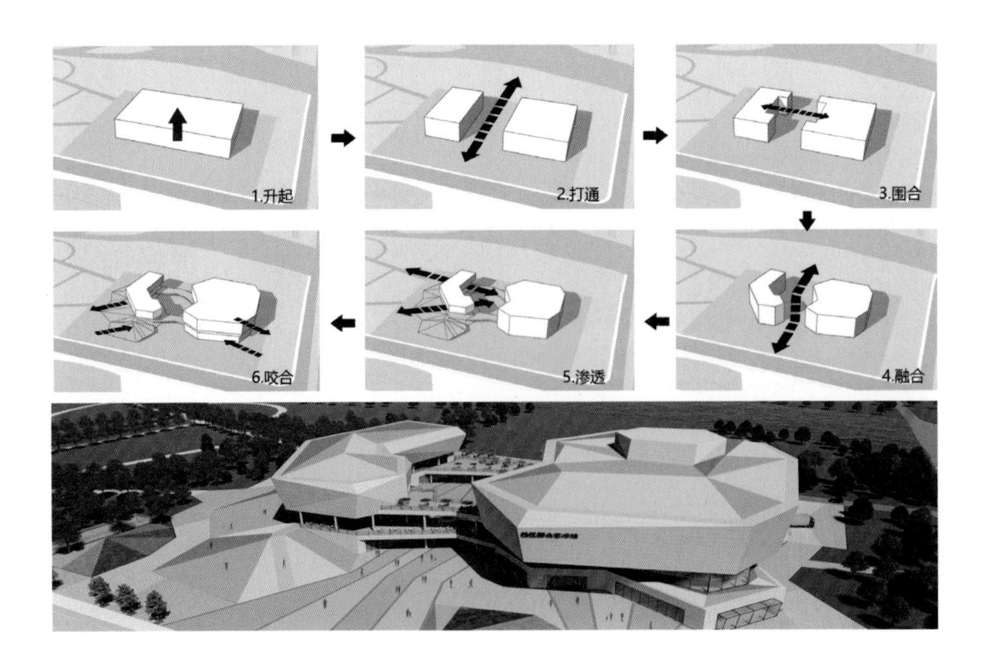

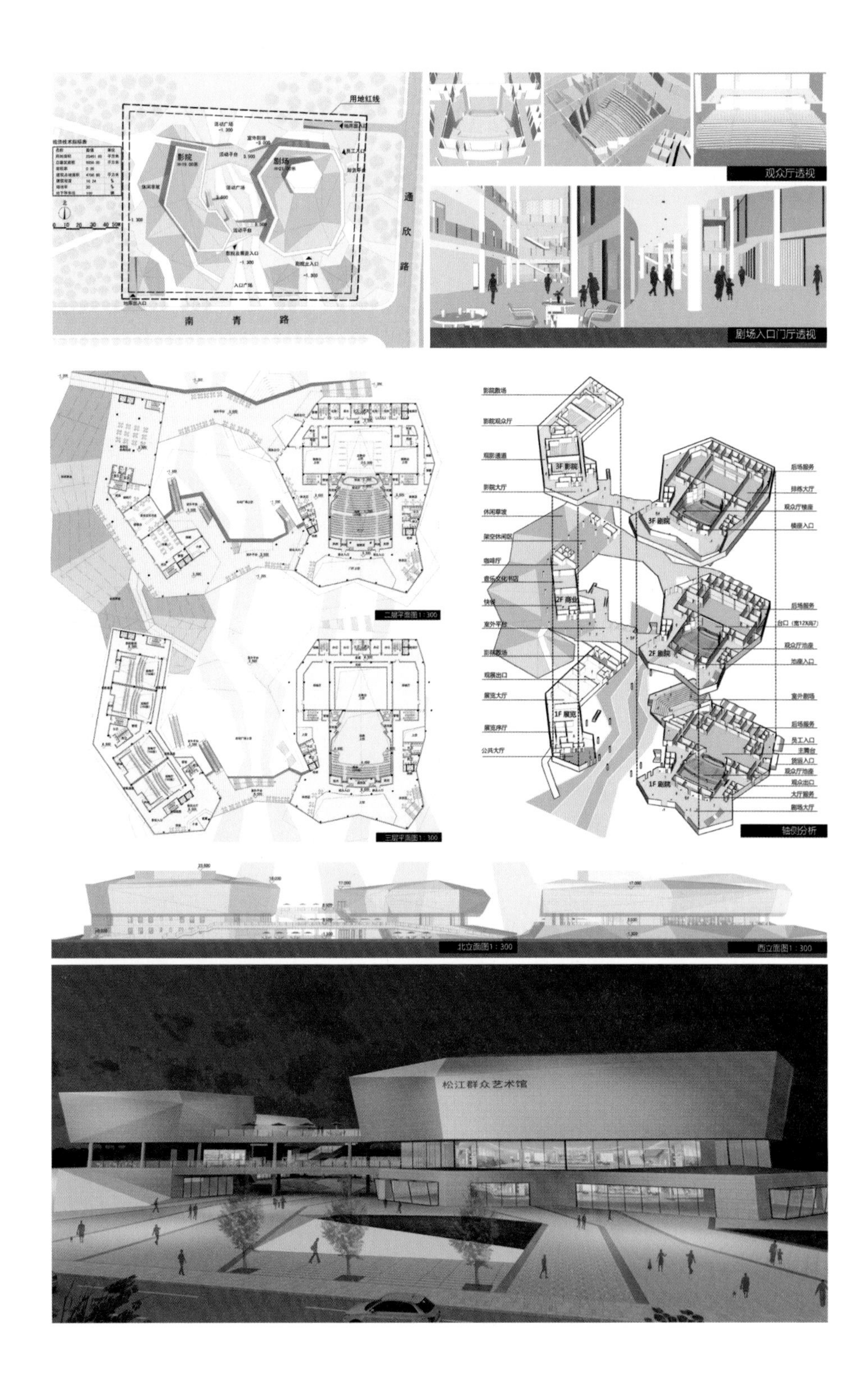
用地红线
影院
剧场
通
欣
路
南　青　路
观众厅透视
剧场入口门厅透视
二层平面图 1:300
三层平面图 1:300
影院散场
影院观众厅
观影通道
影院大厅
休闲草坡
架空休闲区
咖啡厅
音乐文化书店
快餐
室外平台
影院散场
观展出口
展览大厅
展览序厅
公共大厅
3F 影院
3F 剧院
2F 商业
2F 剧院
1F 展览
1F 剧院
后场服务
排练大厅
观众厅楼座
楼座入口
后场服务
台口（宽12X高7）
观众厅池座
池座入口
室外剧场
后场服务
员工入口
主舞台
货运入口
观众厅池座
观众出口
大厅服务
剧场大厅
轴侧分析
北立面图 1:300
西立面图 1:300
松江群众艺术馆

学生作业案例之三

横波

学生
张安同
教师
邓靖
年级
2017 级

上海松江水系发达，基地位于公园湖畔，设计取“横波”之意，建于水上，室外表演场地浮于水上创造了较好的观演意境。建筑功能布局上清晰明确，中规中矩，采用了较为常规的布局模式。设计对于剧院观众厅声 / 视线原理问题有较好的认识，通过图纸清晰反映了空间的声反射与视线升起的设计原理。设计比较有特色的是在建筑表皮的处理上，取“横波”之形，反复出现的弧形元素削弱建筑硬朗的印象，规矩之中不乏细节处理。

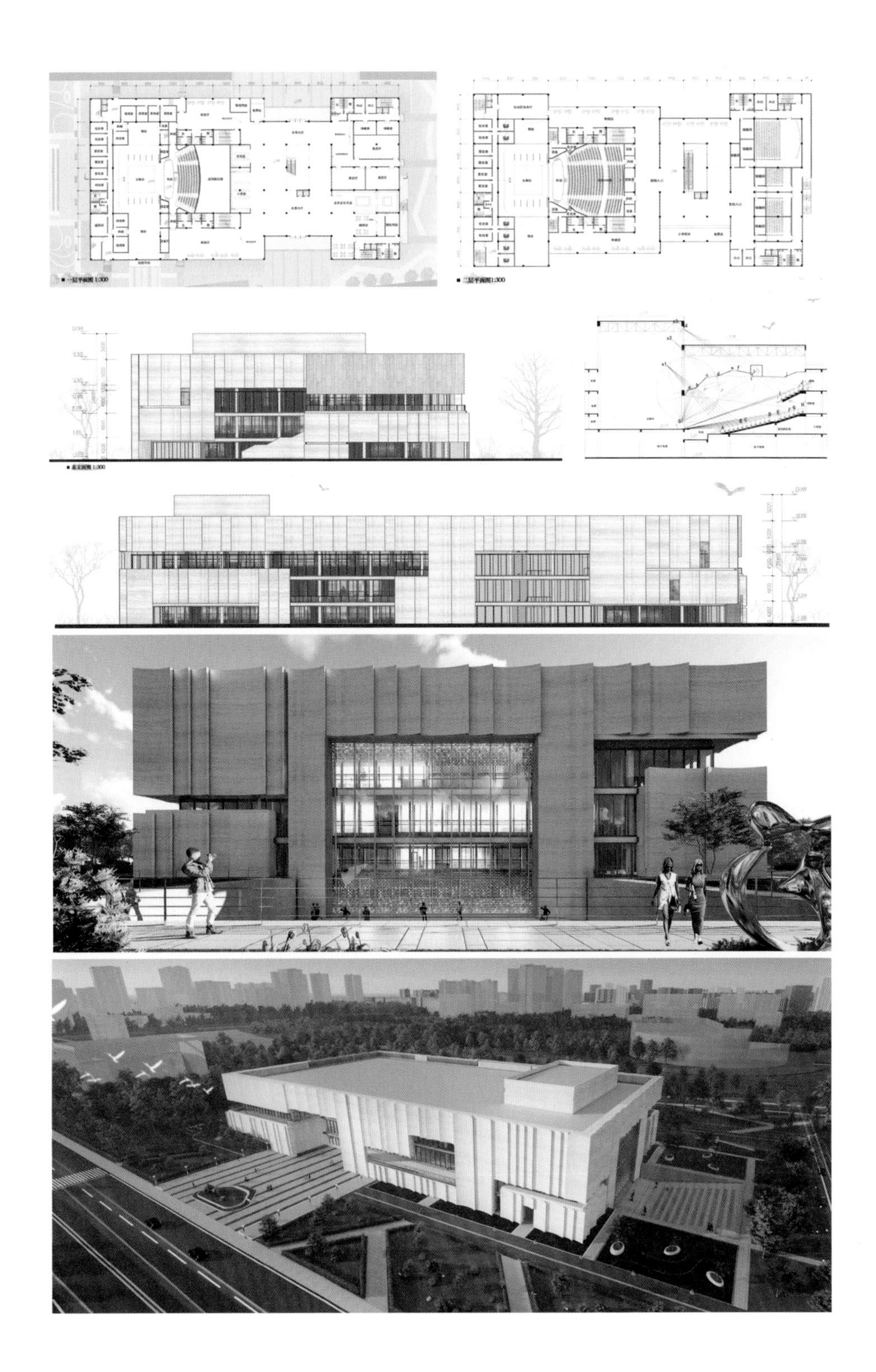

■ 一层平面图 1:300
■ 二层平面图1:300

6　室内设计

Interior Design

复合业态的饮品店

教师：张峥、薛加勇、赵思嘉
年级：二年级 秋季学期

目标

作为建筑学专业的室内设计课题，通过本设计，要求学生掌握室内空间的形态塑造和功能分区，并对家具与陈设的选择、材料选用以及灯光配置等有一个系统且完善的认识，同时加强对外部商业形象和品牌文化的深入理解，学会在建筑设计中从大尺度形体到小尺度空间的掌控能力，从外部立面形象到内部环境氛围的协调方法。

手段

设计从商业模式着手，让学生进行两周类似项目的参观调研，从经营者和顾客的不同角度进行市场分析，并进而为接下来的课题进行项目策划。同时，在参观调研过程中，充分认识家具、陈设、灯具以及装饰材料在室内空间的地位和作用。此外关注临街商业店铺的外部形象，处理好店铺外立面与整体建筑以及街道的关系。

在设计过程中将商业品牌文化、店铺外部形象和内部功能空间进行整体打造，有助于学生树立“由表及里”“内外一体”的整体设计观，也更多地从经营的角度进行思考，创造出顺应社会需求的建筑室内空间。

饮品店室内设计

Interior Design of Drinks Shop

课题

课题为市区某小型商业街的底层沿街店铺，建筑面积在 300 平方米左右，营业内容为“饮品店 +”。饮品店部分可从咖啡厅、茶室、甜品店中任选一个主题展开设计；而“+”的内容可以为售卖功能(书、茶叶、酒、巧克力、工艺品等)或者办公功能、学堂功能等。任务要求对不同的功能区进行合理布局，注重室内流线的组织，强调两种业态的混合，以复合的经营模式和多样的体验来吸引更多的客人进入。

教学计划将 16 周的课程大体分为设计部分 (13 周) 和机动部分 (3 周)。设计部分分为 4 个阶段，第一阶段是 2 周的前期调研及策划，通过上海类似项目的实地调研和优秀案例资料（来源于网络或书籍等途径）的学习分析，为接下去的设计确定两种经营业态，并进行品牌文化的打造，确立店名，设计 LOGO 及相关标识。第二阶段是 4 周的内部空间组织及界面设计，合理地进行两大功能区的布局，注重处理好主要业态和次要业态之间的依从关系，控制好空间的大小、关联，组织好人流动线，并对两大功能区按各自不同要求的深入设计。第三阶段是 4 周的店面设计和图纸深化，在尊重建筑沿街立面整体性的前提下，打造具有高识别性的店铺外部形象，处理好从街道看店铺与从店内看街景的双向关系，并使室内空间和室外造型具有整体性和延续性。第四阶段是进行 3 周的成果制作，编排完整的设计文本，绘制成果图纸，进行家具选样、灯具与陈设的配置，以及材料样板的制作。机动部分的 3 周，分别用于安排在中期的设计概念交流和最终的设计成果汇报，以及一次同类型小设计的快题考试，加强设计综合能力的锻炼，提高工作中应对市场的能力。

学生作业案例之一

看茶艺术生活馆

学生

曾大鹏

教师

张峥、薛加勇、赵思嘉

年级

2017 级

“饮品店 +”位于市区的底层沿街店铺。潮流饮品大部分为西式咖啡类，令人欣慰的是有悠久历史的中国传统茶饮近年开始流行，但是除了饮品的原材料为茶叶外，传统茶文化体现却稍有不足。“看茶生活艺术馆”是以茶饮 + 传统文化来定位功能与设计。传统文化体现主要有中式茶具、艺术品及家具等的展售。

平面功能布局主要分品茶区、茶具展示区、艺术品展示及创作区。设计主要围绕茶山叠嶂的意境来体现，如山形层叠的外立面，室内抬高区也如有起有落的丘陵茶园，坡顶造型亦如山峰等。商业方面考虑采用有竞争力的茶饮来引流，带动利润相对较高的茶具及艺术品相关销售产生利润。

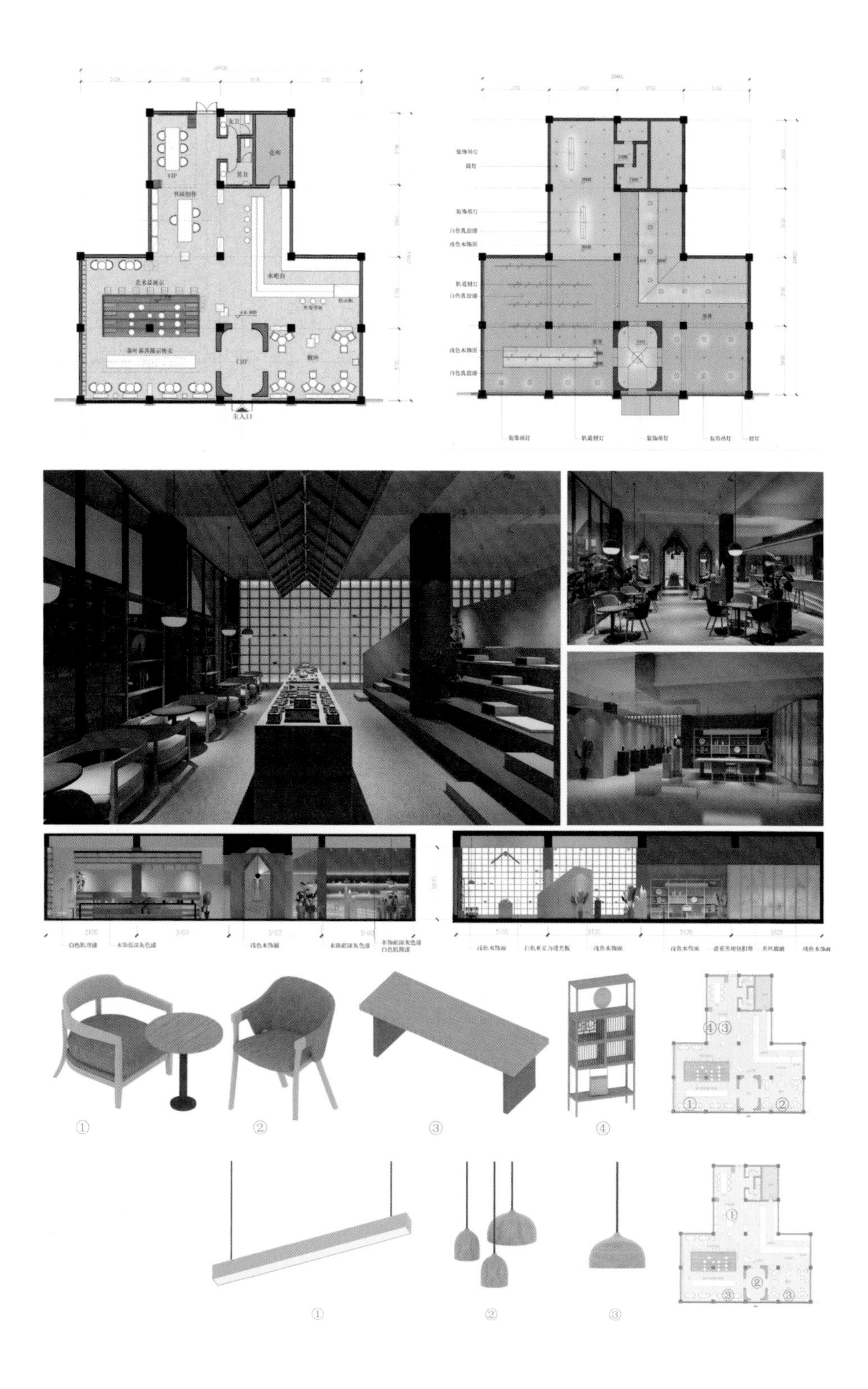

学生作业案例之二

BOX—书吧

学生

王潘俊

教师

张峥、薛加勇、

赵思嘉

年级

2017 级

“BOX—书吧”位于文化街区的底层沿街店铺，功能定位为读书 + 咖啡。单纯的饮品店已经不能满足城市多样化的生活需求，所以在饮品这一基本功能上，考虑到对于周边居民知识文化“充电”的需求，对店铺的功能进行了升华并附加了书吧的概念。

设计形式运用了“书山有路勤为径”的概念，通过有趣的看书路径体验和温馨的休息座位区构建了城市新概念饮品店。

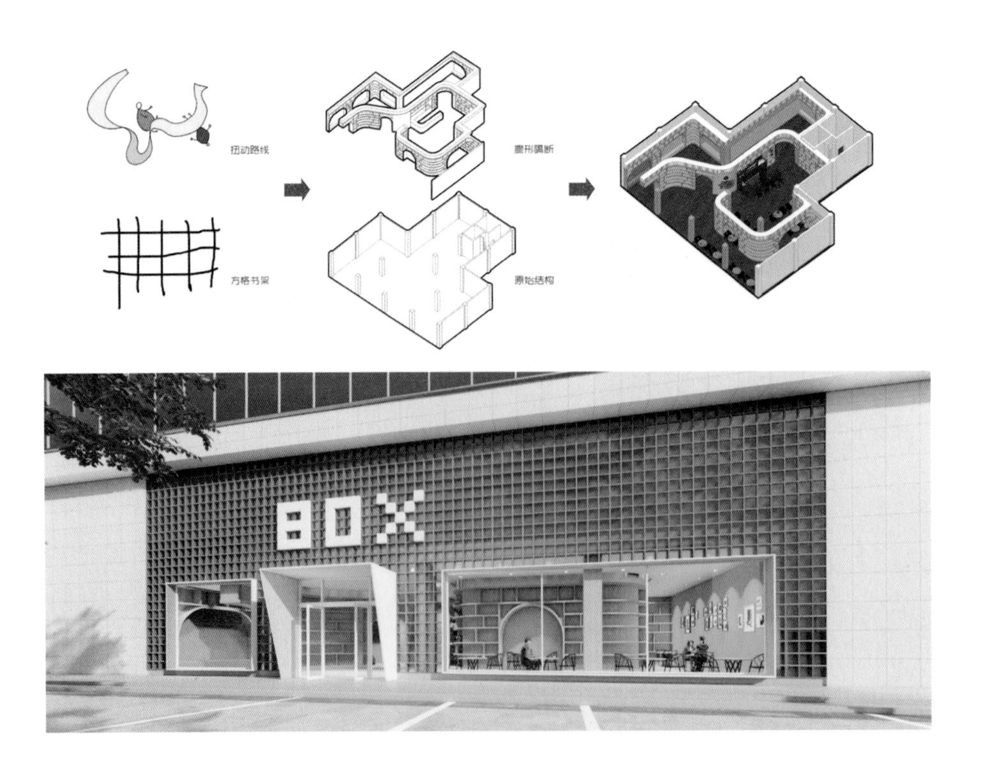

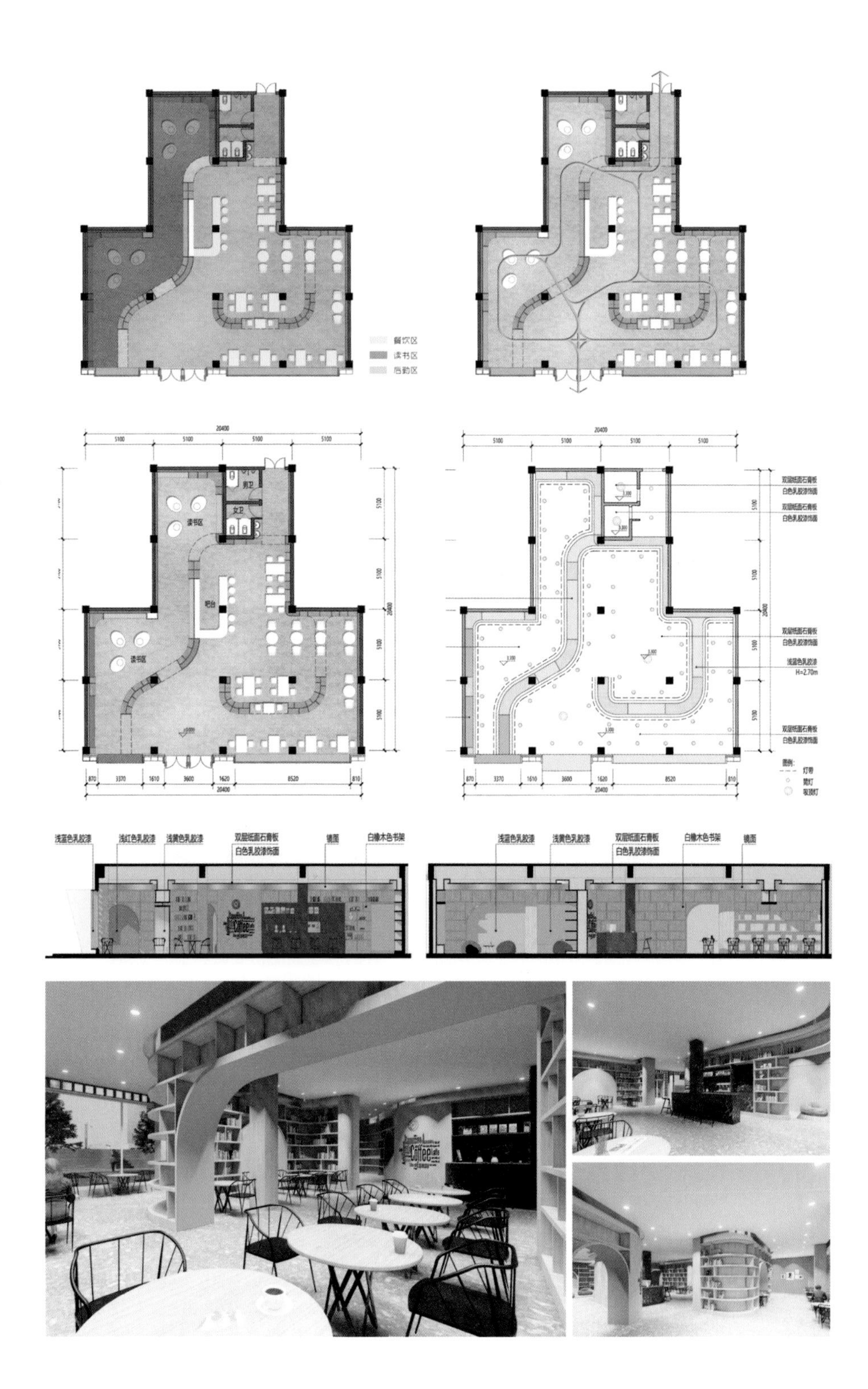

餐饮区
读书区
后勤区
男卫
女卫
读书区
吧台
读书区
双层纸面石膏板
白色乳胶漆饰面
浅蓝色乳胶漆
H=2.70m
图例：
灯带
筒灯
吸顶灯
浅蓝色乳胶漆
浅红色乳胶漆
浅黄色乳胶漆
镜面
白橡木色书架
Coffee

学生作业案例之三

Zane's 咖啡书吧

学生

张安同

教师

张峥

年级

2018 级

“Zane's 咖啡书吧”是以“咖啡 + 书吧”来定位功能与设计的。平面功能布局主要分为吧台区、散座区、雅座区、大厅、书架阅览区、后勤服务区与橱窗展示。室内与外立面设计主要运用斜线与拱形元素结合打造，使内部空间丰富有趣。商业方面以“咖啡 + 书吧”的形式定位，希望可以吸引当代年轻人、文艺青年、设计师等消费人群。

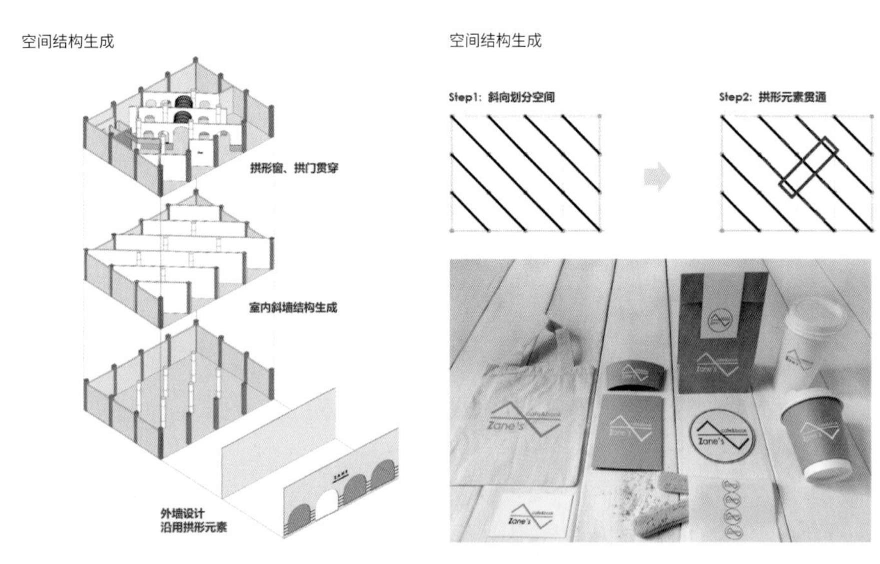

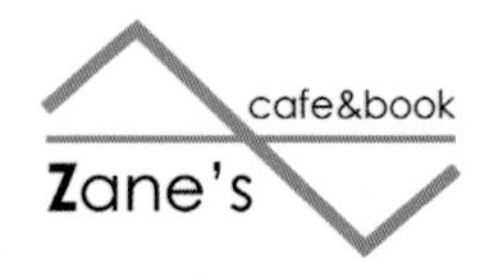

Logo设计的元素与灵感来源于最初的折线，结合自己的英文名Zane进行设计，简单纯粹的元素与英文，组合成了现在的logo图案。

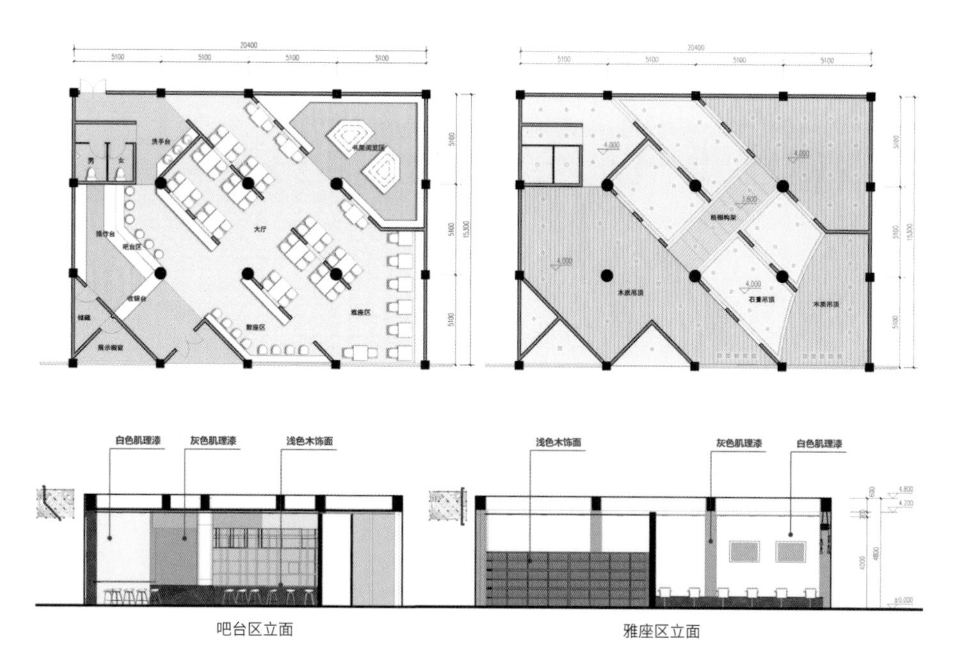

吧台区立面　　雅座区立面

学生作业案例之四

CSD 咖啡文创空间设计

学生

郑松

教师

张峥、薛加勇、赵思嘉

年级

2018 级

“饮品店 +”位于市区的底层沿街店铺 , 主要是以“咖啡轻食 + 文创零售”的功能定位进行空间设计。

平面的功能主要为室外休息区、台阶咖啡区、用餐区、吧台、后厨等，经营模式主要以咖啡饮品为主，附带轻食和甜品，扩展咖啡文化创意产品作为展示销售。在商业上多元发展，以期带动整体店面的销售。

灵感来源于山水，设计平面中的线条体现空间的肌理质感，如泼墨般洒在空间内。采用极简主义的纯几何线条，设计 LOGO 和整体丰富空间元素。用现代的设计手法将大空间进行划分，水波般的线条在地面映衬，使用复古青绿色和植物使空间形成怀旧而亲切的氛围。

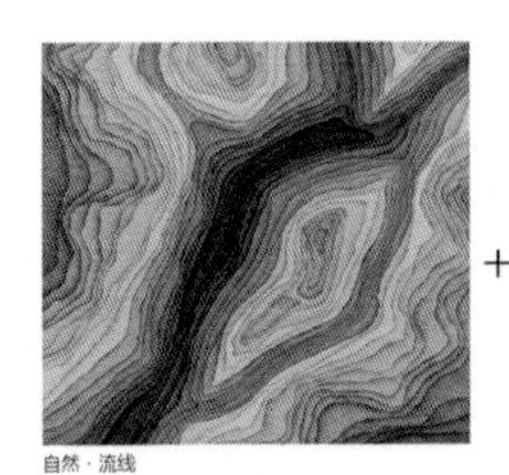

自然 · 流线

+

极简 · 几何

COFFEE · SPACE · DESIGN　咖啡 · 空间 · 设计

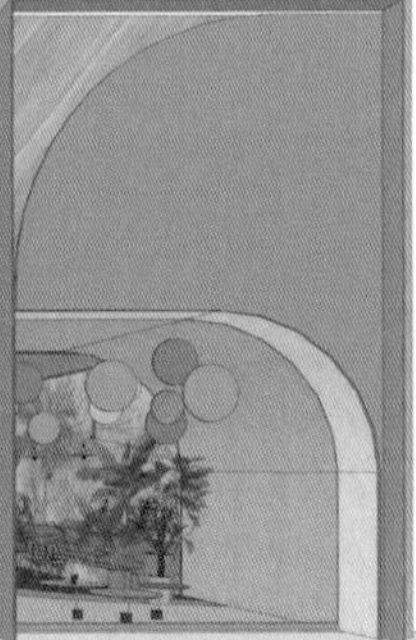

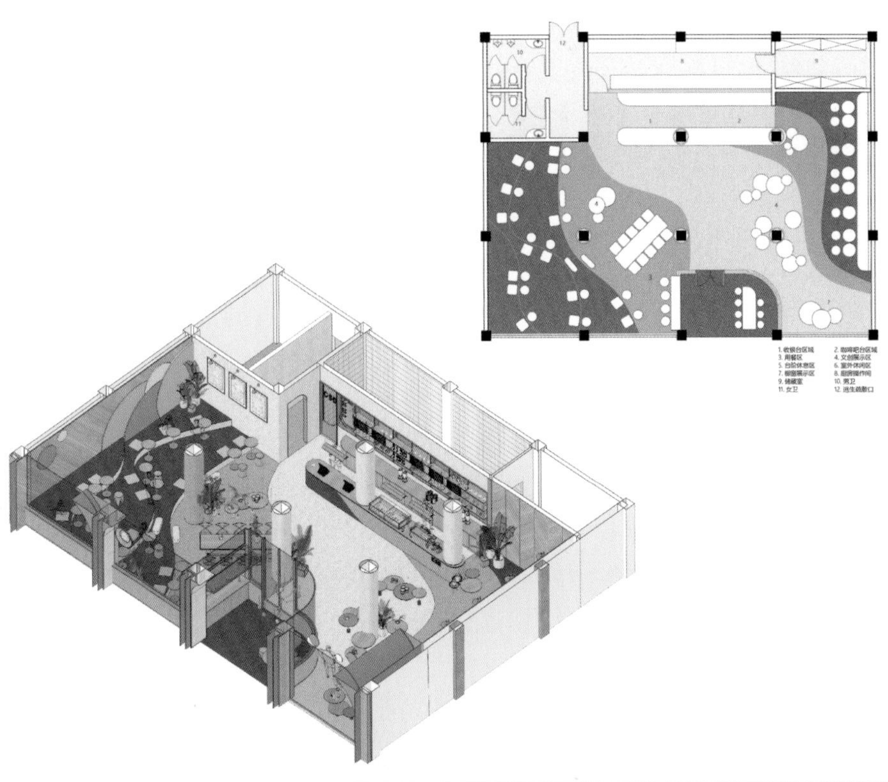
1. 收银台区域
2. 咖啡吧台区域
3. 用餐区
4. 文创展示区
5. 台阶休憩区
6. 室外休闲区
7. 橱窗展示区
8. 厨房操作间
9. 储藏室
10. 男卫
11. 女卫
12. 逃生疏散口

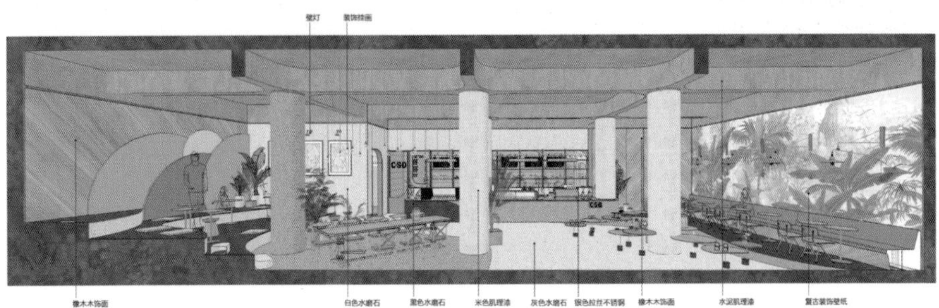
壁灯
装饰挂画
橡木木饰面
白色水磨石
黑色水磨石
米色肌理漆
灰色水磨石
银色拉丝不锈钢
橡木木饰面
水泥肌理漆
复古装饰壁纸

学生作业案例之五

PINKPUNK COFFEE

学生
杨梦丹、李美娜、王文宣、张姝
教师
张峥、薛加勇、赵思嘉
年级
2019 级

“饮品店 +”基地位于本市某商业街中的一层沿街店面，东向、南向临街开敞。根据立题，设计核心以“咖啡甜点 + 唱片销售”展开。

平面功能布局主要分服务区、甜点休息区、主题房间区和唱片区，整体设计将规矩的方形场地进行斜向划分，而划分的 0°交接线如“格林威治子午线”般作为空间的主轴线，将整个空间分割成强烈对比的两部分，于 180°相遇。“格林威治子午线”使虚拟和现实在最大界面上相互对撞，也对空间形成了导向性，将客流引入空间内部。

商业部分主要是销售黑胶唱片，“PUNK”装修风格以黑色为主，整体呈现酷酷的朋克风，服务区销售咖啡。“PINK”装修风格以粉色为主，整体呈现甜甜的少女风，服务区销售甜点和甜饮。

以唱片和音乐符号为设计元素融合进 PINKPUNK 字母内

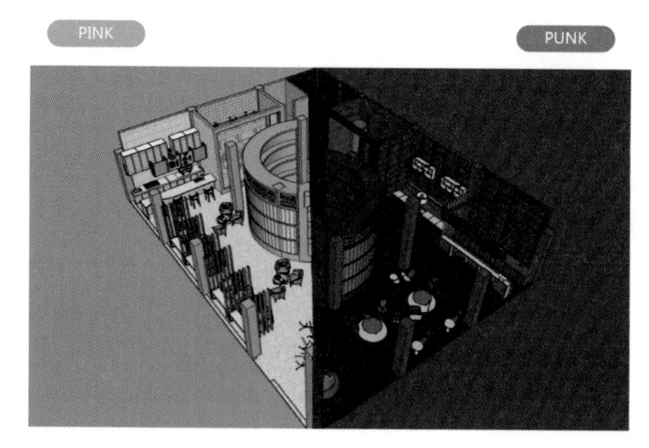

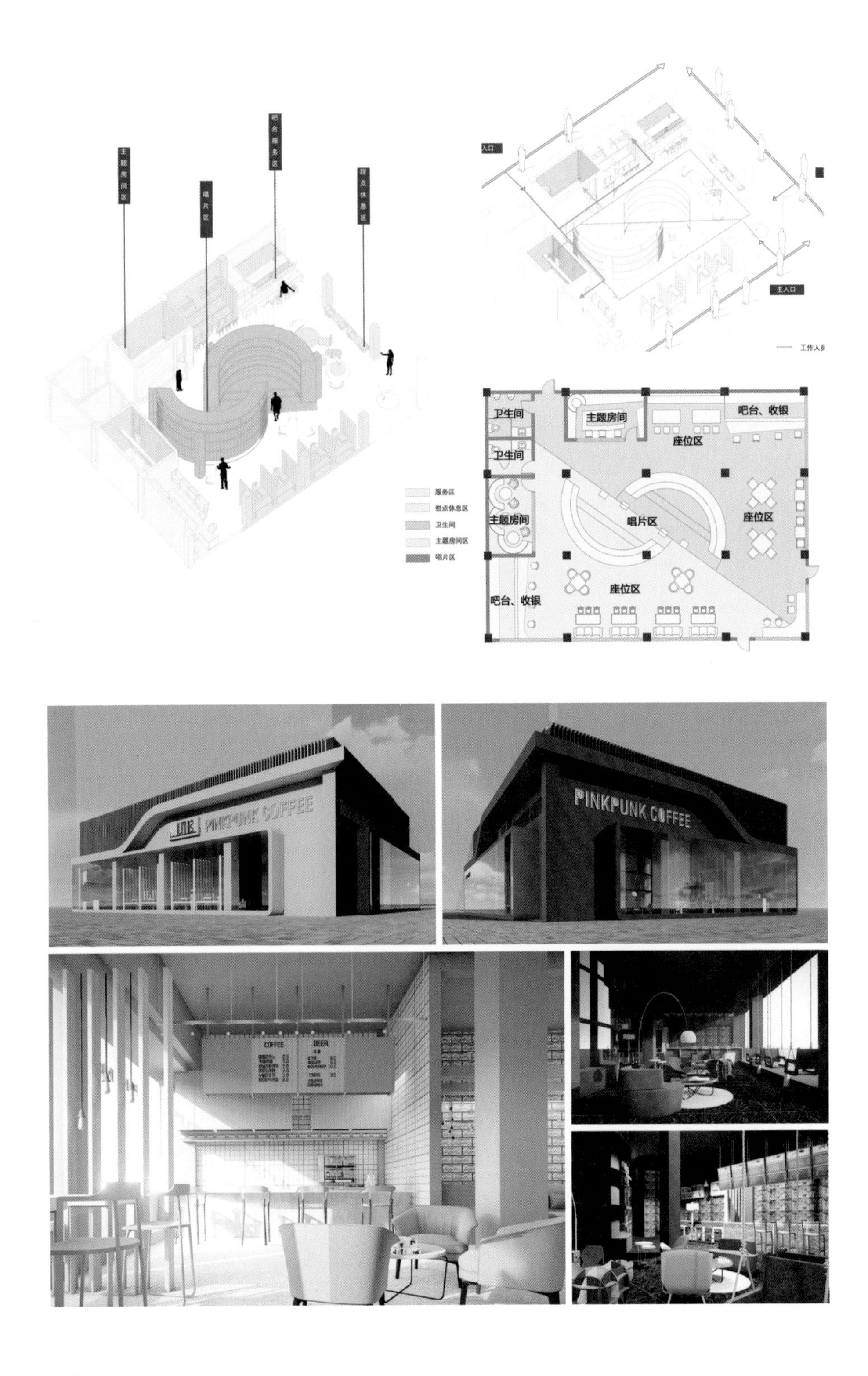
主题房间区
唱片区
吧台服务区
甜点休息区
入口
主入口
工作人员
服务区
甜点休息区
卫生间
主题房间区
唱片区
卫生间
卫生间
主题房间
吧台、收银
座位区
主题房间
唱片区
座位区
座位区
吧台、收银
PINKPUNK COFFEE
PINKPUNK COFFEE
COFFEE
BEER

学生作业案例之六

种子咖啡店

学生

梁伟彬、何铭、孟凡钇、胡晓瑛

教师

张峥、薛加勇、赵思嘉

年级

2019 级

种子咖啡店位于市区的底层沿街店铺。在中国，人们越来越喜欢喝咖啡，“咖啡文化”充满人们生活的各种场合，逐渐与社交、时尚、现代生活融合在一起。除了常规的咖啡厅，近年来陆续衍生出咖啡厅与书店、酒吧、花店等业态结合，普遍得到了大众的接受。“种子咖啡”是各类植物种子的售卖与咖啡厅结合一起的新组合形式。咖啡的闲情与栽培种子的逸致结合起来，同时也有亲子活动，寓教于乐。

平面布局主要分散坐区、吧台区、亲子活动区及后勤区。设计构思：从种子发芽、两片子叶蓬勃生长意向中提取元素形成平面构图，利用不同铺地材质与 1/2 层高清水混凝土弧墙，将功能区有机划分，“叶尖”突出室外，张力十足，非常醒目。商业方面考虑多种顾客体验模式，有休闲、洽谈、亲子活动以及周边产品售卖等。

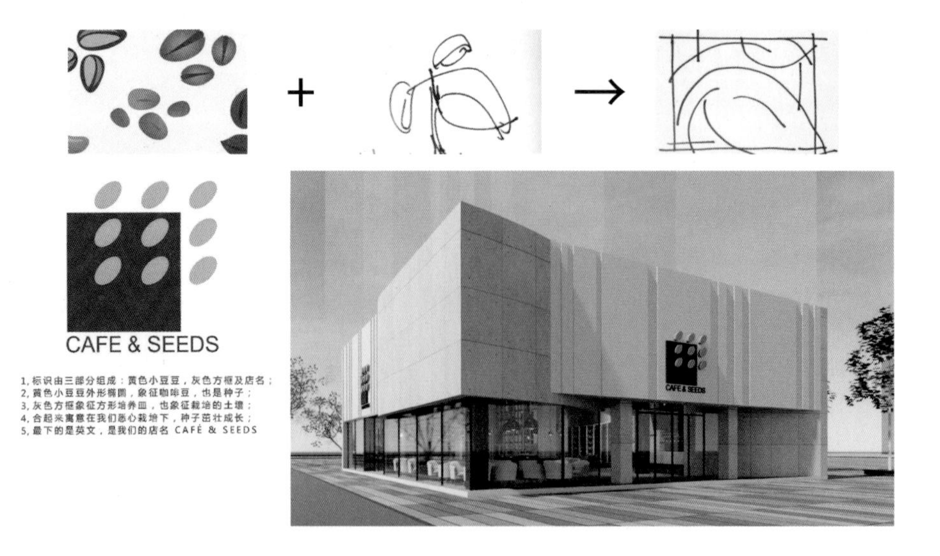

+
→
CAFE & SEEDS
1, 标识由三部分组成：黄色小豆豆，灰色方框及店名；
2, 黄色小豆豆外形椭圆，象征咖啡豆，也是种子；
3, 灰色方框象征方形培养皿，也象征栽培的土壤；
4, 合起来寓意在我们悉心栽培下，种子茁壮成长；
5, 最下的是英文，是我们的店名 CAFÉ & SEEDS
CAFE & SEEDS

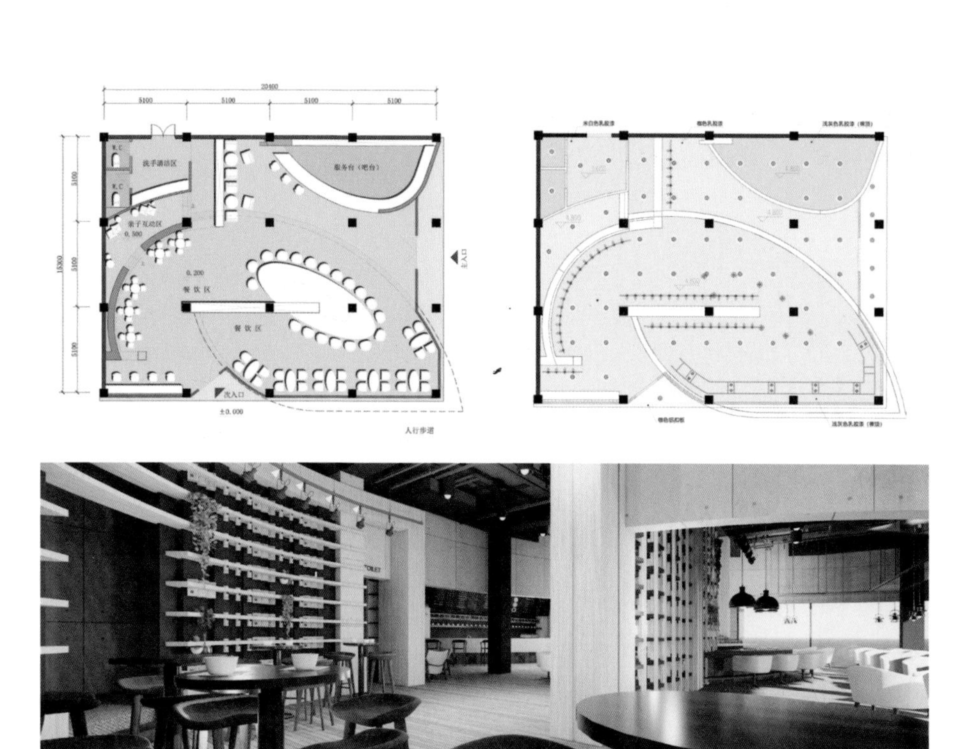

20400
5100
5100
5100
5100
15300
5100
5100
5100
W.C
W.C
洗手清洁区
服务台（吧台）
亲子互动区
0.500
0.200
餐饮区
餐饮区
主入口
次入口
±0.000
人行步道
米白色乳胶漆
棕色乳胶漆
浅灰色乳胶漆（喷顶）
棕色铝扣板
浅灰色乳胶漆（喷顶）

7 室外环境设计

Outside Landscape Design

配合建筑主体的环境设计

教师：王越、薛加勇、乐颖、王振、赖剑青、宋婷、王芒芒 等

年级：一年级 秋季学期

目标

各类建筑设计的最终完成需要配合室外环境部分，尤其在建筑设计的方案阶段，室外环境作为建筑配套的一部分，往往由建筑师一并完成。对应于建筑以硬质元素为主，在与周边环境尤其是自然环境，不利环境的交流过渡，以软质元素为主的景观环境设计有助于建筑背景的设计师在工作中顺利完成项目的整体工作。

在教学中安排这样的设计课题来训练学生应对建筑及外环境整体设计带来的需求，同时教学需要为学生提供从自然环境、软质元素出发进行思考的设计思路。

学生应充分考虑现状建筑所处的地形、周边环境，以及建筑本身的功能，并结合目标人群使用需求的特点，进行设计意向分析。针对不同类型的场地使用功能，从软质，硬质景观元素着手，从二维平面、三维空间进行建筑外环境的设计，同时有条件的可提取项目当地的自然与人文特点，并在设计中充分体现。

手段

相关案例讲述及分析，从身边城市各类绿化景观、城市小品观察调研着手，通过与场地分析的结合，加深对场地周边自然环境、城市文脉和既有建筑的了解，激发设计灵感。

在设计前期阶段主要运用手绘草图推敲方案，便于更为灵活地调整设计思路，获得流畅的线性及多种设计方向的可能性。设计后期，加入电脑工具，运用电脑模型推敲方案，增强空间实感。

设计进行的过程中进行面对面评图，在阶段性成果阶段进行公开评图，把控教学进度，促进学生之间的相互交流，锻炼学生的方案汇报能力。

居住区环境设计

Environmental Design of Residential Area

课题

小区组团绿地景观设计，组团绿地是结合居住建筑组团的不同组合而形成的公共绿地，随着组团的布置方式和布局手法的变化，需相应变化其大小、位置和形状，形式多变，与居住人群关系最为密切。小区组团绿地景观设计必须满足小区居民基本游憩、观赏、活动的需求。完成硬质铺地、小品景观、植物配置的设计。

课题选择的基地位于江南某城市住宅区，住宅组合以多层为主，围合形成组团绿地，与住宅区主入口有直接联系，需考虑车辆在绿地中的通行。宅前道路可根据景观设计适当调整，但必须满足小区的基本交通要求。设计范围内无需规划地面停车位。

商业广场环境设计

Environmental Design of Commercial Square

课题

针对商业建筑周边城市道路交通情况，以及商业建筑各类出入口现状，合理安排车辆及行人流线。通过铺装、绿化、小品等形成导入商业建筑的诱导动线，同时留有足够的通过式人流通道。商业广场的设计除满足功能需要外，还需考虑视觉景观上的美感，另外公共活动的户外场地尤其需要注意使用者的安全。

基地一为位于城市道路交叉口的商业中心入口广场，主要考虑人流动线的设计引导。一要保证城市道路交叉口过街人行通道的通畅，二要保留通过人群的通道空间，在这两点的基础之上，三是要重点引导人流进入商业中心。

基地二、三都是带状商业空间，需考虑建筑与外环境的界面，既能展示商业内容，也能形成内外交流的引导口；带状外部空间需烘托商业氛围，构建人群聚集的场所和空间。场地内部不考虑停车，但需要考虑周边停车场与商业空间的连通。

学生作业案例之一

时光客厅

学生

李丰庆

教师

乐颖

年级

2018 级

基地选在江南某地居住区局部组团空间。方案前期综合分析场地周边建筑、道路等因素，由于场地南侧靠近建筑及车行道路，会对人群活动产生不利影响，因此将儿童活动、健身及休闲场地布置在干扰小、阳光充足的北侧及东侧。每个功能区域通过一条环形的健身步道进行连接，场地中心区域采用留白的手法处理为开敞草坪，不仅可以提供宏大的视觉体验，还可以开放给儿童进行活动。

学生作业案例之二

林阙雅集

学生

杨韵俊

教师

乐颖

年级

2019 级

基地位于一居住小区内部，由南北两个片区组成。东西向有小区内部机动车道穿过，整体规划以一条贯穿南北向的中轴线为依托，将南北两个地块切割成四个片区，并通过一条环形慢行步道将四个片区串联起来，从而使整个景观规划成为一个系统的体系。中轴空间为整个小区的中央礼仪部分，西片区为青少年活动区，东片区为儿童活动区，西南片区为休闲养生区，东南片区为长生漫步区。一套慢跑系统流线穿梭在北侧的两个片区之间，丰富景观体系。

学生作业案例之三

城市星河

学生

潘露

教师

王越

年级

2019 级

基地为某居住小区主入口核心景观区域，南侧紧邻车行道路，并有车行通道联系区内住宅群。方案将车行主入口斜置，车行主干道南压，将中心绿地尽量扩大，形成不为车行道路穿越的核心绿地。然后用环形慢跑步道串联整个区块，与景观节点相融合。一级道路形成环形交通网，二级道路穿插引导业主归家，增加良好的社区氛围。多样性的景观展示面吸引人群，不同场域满足不同人群的使用需求，穿插的景观路线更方便使用者到达景观节点。

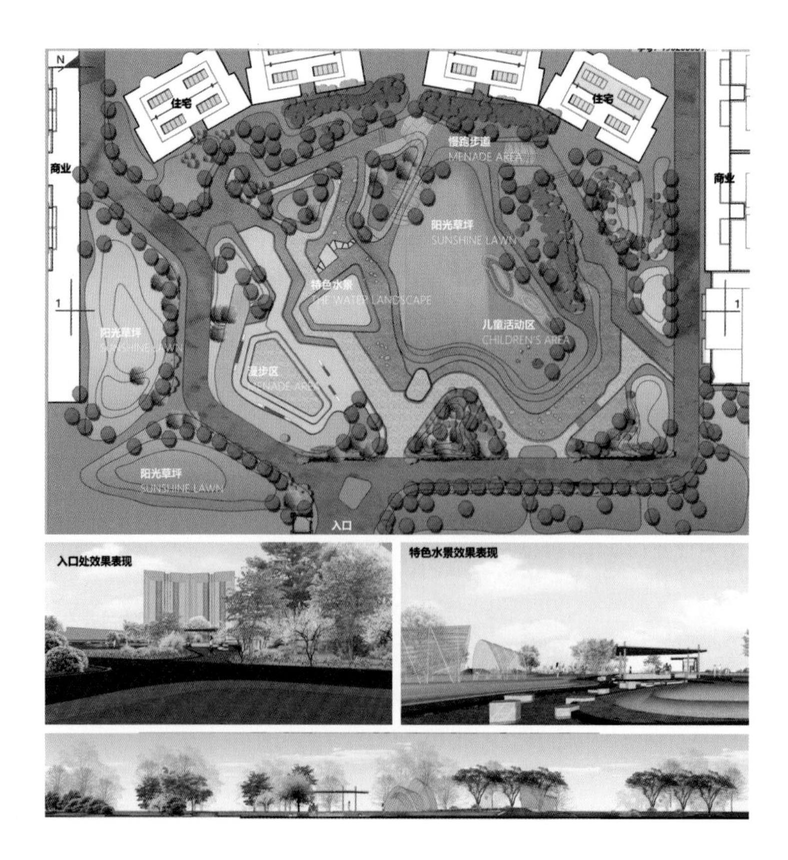

学生作业案例之四

城市音符

学生
张君
教师
宋婷、王芒芒
年级
2016 级

基地为某大型商场外广场。该设计有三个方面的特点：①整体性，注重商业景观设计的整体性，总体上简洁明快，局部设计在遵循整体风格统一的基础上求变化；②舒适性，遵循“以人为本”的现代设计概念，整体上采用大色块的设计手法，减少跳跃感，西部处理提供了适宜的人体尺度、丰富的景观层次，以及材质和形式的变化；③适用性，为周边建筑提供相应的适宜环境。

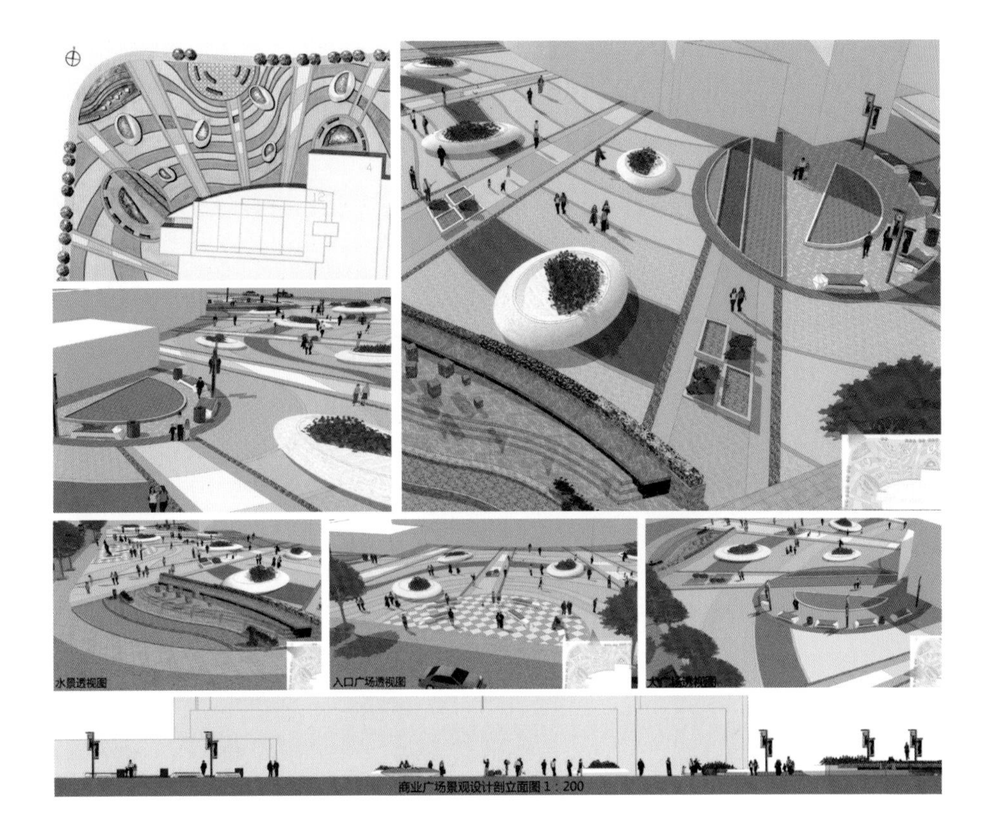

学生作业案例之五

山水印象

学生

李丰庆

教师

乐颖

年级

2018 级

基地是由四栋商业办公楼围合而成的十字形院落空间，主要交通轴为东西向长条形。景观灵感来源于中国山水卷轴画，设计通过提炼概括山水画形态，在基地中设计了一条贯穿东西的山水形态步道。沿步道布置各种可供人停留的景观节点，步道南侧留出大面积硬质铺地满足大流量交通需求，北侧则适当布置绿化种植，南北形成一阴一阳的对比。不管是穿行其中还是从高空俯瞰都宛如一幅山水画卷。

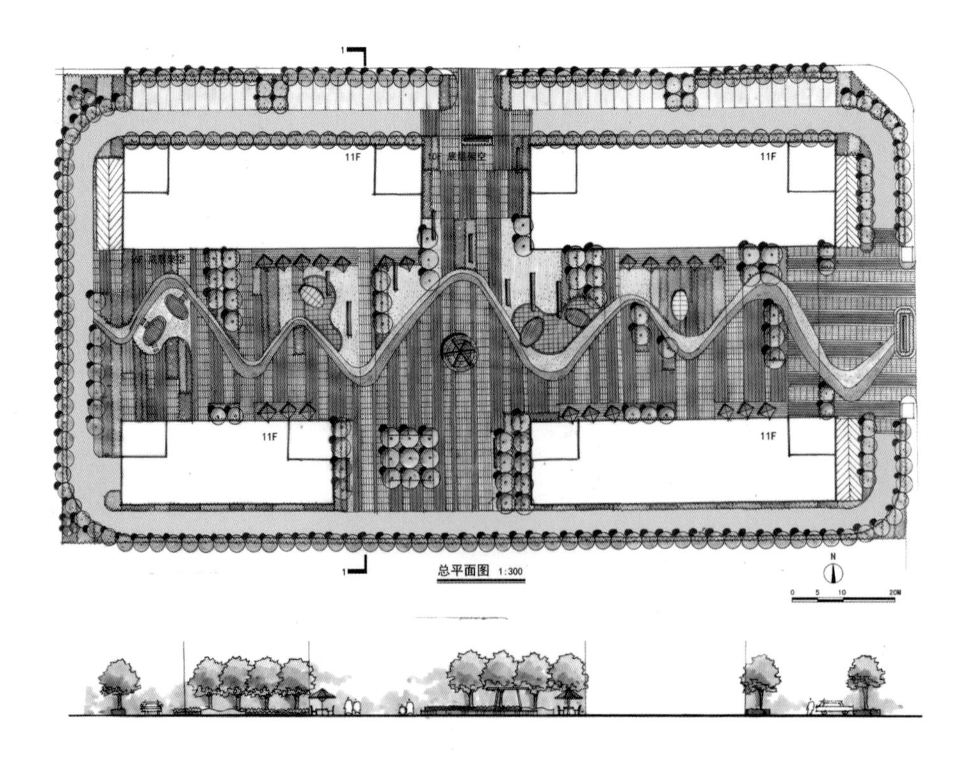

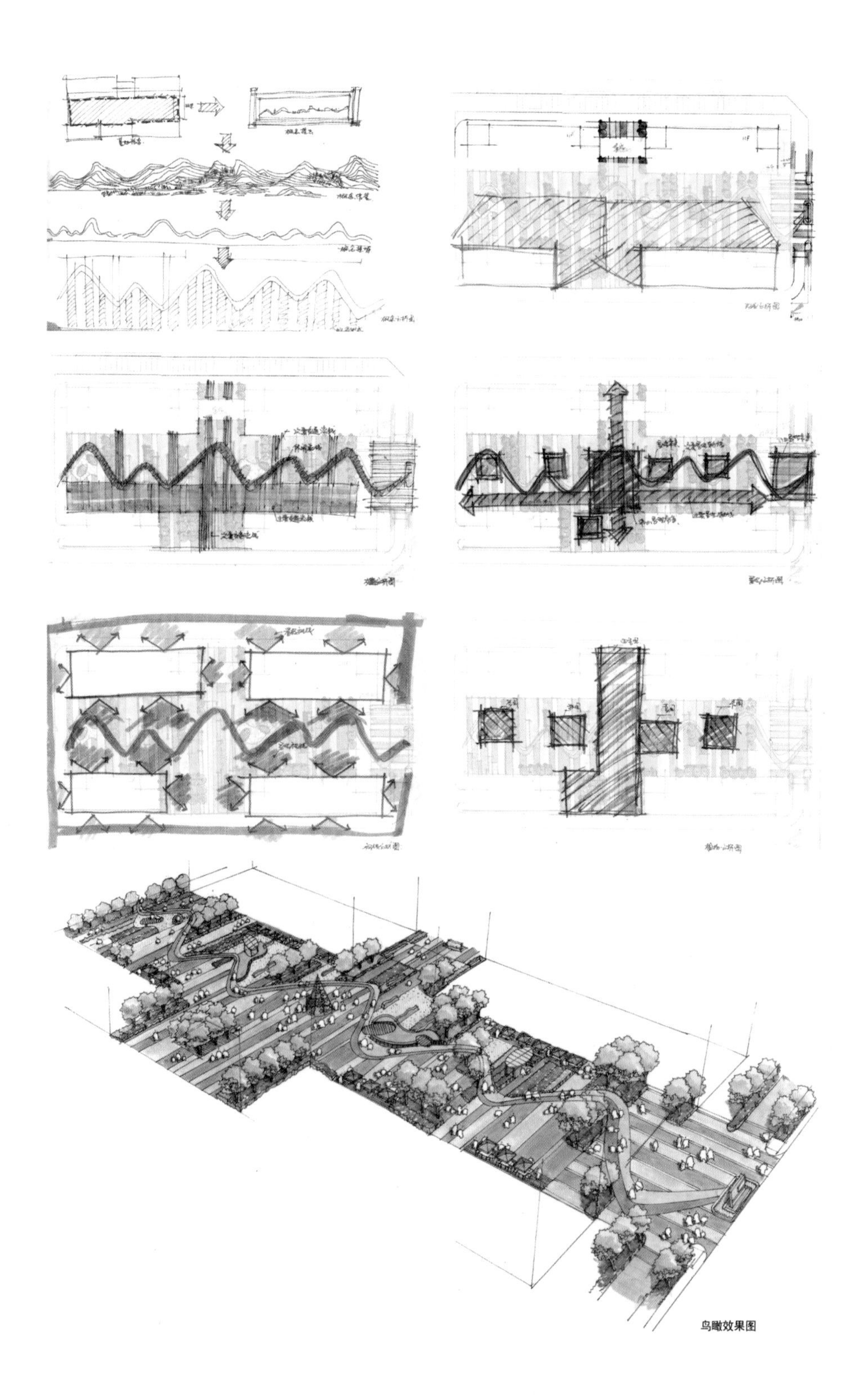

鸟瞰效果图

学生作业案例之六

时光律动

学生

李晓明

教师

王越

年级

2018 级

该设计以水为主题构建商业景观设计。老子曰："上善若水。"水，是万物之灵，是生命的源泉。以流动的曲线象征水的流动，可以很好地缓解四周僵硬刻板的建筑棱角。商业景观除了营造一个轻松愉快的环境，还需创造适合白天与夜晚的商业气氛，尤其是夜晚的灯光效果。设计分为三个部分：水之镜、水之韵和水之情。水之镜构造了一个水母造型；水之韵是中心广场，采用浅水景观结合音乐喷泉；水之情设置了 18 株郁金香造景，象征爱、永恒和幸福。每当夜晚来临，地面呈曲线的 LED 灯带会亮起，水母呈现各色变化，郁金香也会亮起，整个商业广场将在音乐喷泉的乐曲和各处和谐统一的灯光烘托下展示自己的魅力。

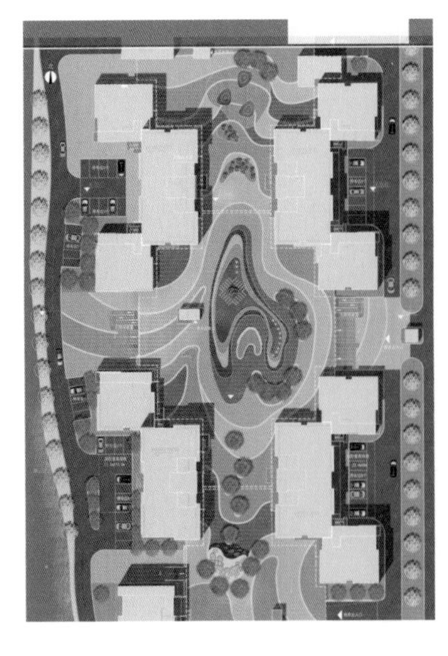

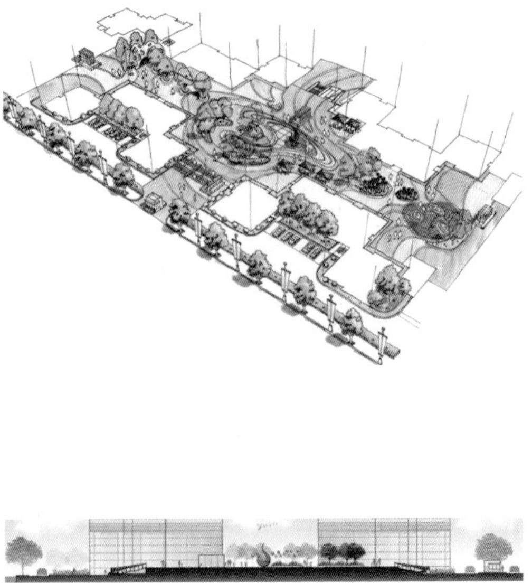

学生作业案例之七

解构

学生

袁异超

教师

乐颖

年级

2015 级

设计主要采用硬质铺装，绿化和各种树池结合，体现出一种更休闲、更绿色、更自然的氛围。三个地下疏散出入口结合树池的造型做了改变，基地中央作为主要的活动场地用了更多的造型和铺装色彩的变换。两侧端部的设计使用大型的树池和休息座凳的结合，高低错落，起到休憩和遮挡的作用，给人安静的感受，小尺度空间将会受到儿童的喜爱。竖轴南北侧景观布置采用中心对称，做到大局上规整，细节上体现随性。

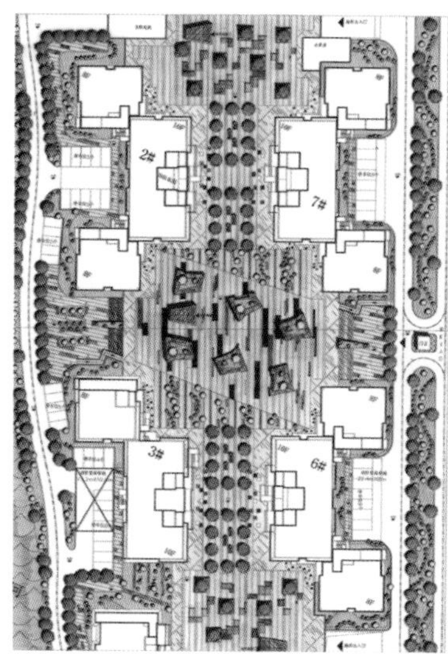

毕业设计

Graduation Design

1 城市更新

Urban Renewal

基于解决多元复杂城市问题的毕业设计

教师：张伟、宗轩、马怡红、殷永达、邓婧、庄俊倩、赵晓芳 等
年级：三年级 秋季学期

随着城市化不断推进，土地从增量向存量发展转变，环境从数量发展向质量发展转变，城市更新发展在城市建设中变得越发重要。城市更新的目标是针对解决城市中影响甚至阻碍城市发展的城市问题，这些城市问题的产生既有环境方面的原因，又有经济和社会方面的原因。在当今全球城市强调可持续发展的语境下，城市更新的含义更偏向于"再生"和"复兴"，它包括物质空间环境的再造，也包括城市社会、经济的发展与振兴，文脉的延续，城市区域活力的塑造等内容。经过实践探索，城市更新已成为融合经济、社会、文化和物质环境全面复兴的城市公共政策。面对如此广泛的目标和更为丰富的内容，当前城市更新所要解决的不仅仅是技术问题，更主要是决策问题，即如何制订出既能体现先进的价值观念，又能全面、科学、有效地指导城市更新实践的城市更新策略。

因此，该课题教学中教师应引导学生跳出从微观环境与建筑物质改造及其技术方法这一狭窄、单一视角，从城市空间再生的角度，将城市更新理解为从既有空间中不断寻找增值途径的过程，在有限空间里实现无限发展的过程，综合提升城市经济、社会、生态等方面的价值。通过提出积极更新策略，找到解决多元城市问题、实现城市可持续发展的途径。

在城市更新设计中还应引导学生具有正确的价值导向并选择有效的更新策略：应注重文化传承与特色发掘，以提升城市空间环境品质和内涵为目

标，继承并创造性地发展历史遗存，营造更具特色、多元化和包容性的城市环境；树立创新理念，结合时代发展，城市综合环境的变化，人的需求的变化等，在城市更新中融入新的元素，在文化传承中完善或塑造新的城市与建筑功能和价值；通过评估新旧城市、建筑空间的价值，选择或综合运用再开发、整治改善及保护三种城市更新策略，通过整合城市环境，实现城市整体空间环境综合效益和良性发展。

目标

尊重城市历史环境的城市更新设计创新思维训练；讲解并引导学生研究学习城市更新相关理论方法：包括传统风貌区、传统街区、旧城区、工业遗产保护区与建筑更新改造相关理论方法；注重前期调研—历史与现状信息收集、整理与分析—提出更新策略、更新方法的过程教学。

理念

这一过程不仅要求学生有一定的前期调研能力，更要求学生面对新与旧诸多复杂的影响因素，具有一定的综合分析和判断能力。因此该类课题训练对学生拓展理论知识和方法、提升专业综合能力大有裨益。

手段与过程

1. 以 5 人为小组，团队合作完成调研与毕业设计任务

2. 前期调研

（1）基地调研：主要是对历史与现状信息收集、整理与分析。宏观信息调研采集：包括开发地块所在或邻近城市区域、街区的相关物质与历史人文信息。具体如区位、上位规划、交通、景观资源、社会经济、历史环境（城市与街区的演进与现状等）；中观信息微观信息调研采集：包括开发地块内部或周边街区、建筑、环境的相关物质和历史人文信息。具体如规划基地（开发地块）的用地情况，基地内部或周边交通、景观、市政设施、历史风貌环境（街区、建筑、环境设施等变迁的过程，事件与人，建造年代、建造背景、街区与建筑空间原始与现状使用情况、建筑结构原始与现状、建筑外观原始与变化情况、建筑材料等）；

（2）城市更新理论学习、研究与交流；

（3）相关城市更新案例调研与分析；

（4）提出更新策略、更新方法。

3. 总体更新规划设计

4. 单体建筑保护、改造与环境设计

5. 中期检查

6. 方案整改与综合深化

7. 成果提交与答辩

教师

张伟、殷永达

年级

三年级 下学期

课时

14 周

上海虹口区溧阳路历史街区保护与更新设计

Design of Liyang Road Historic District Protection and Renewal, Hongkou, Shanghai

课题一

项目背景：溧阳路与山阴路、多伦路被称为上海虹口文脉的缩影，汇集了大量上海旧式里弄及名人旧居，历史文脉与老上海民脉在这里和谐交融。

2015 年 5 月上海公布的《关于加快建设具有全球影响力的科技创新中心的意见》明确指出，未来上海将建设成为全球科技创新中心。这为未来溧阳路更新改造提供了国家政策契机，为导入创意产业及创新性企业提供了机遇。

本课题包含整体调查研究、城市设计、建筑设计三个层面的任务：

1. 整体调查研究范围：虹口区乃至上海全区。重点研究四川北路中北段，北起大连西路，西起东江湾路、宝源路，东至欧阳路、四平路的范围，包含有山阴路历史风貌区，面积为 2.05 平方公里。研究内容包括区域社会经济背景和外部制约因素分析；现状要素评估；溧阳路街区定位研究；建筑保护与更新模式、案例与规划布局研究等。

2. 城市设计范围：基地面积为 32.3 公顷。包括 5 个街坊，北起吉祥路、南至海伦路，西起四川北路，东至欧阳路、四平路。地块内大部分属于历史风貌区，基本以更新为主；同时地处四川北路商圈，从经济平衡的角度，结合轨道交通 10 号线与 4 号线在此交汇的优势，考虑东南角地块的合理开发，实现四川北路商业环境的更新升级。

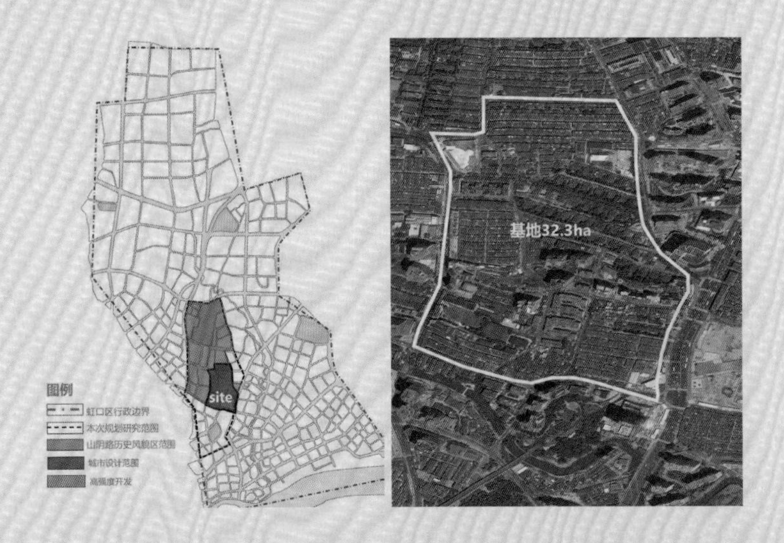

3. 建筑设计内容：① 溧阳路花园别墅更新改造；② 典型里弄石库门住宅更新改造；③ 虹口区历史文化博物馆；④ 高强度综合开发（公寓式办公 / 物业配套房建筑面积 15 万 ~20 万平方米；住宅建筑面积 15 万 ~20 万平方米；裙房商业建筑面积 5 万 ~8 万平方米）。

学生基地分析

项目背景：虹口区是集文化之大成和红色革命的纪念地；基地建筑风貌：多为旧里、公寓住区，沿街建筑保存较好，尺度宜人，多为名人故居、重要机构所在地。石库门是上海的城市名片，形成了独特的海派文化。老洋房在物质上是优秀历史建筑，在非物质层面上它记录了一段历史，是上海城市发展史的一部分。

基地优劣势：
优势：① 不可复制的人文历史文化；② 地理位置和条件优越；③ 轨交 4、10 号线在此交汇，具有交通优势；④ 建筑类型丰富多样，街道景观富于变化，城市界面完整，肌理丰富，建筑尺度宜人。
劣势：① 建筑密度高、人口密集，部分老建筑风貌破败；② 交通系统欠完善，人车混行，东西不畅，南北不通；③ 沿街商业缺乏纵深，只有街，没有街区；④ 公共绿地严重缺乏。

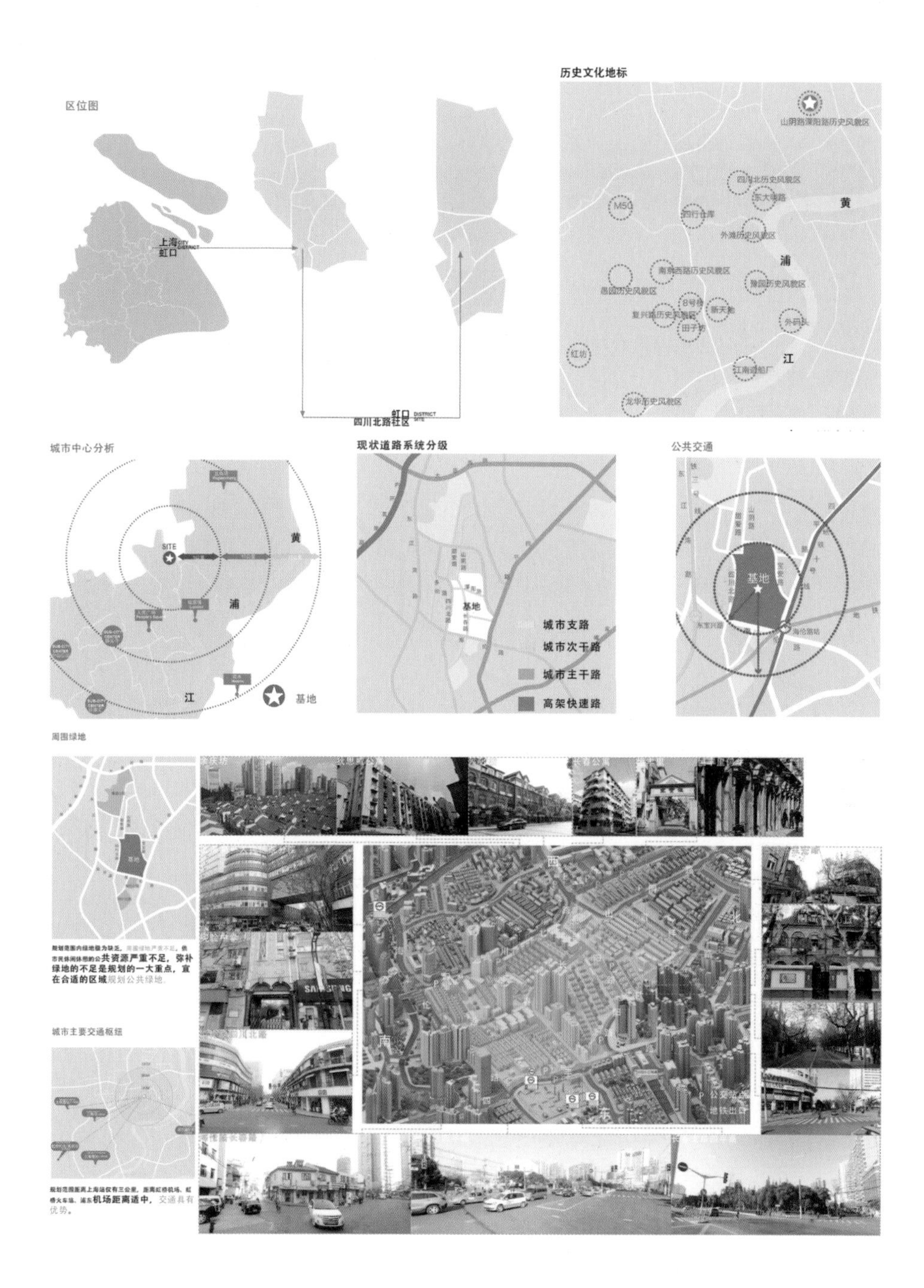

规划范围内绿地极为缺乏，周围绿地严重不足，供市民休闲休憩的公共资源严重不足，弥补绿地的不足是规划的一大重点，宜在合适的区域规划公共绿地。

规划范围距离上海站仅有三公里，距离虹桥机场、虹桥火车站、浦东机场距离适中，交通具有优势。

学生作业案例

脉络与共生

学生

汤建明、蒋力、程香菊、姚美丽、吴彬

教师

张伟

年级

2014 级

本案经过充分调研，结合上海城市发展目标和区位特点，制订更新改造策略，提出更新目标：通过发扬历史文化特色，整合优化空间结构，完善道路系统，合理业态更新与组织，激活整个地块活力，力求新老建筑和谐共生，区域协调发展，创造一个有机的 24 小时活力之城，打造虹口区城市名片“范城”。以“脉络一共生”为主题打造一条文化景观之轴，连接过去、现在与未来，使之成为有机整体。以老建筑的文化底蕴，推动新建筑的有机生长，以功能置换和更新改造给老建筑注入活力，形成民宿、公寓、创意街区、餐饮酒吧、商业街、商场、住宅、办公等多业态的共生、共融与发展。

该案提出具体更新策略：①保留，保留有价值的传统建筑，通过修缮，恢复其原貌；②置换，赋予老建筑新功能，力求保持街区小尺度、典型的传统符号 、特殊建筑色彩和肌理等；③新建，拆除基地东南地块没有保留价值的老建筑，结合轨交优势，进行高强度商业、办公开发，增加地块商业价值和活力；④整合道路和环境，在保留原有主干道基础上，通过增加南北和东西路网密度，形成合理的道路体系，注重人车分流，结合绿地和节点广场空间打造慢行道路系统。在基地核心位置打造区域中心绿地广场，形成生态软核心“绿肺”。

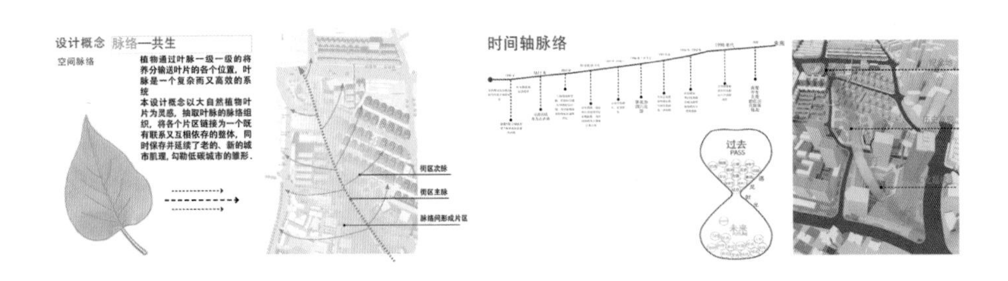

规划前后要素对比

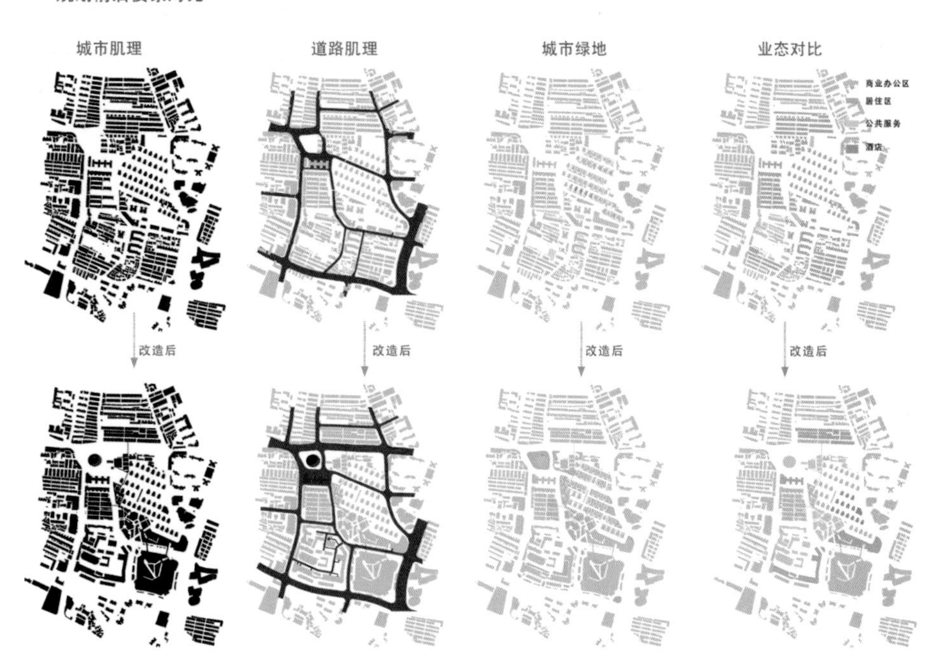

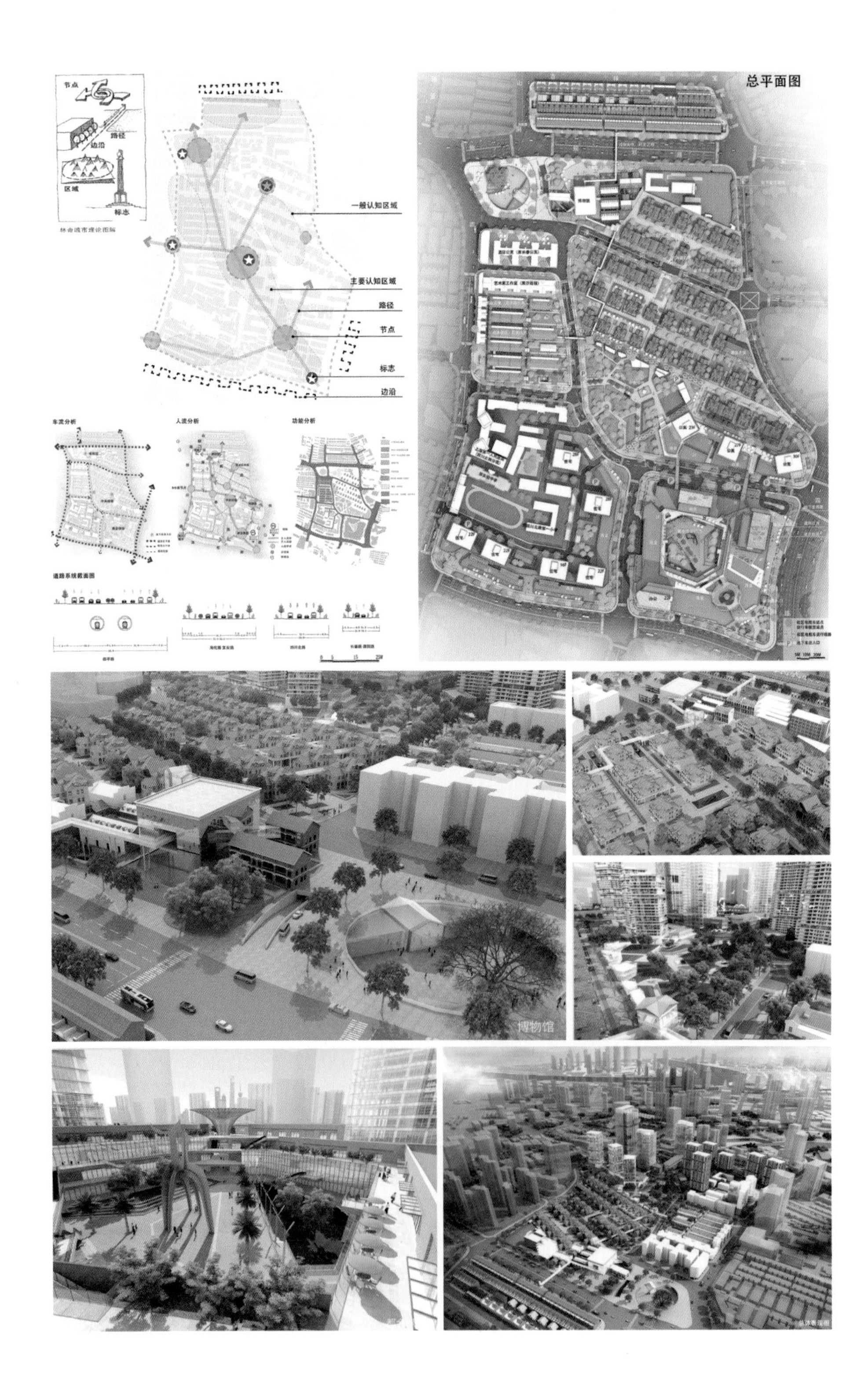
节点
路径
边沿
区域
标志
林奇城市理论图解
一般认知区域
主要认知区域
路径
节点
标志
边沿
总平面图
车流分析
人流分析
功能分析
道路系统横截面图
博物馆

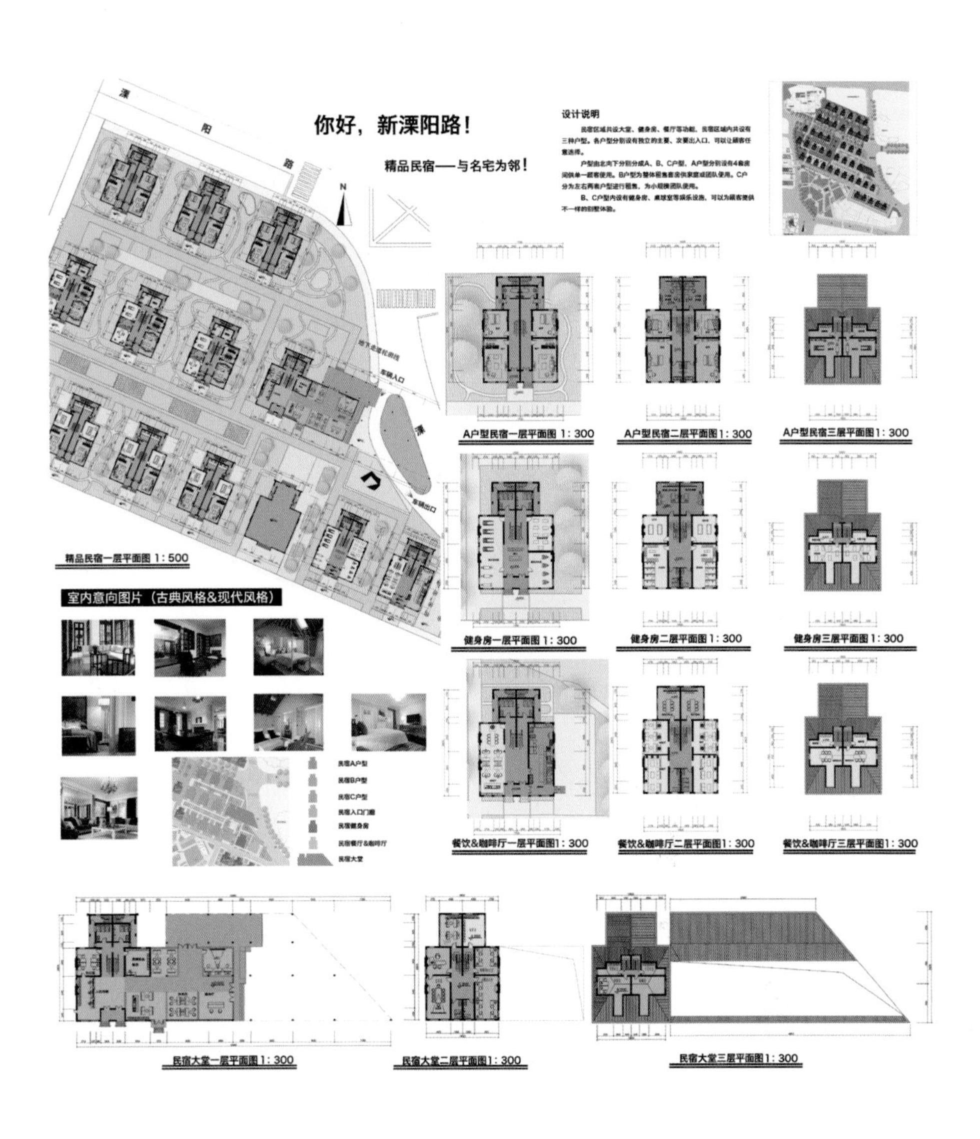
你好，新溧阳路！
精品民宿——与名宅为邻！
溧
阳
路
N
车辆入口
车辆出口
设计说明
民宿区域共设大堂、健身房、餐厅等功能。民宿区域内共设有三种户型。各户型分别设有独立的主要、次要出入口，可以让顾客任意选择。
户型由北向下分别分成A、B、C户型，A户型分别设有4套房间供单一顾客使用。B户型为整体租售套房供家庭或团队使用。C户分为左右两套户型进行租售，为小规模团队使用。
B、C户型内设有健身房、桌球室等娱乐设施，可以为顾客提供不一样的别墅体验。
精品民宿一层平面图 1：500
室内意向图片（古典风格&现代风格）
民宿A户型
民宿B户型
民宿C户型
民宿入口门廊
民宿健身房
民宿餐厅&咖啡厅
民宿大堂
A户型民宿一层平面图 1：300
A户型民宿二层平面图 1：300
A户型民宿三层平面图 1：300
健身房一层平面图 1：300
健身房二层平面图 1：300
健身房三层平面图 1：300
餐饮&咖啡厅一层平面图 1：300
餐饮&咖啡厅二层平面图 1：300
餐饮&咖啡厅三层平面图 1：300
民宿大堂一层平面图 1：300
民宿大堂二层平面图 1：300
民宿大堂三层平面图 1：300

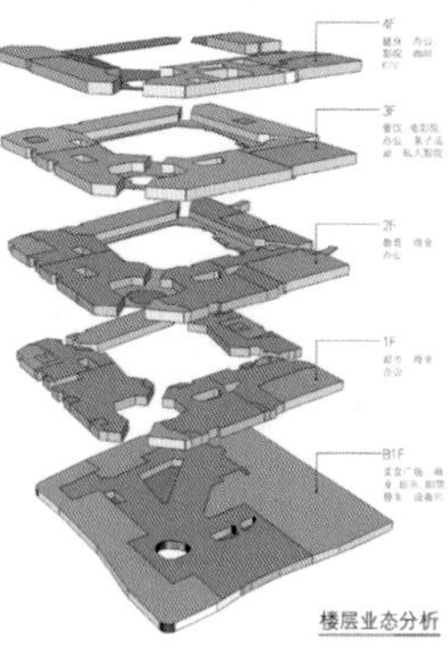
4F
3F
2F
1F
B1F
楼层业态分析

红坊街区更新规划与建筑设计

Renewal Planning and Architectural Design of Hongfang Block, Shanghai

教师

张伟、殷永达

年级

三年级 下学期

课时

14 周

课题二

项目背景：位于淮海西路上的红坊作为第一批规模较大的文化创意产业园区中的一处，改建于上钢十厂（原轧钢厂厂房），属于城市更新类主题产业园，是城市再生、工业遗产再利用的典型案例。

红坊地处淮海西路核心地段，南邻淮海西路、徐家汇商业中心，西靠虹桥 CBD 商务区和新华路历史风貌保护区，距轻轨 3 号线虹桥路站步行不到 5 分钟。又因处长宁、徐汇、静安三区交界地带，兼具向三方辐射的优势力量。

随着时代发展，该区域显示出城市功能单一、容量不足的态势，为了满足城市发展需要，充分提升地块城市功能和价值，本课题要求在延续城市文脉的基础上进行地块再次更新改造。

设计任务和要求：通过调研对项目进行策划和定位。在符合《上海市城市建设规划管理条例》的前提下，务求具有创造性、前瞻性及商业、办公、文化等物业形态的利益最大化，同时需兼顾成本控制及可实施度上的合理性，并满足商业定位输入条件。

具体要求：计容面积不小于 15 万平方米；建筑高度不高于 100 米；车位 1800 个；绿地率不小于 25%，地块区域控制性详细规划图中的两块公共绿地 JIA-09 和 JIA-11 并入开发范围，但要求基地内两块开放绿地的面积要求不变——两块绿地总面积不小于 8000 平方米，其中一块不小于 5000 平方米，其位置可以根据规划需要，进行合理调整；各业态规划面积：文化建筑面积不少于 1.5 万平方米，商业建筑面积不少于 3 万平方米，办公建筑不少于 10 万平方米。

基地情况：该项目位于上海市长宁区，东至淮海西路，西至新华公寓，南至规划凯田路，北至安顺路。用地面积：56 970 平方米；原有建筑面积：45 000 平方米。

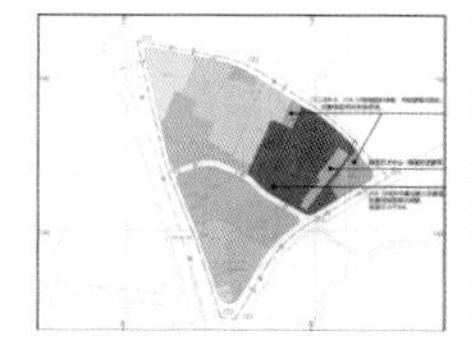

学生基地分析

项目背景：红坊作为第一批规模较大的文化创意产业园区中的一处，曾是上海的文化地标，具有独特的艺术基因、文化脉络。这里逐步衍生发展出文化艺术展览展示区、创意办公区及相应配套服务区等，同时承载上海工业历史记忆。红坊地处市中心绝佳地段，交通便捷、区位优越。所在新华社区历史底蕴深厚，人文荟萃。

基地优劣势：
优势：①位于市中心，交通便利，周边辐射内环高架、外环高架等多条快速道路，5 公里范围内可乘上海站、虹桥机场、火车站；②地理位置和区位条件优越；③毗邻淮海西路，商业气氛浓厚，周边学区、住区人气足；④红坊自身具有历史价值和文化意蕴。
劣势：①建筑功能单一，无法满足周边需求；②未能充分发挥本地块的价值。

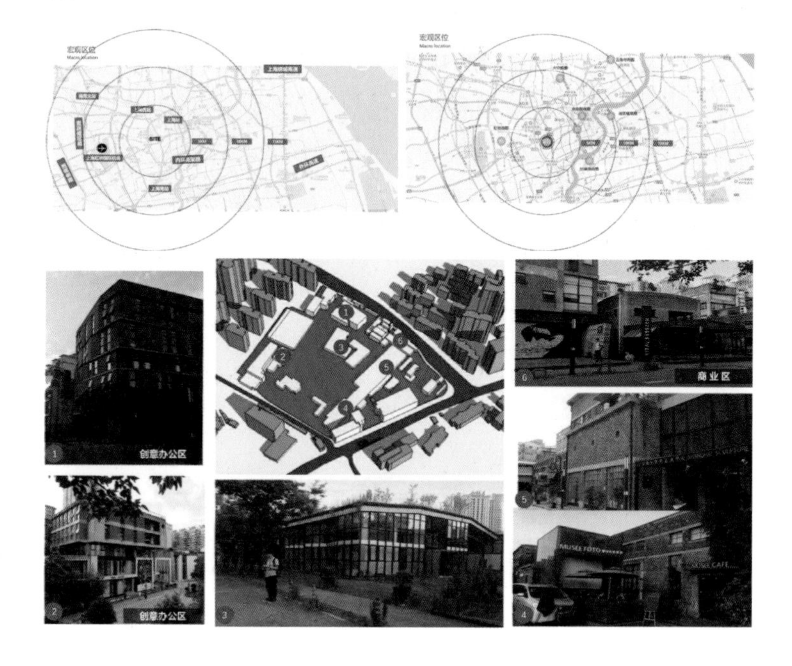

学生作业案例

城市绿洲

学生

王雪峰、王圆圆、周颜、尤翠萍、吕端

教师

张伟

年级

2015 级

本案针对红坊地块城市功能单一，容量不足，无法满足城市发展需要问题，在结合地块区位特点、优势和发展需求，并充分调研与分析的基础上提出更新策略和更新目标：在延续红坊历史传承的前提下，进行注重内涵的地块更新和再开发。通过多种业态布局，引领多维艺术体验的生活方式，打造舒适宜人的城市艺术公园，让历史、艺术、文化有机融合，激发活力，提升环境吸引力，带动地块及其周边发展。

更新策略：① 保留重要历史建筑——雕塑博物馆，通过置换其内部功能，更新、丰富、提升其内部功能与价值，打造新的创意文化与时尚展示中心；② 拆除功能单一、不利地块发展的旧建筑，增加新建筑，并还原街区肌理；③ 充分利用基地周边街区优势，结合保留建筑，沿淮海西路和安顺路打造步行商业街及临街商业，提升商业价值的同时把人流引入内部；④ 在基地西南部，布置高层绿色办公区；⑤ 屋顶绿化与中心绿地、办公区水景绿地相结合，打造多层次，具有人文气息的绿色文化中心广场；⑥ 建筑立面如材料、色彩、肌理、形态等细部处理，体现设计对工业文明和红坊原有文化的尊重和传承。

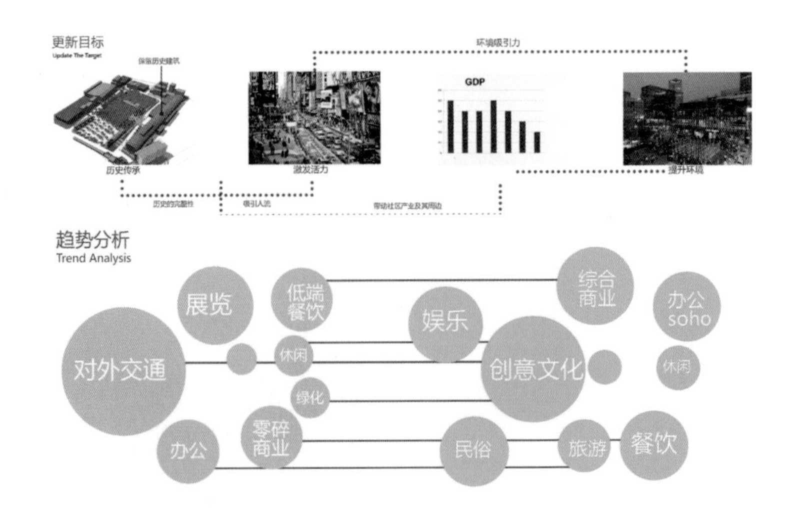

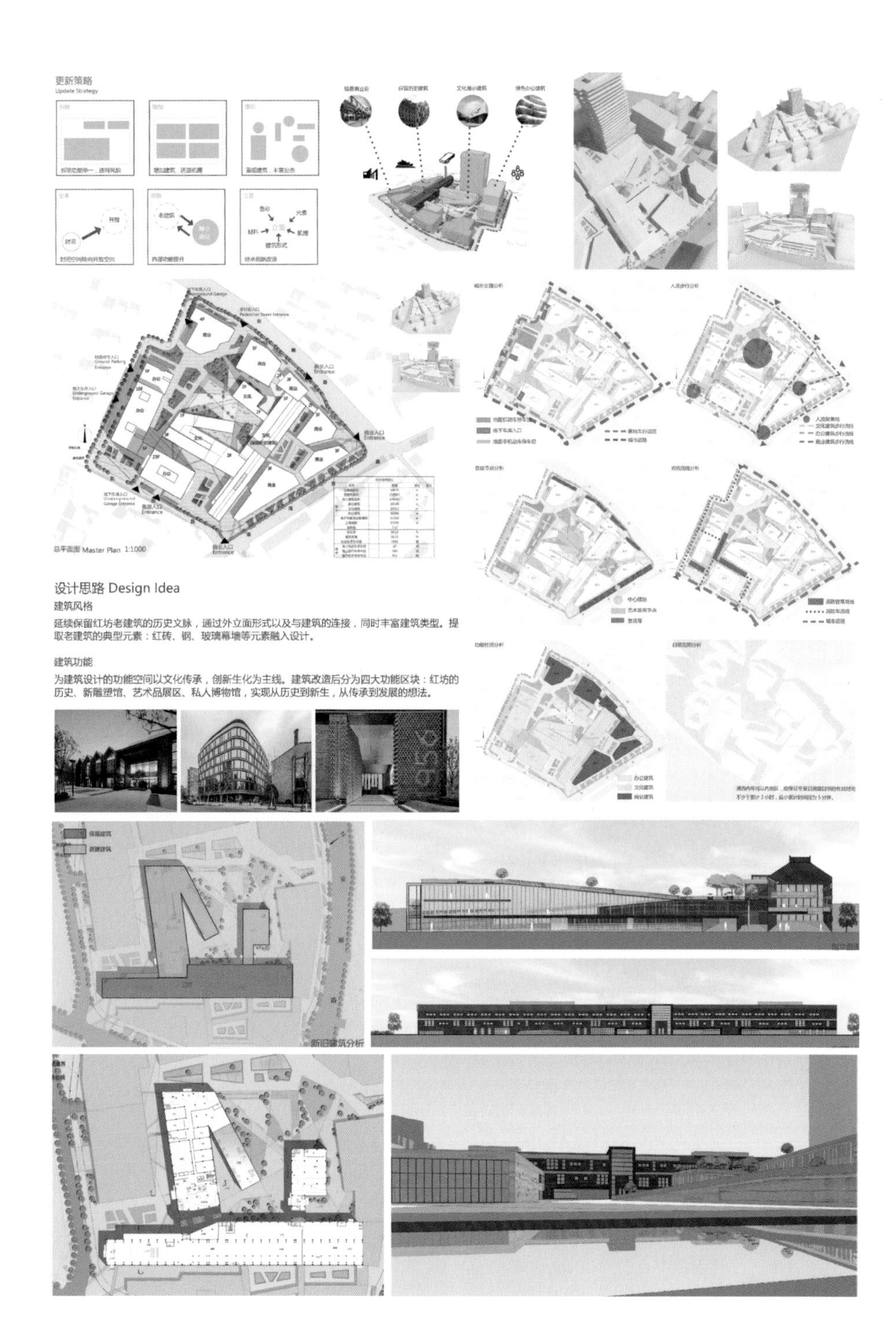
更新策略
Update Strategy
总平面图 Master Plan 1:1000
设计思路 Design Idea
建筑风格
延续保留红坊老建筑的历史文脉，通过外立面形式以及与建筑的连接，同时丰富建筑类型。提取老建筑的典型元素：红砖、钢、玻璃幕墙等元素融入设计。
建筑功能
为建筑设计的功能空间以文化传承，创新生化为主线。建筑改造后分为四大功能区块：红坊的历史、新雕塑馆、艺术品展区、私人博物馆，实现从历史到新生，从传承到发展的想法。
新旧建筑分析

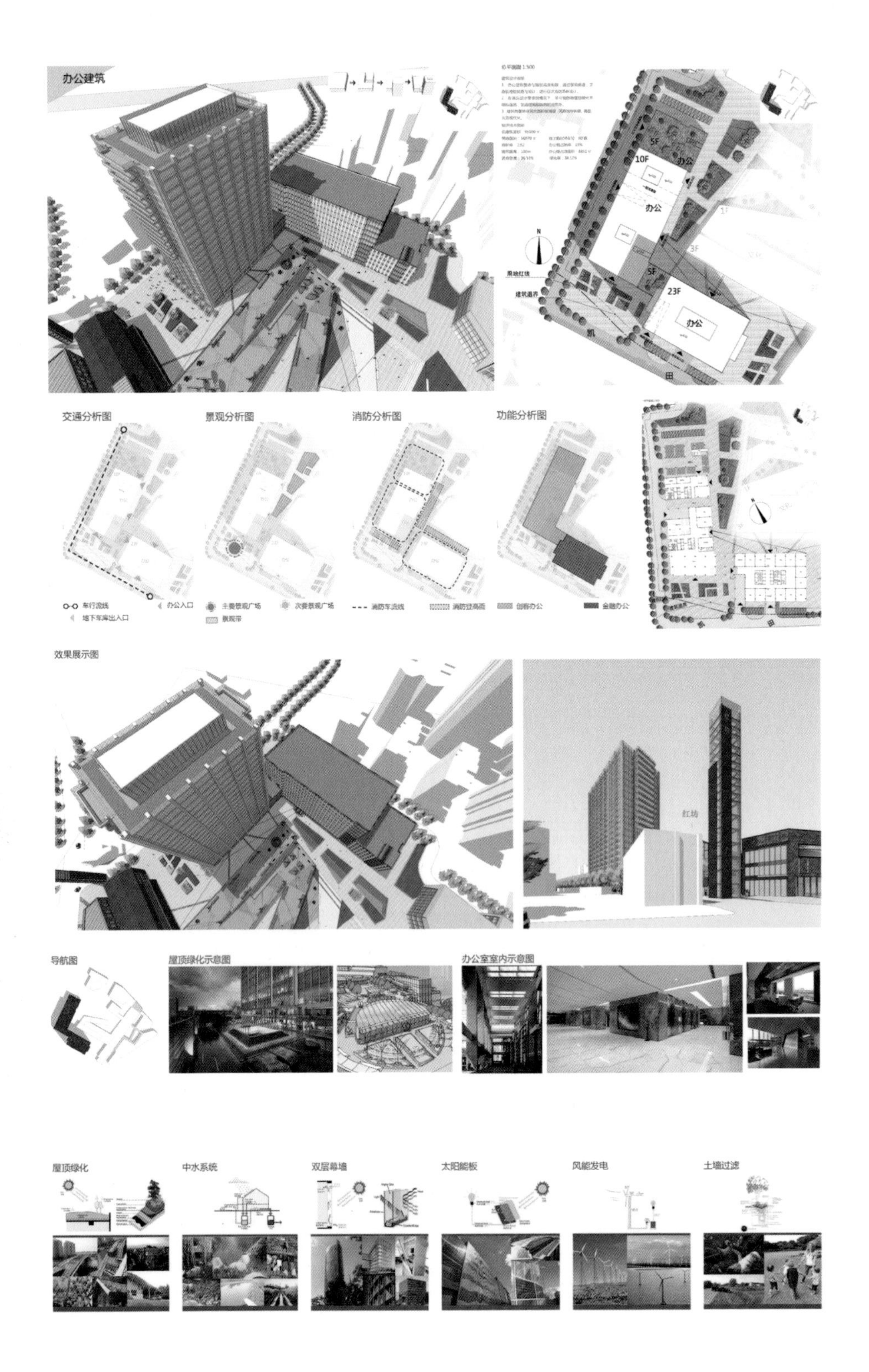
办公建筑
总平面图 1:500
10F
5F
办公
23F
用地红线
建筑退线
交通分析图
景观分析图
消防分析图
功能分析图
车行流线
办公入口
地下车库出入口
主要景观广场
次要景观广场
景观带
消防车流线
消防登高面
创客办公
金融办公
效果展示图
红坊
导航图
屋顶绿化示意图
办公室室内示意图
屋顶绿化
中水系统
双层幕墙
太阳能板
风能发电
土壤过滤

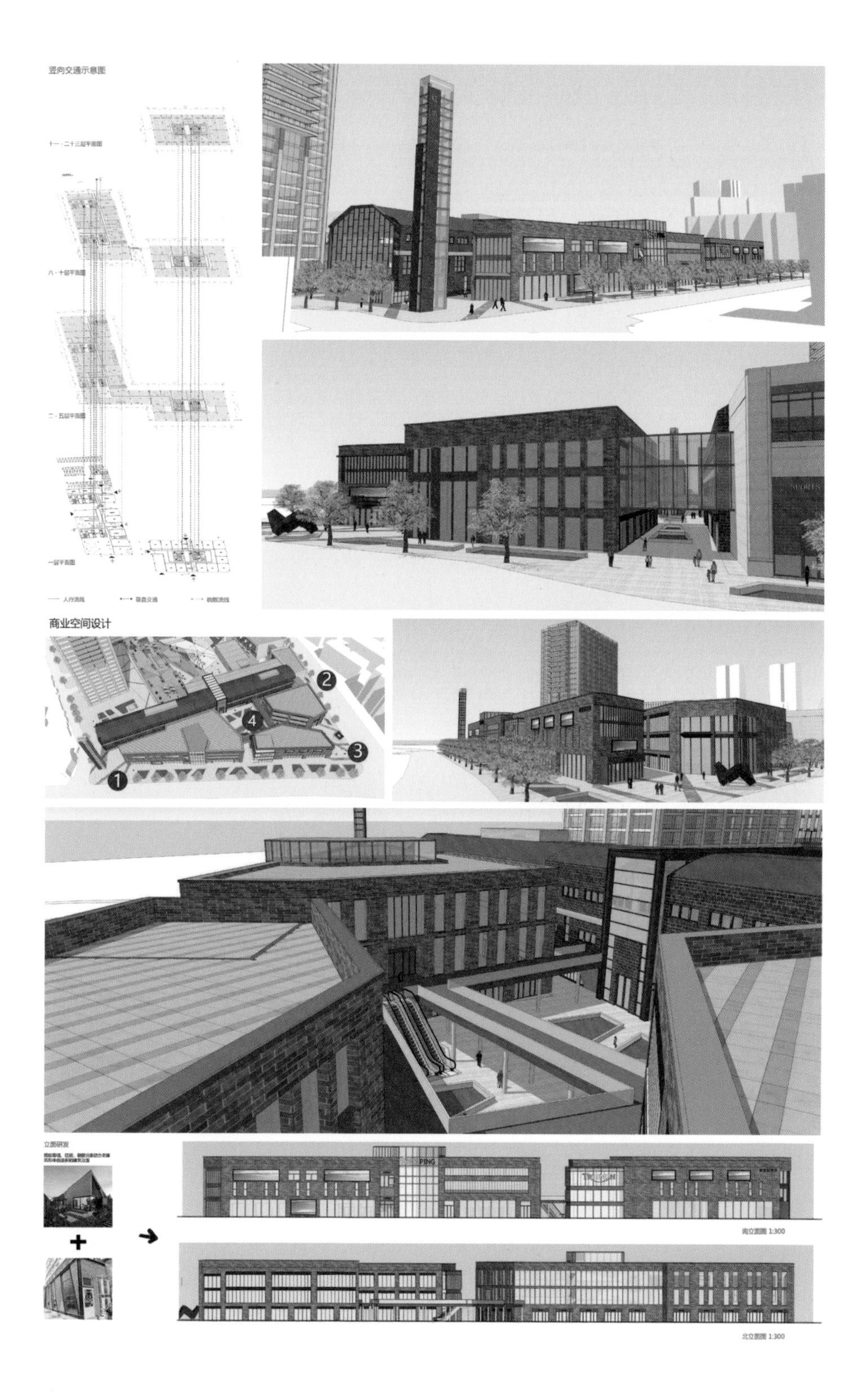
竖向交通示意图
十一 - 二十三层平面图
六 - 十层平面图
二 - 五层平面图
一层平面图
人行流线
垂直交通
疏散流线
商业空间设计
1
2
3
4
立面研发
南立面图 1:300
北立面图 1:300

苏州仓街商业居住地块规划设计

Planning and Design of Commercial and Residential Plots in Cang Street, Suzhou

教师

包海斌、马怡红

年级

三年级下学期

课时

14 周

课题三

苏州仓街商业居住地块规划设计作为毕业设计题目，考虑训练学生综合处理旧城文化环境、自然地理条件和当代商业开发利益等多方面因素，能够比较均衡地协调规划设计创意构思、建筑形态和功能组成之间的复杂关系，关注城市传统文化与现代消费文化的关系及城市传统街区的更新问题。

设计用地位于苏州市古城内，东侧紧邻古城墙，古城墙完整度高，景观资源丰富；与耦园一墙之隔；南侧紧邻古城主干道干将东路，与苏州大学隔路相望；距离平江路 375 米，与地铁 1 号线相门站零距离。宗地面积为 39 197 平方米，用地性质为商业办公混合用地、文化设施用地。用地内（30-09 地块）有名人故居并按要求保留院内古树名木。

项目定位为苏州古城区核心的商业标杆项目，业态配比为零售 40%~50%，餐饮 30%~35%，娱乐 15%~20%，其他少量用于银行、美发等服务业。商业地块建筑总高度 18 米、檐口高度 15 米（控制在 2 层以下），地下室开挖不超过 2 层，地下商业设置可以一层，也可以分为 2 层。

学生作业案例

曲水通商

学生

邱莉芳、舒磊、吴盛来、谷芳芳、王泽磊

教师

包海斌

年级

2017 级

案例方案在各方面处理比较均衡。规划设计上理性占主导地位，整体规划结构南北分区划分商业和居住社区，水系贯穿连接。建筑层次协调旧城建筑体量，商业开放格局与居住社区围合形式综合，功能内容设想丰富，与旧城墙等周边环境形成多个趣味中心，保证商业街区的活力。此规划设计方案建立在对苏州历史文化和人文情怀充分理解的基础上，对苏州的廊、桥、水、巷、宅等古城语言有足够感悟，同时对苏绣、评弹等历史文化充分体验，将苏州元素、江南符号、概念充分融入规划设计的细节当中。

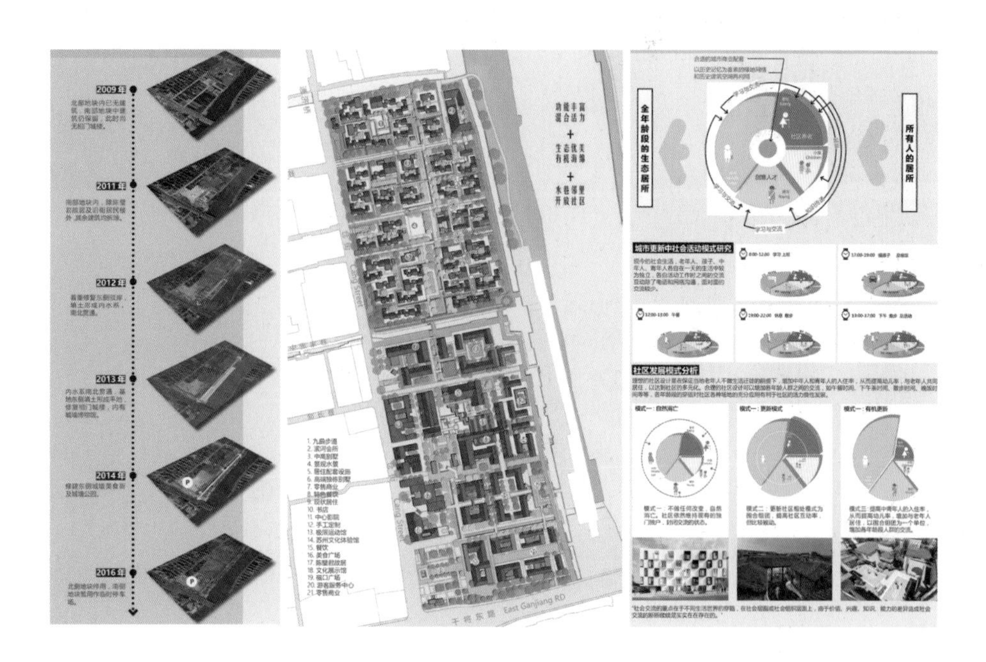

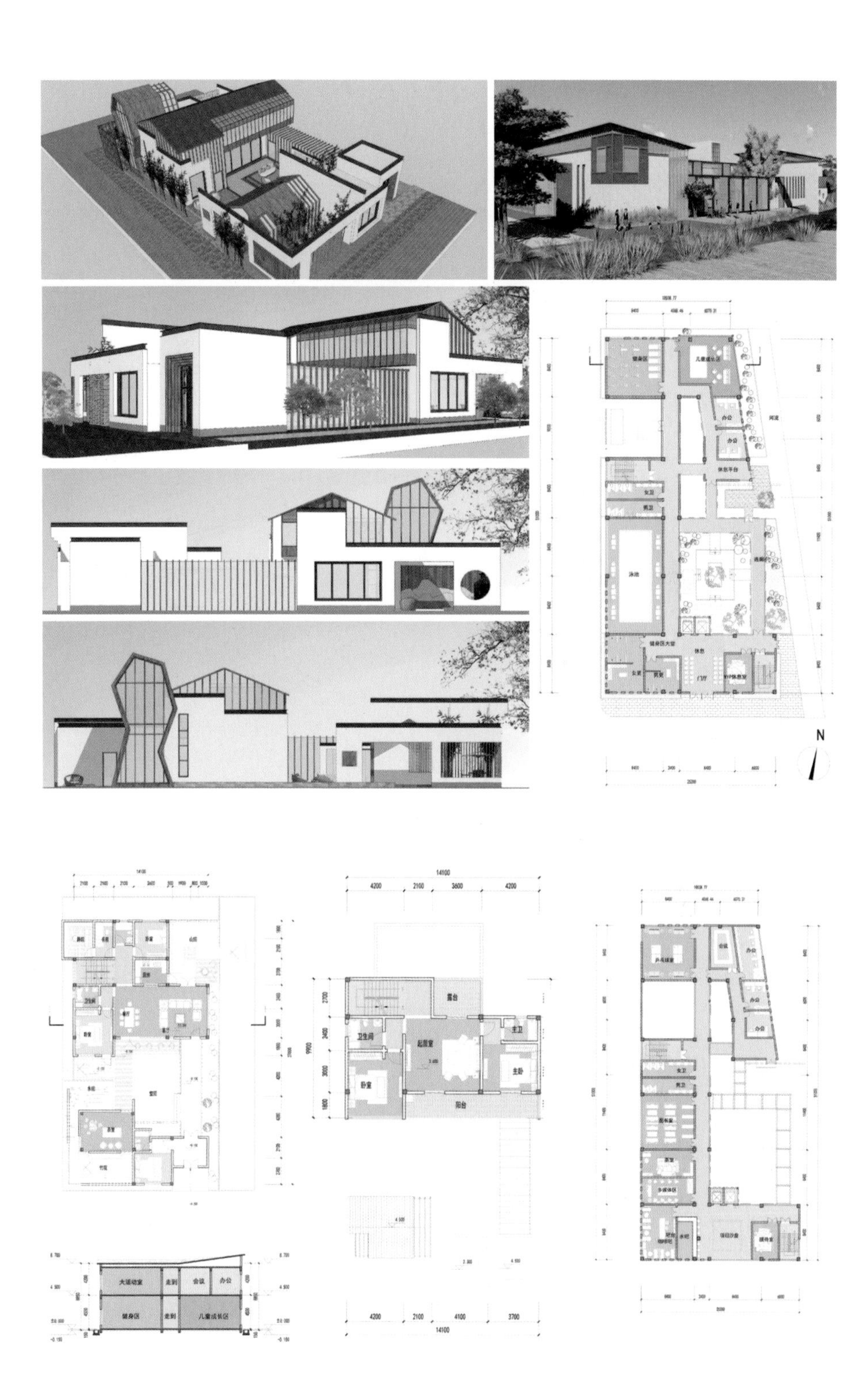

2 城市综合体

Commercial Complex

基于解决多元复杂城市问题的毕业设计

教师：张伟、宗轩、殷永达、
庄俊倩、包海斌、赵晓芳 等
年级：三年级 秋季学期

城市综合体是指将城市中的商业、办公、居住、旅店、展览、餐饮、会议、文娱和交通等城市生活空间的三项以上进行组合，并在各部分间建立一种相互依存、相互助益的能动关系，从而形成一个多功能、高效率的综合体。

城市综合体规划设计特点：

1. 现代都市中习惯快节奏的人们需要在一个方便、快捷、经济，集多种功能于一体的综合空间里，享受高效率的生活和工作，同时土地价值升高，更加要求土地利用的集约和高效，于是城市综合体便应运而生。因此，城市综合体是高度混合利用城市土地与城市建筑、交通之间的有机联合体，是城市空间巨型化、城市价值复合化、城市功能集约化发展的结果。城市综合体开发和规划设计应充分考虑这一城市发展需要和特点。

2. 城市综合体规模和容量巨大，其策划、定位与设计应考虑与城市及其周边环境的相互影响和协调问题，通过整合优化打造一个完整、和谐的城市空间环境，并提升整体城市空间价值。其影响因素包括：地域与城市社会经济等要素、城市文脉；区域、城市与地段发展规划；交通；城市街区形象；商业环境与服务人群等。因此，城市建筑综合体是体现城市一体化设计概念和方法的建筑综合体。

3. 城市综合体具有功能“复合”性特点。其设计除了要关注多功能混合布局和流线的合理性和协同发展外，还应深入思考每个建筑单体之间的协调统一性，如建筑风格、色彩、立面的统一，以及各个空间的呼应与融合，要做到既整体统一，又个体差别。

4. 城市综合体设计特别是商业综合体还要关注其营利性特点、对城市生活的作用与价值，不同层次人群的需求与消费能力等，在设计上应考虑如何利用区位优势，通过综合体建筑内外空间和环境设计进一步提升其本身与城市区位的整体价值，彰显综合体的社会与经济效应。

5. 信息时代，互联网发展，电商的出现改变了商业模式，会影响城市商业区的布局、商业街的格局及商业空间设计。综合体设计应考虑创新和突破。如何给消费者提供多样化服务以及全新的体验，增加情趣、个性与特色等。

6. 城市综合体需解决的技术性难点：如综合体出现高层（超高层）建筑时的结构设计、消防设计及商业建筑的消防设计等，特别是地下商业建筑空间封闭性强，交通流线复杂，规模大、出口少，作为人员密集场所，如何进行消防设计，是每个城市综合体项目消防设计的重点和难点。

强调复杂环境下的整体思维训练：从社会、经济、文化多角度，从城市、街区、基地周边多层面解读建筑与环境关系；引导学生通过调研和案例学习城市综合体的设计概念和方法；注重通过前期调研与策划—发现问题，找到关键影响因素—提出解决方案、规划概念的过程教学。

目标

通过城市综合体课题的训练，了解城市综合体产生与发展背景，进一步了解建筑发展与时代发展，社会需求、城市社会、经济、技术等发展的关系，引导学生从关注建筑问题到关注城市问题，具有宏观视野。

通过前期调研与策划环节的训练进一步培养学生发现问题、分析问题和解决问题的创新思维能力和设计工作方法。
通过小组合作模式，培养学生交流协作能力，具有团队精神。

通过注重前期调研与策划—发现问题，找到关键影响因素—提出解决方案、规划概念—方案比较、调整、深化的过程的教学，培养学生掌握理论结合实践的理性设计方法和专业综合能力。

手段与过程

1. 以 5 人为小组，团队合作完成毕业设计任务

2. 前期调研与策划

（1）基地调研：了解基地区位现状与城市发展要求，基地及周围环境影响因素等；

（2）城市综合体设计原理学习、讲解、交流；

（3）相关案例调研与分析；

（4）设计策划：分析多元、多层次影响因素，提出规划与设计概念。

3. 总体规划与设计

4. 单体建筑设计

5. 中期检查

6. 整改与综合深化

7. 成果提交与答辩

教师

张伟、殷永达

年级

三年级 下学期

课时

14 周

上海五角场城市综合体设计

Design of Wujiaochang Urban Complex , Shanghai

课题一

该城市综合体项目基地位于五角场环岛核心商区，为五角场商业副中心的一部分，通过现存地下环岛与地铁 10 号线五角场站紧密联系。要求通过深入调研了解基地所在城市区域、街区、基地与周边的自然、社会、经济与文化环境特点，了解基地周边现状和发展趋势，并结合环境进行规划与设计。要求以创新设计理念与设计方法，并运用现代技术打造具有时代特色的城市综合体，满足使用者的物质和精神需要。

项目拟规划集一栋 5A 级会展 / 办公楼、一栋 5 星级酒店以及大型商业设施的城市综合体。其中商业：地上约 6 万平方米；星级酒店：地上约 3 万平方米（包括裙房）至少 250 套客房；5A 会展与办公楼：地上约 3 万平方米（包括裙房），建筑限高不超过 100 米；地下部分：地下共 2 层，地下一层设置商业，地下二层为设备和停车，地下室尽量基地满铺。要求重点研究三种业态的布局与业态之间地上及地下部分流线关系，应布局合理，考虑具有一定独立性并可相互连通。

交通流线规划要求重点研究整个五角场环岛区域的交通组织，以及中心彩蛋下沉广场（地铁 10 号线出口）、翔殷路中环高架、周边市政道路等与基地的人流、车流关系，对交通组织进行深入分析；重点研究商业、酒店和会展办公人流和车流的关系，应尽可能分流，避免相互干扰；处理好上下客流线、消防流线、紧急疏散流线等必需的动线，并提供相应的技术分析；各部分的主入口应易于识别，应考虑该场地上下午高峰时期交通流量的信息，以对入口和出口道路的设计与布局提出合理方案；应研究适于此项目的各种交通模式和出入路线并反映在总平面布局设计中。消防设计是综合体设计的难点，要结合相关规范加以设计。

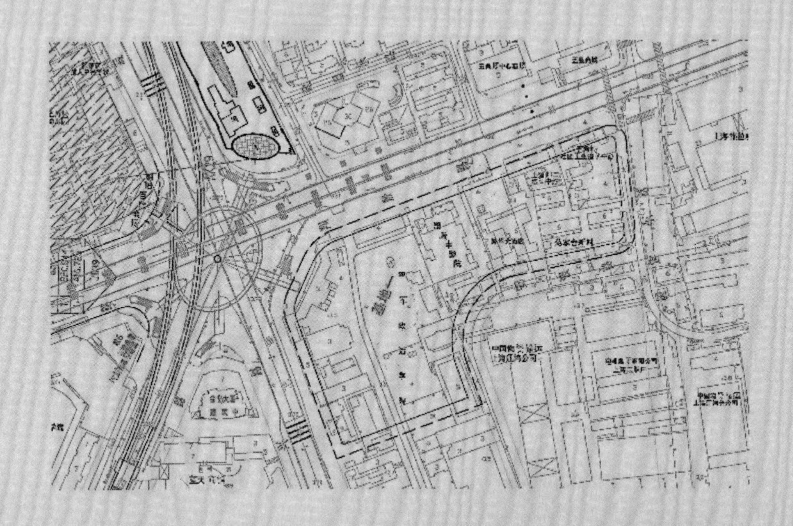

基地情况：位于上海市杨浦区五角场城市副中心核心商业区东南端，位于翔殷路（中环线）以南、黄兴路以东、安波路以北、国定东路以西。地铁 10 号线出口可直达基地。基地总用地面积 48 172 平方米，容积率 2.5，建筑密度不大于 45%，绿化率不小于 30%。

学生基地分析

五角场位于上海东北角，与徐家汇繁华商业副中心、浦东花木高尚居住副中心、普陀真如交通枢纽副中心并称为上海四大城市副中心区，为上海居民提供全方位的现代化综合性高端服务，亦是整个上海东北部的旗舰型高端商业中心。本次规划设计应根据城市区位特点明确定位。

基地位于五角场南部商业环岛地块的核心区域。周边商业和商办设施齐全。因此本次规划设计应充分研究周围商业办公环境优劣势和同质竞争状况，打造特色城市地标。三面临主要城市道路，应充分研究基地街区环境特点和周边交通状况进行基地功能分区布局，出入口设置和内部交通组织。

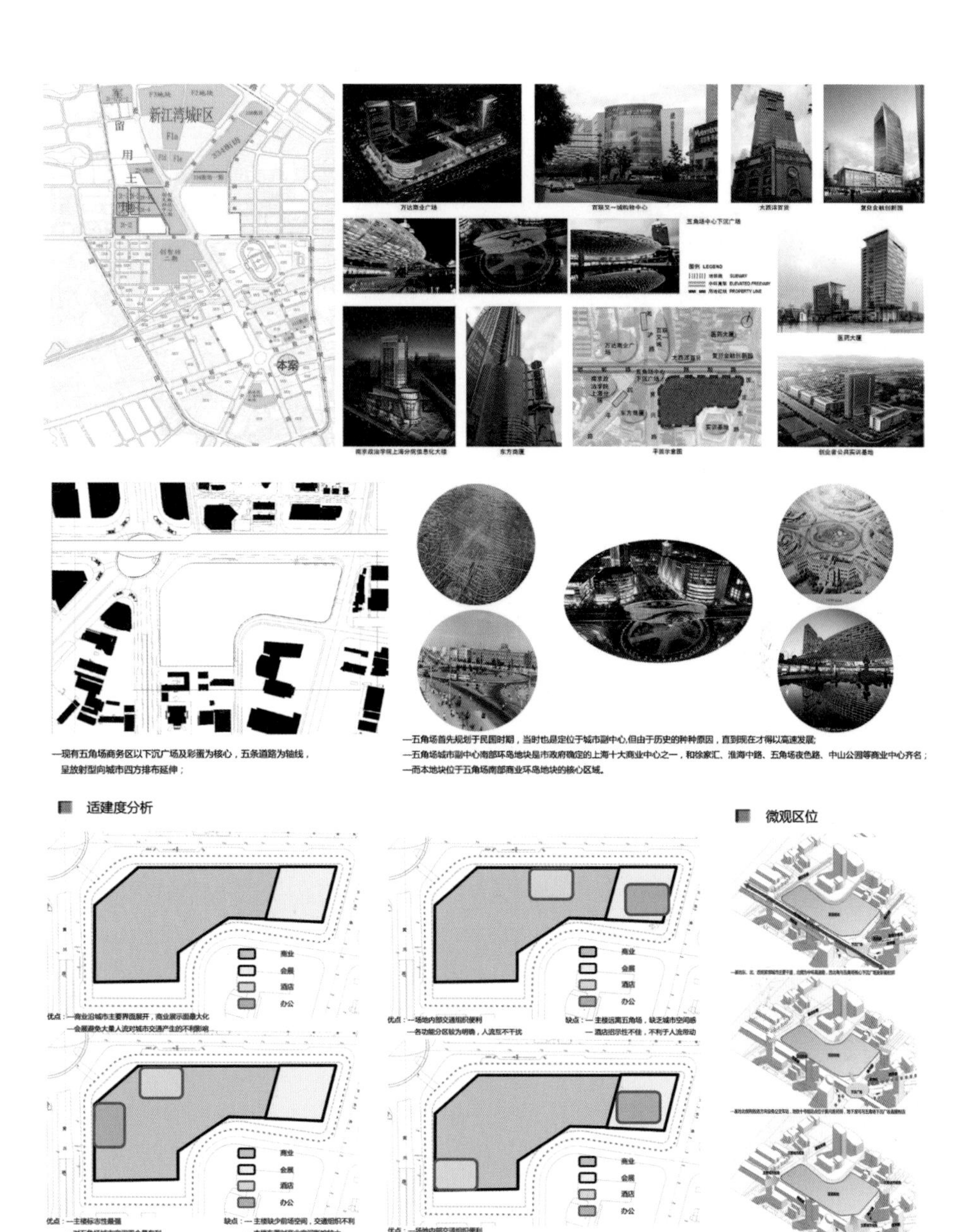
新江湾城F区
本案
万达商业广场
百联又一城购物中心
大西洋百货
复旦金融创新园
五角场中心下沉广场
图例 LEGEND
地铁线 SUBWAY
中环高架 ELEVATED FREEWAY
用地红线 PROPERTY LINE
医药大厦
东方商厦
平面示意图
创业者公共实训基地
—现有五角场商务区以下沉广场及彩蛋为核心，五条道路为轴线，
呈放射型向城市四方排布延伸；
—五角场首先规划于民国时期，当时也是定位于城市副中心,但由于历史的种种原因，直到现在才得以高速发展;
—五角场城市副中心南部环岛地块是市政府确定的上海十大商业中心之一，和徐家汇、淮海中路、五角场夜色路、中山公园等商业中心齐名；
—而本地块位于五角场南部商业环岛地块的核心区域。
适建度分析
微观区位
商业
会展
酒店
办公
优点：—商业沿城市主要界面展开，商业展示面最大化
—会展避免大量人流对城市交通产生的不利影响
优点：—场地内部交通组织便利
—各功能分区较为明确，人流互不干扰
缺点：— 主楼远离五角场，缺乏城市空间感
— 酒店招示性不佳，不利于人流带动
优点：—主楼标志性最强
—对五角场城市空间围合最有利
缺点：— 主楼缺少前场空间，交通组织不利
— 主楼布置对商业空间影响较大
优点：—场地内部交通组织便利
—各功能分区较为明确，人流互不干扰
—酒店昭示性强

学生作业案例

城市客厅

学生

李君君、姚静渊、徐珊珊、黄光士、陈敬东

教师

张伟

年级

2013 级

该方案通过综合分析基地所在区位、周边街区现状等环境影响因素，针对当前五角场主要商业建筑均为传统购物模式，缺乏体验性、互动性的全天候商业空间等问题，提出以打造“城市客厅”，引导一种新的生活方式为设计目标。

以室内购物街为主线创造全天候购物环境，同时有机联系各部分功能；以体验性购物环境设计为理念，通过丰富、多变、趣味性的商业空间，不同业态组合，互动式购物模式为顾客提供全新的休闲娱乐购物体验；通过打造开放的地上、地下、屋顶外部空间与五角场下沉广场呼应，为市民提供丰富的街区立体公共空间环境；充分利用轨道交通优势，解决大量购物人流问题，有效缓解周边交通压力；形态设计采用化整为零的方法，通过细部处理，打造宜人的外部街区尺度；并结合现代材料技术使建筑充满时尚感和吸引力，与周边建筑集聚构建区域地标效应，形成和谐城市天际线。

整体设计以“平衡”为理念，从现有五角场彩蛋的形式中提取元素与之呼应，寓意在人流动如流水、建筑静如固石的设计中寻求一种建筑与城市、建筑与街道、建筑与建筑及建筑内部不同功能间的平衡。

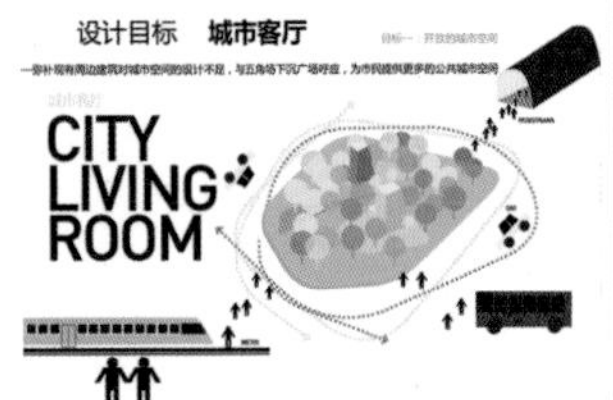

体量生成

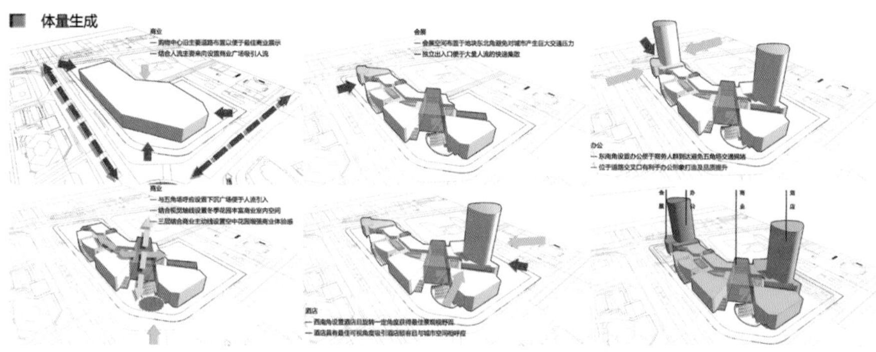

空间示意图

总平面图 1:1000

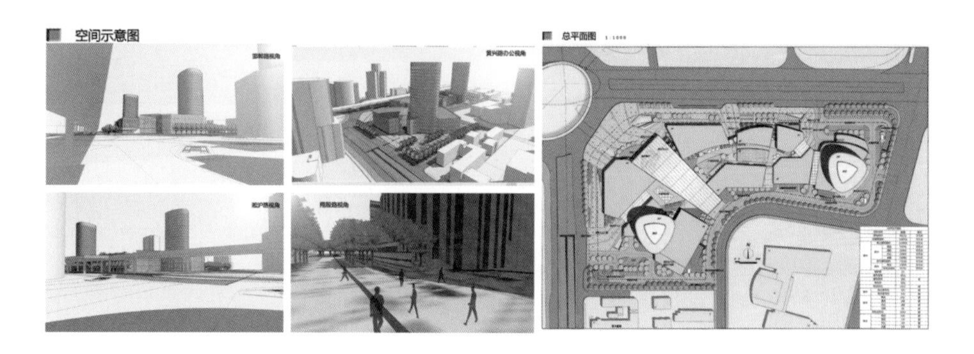

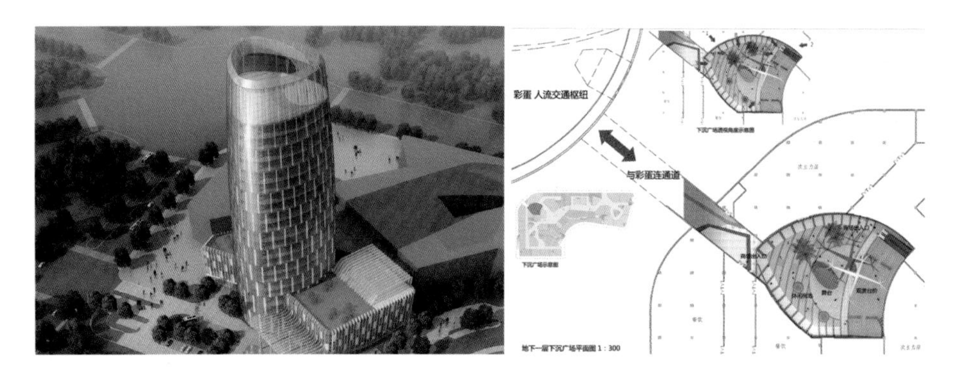

酒店 20层平面图及垂直分析图

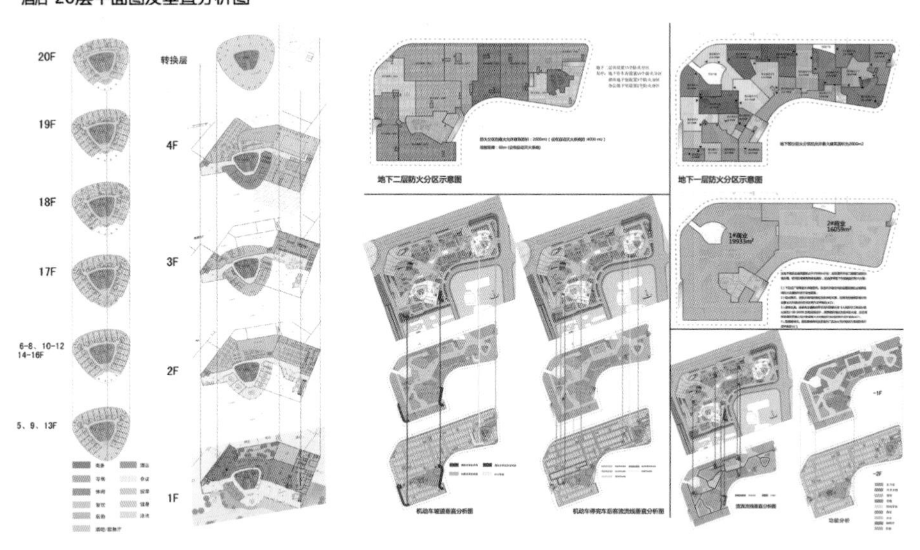

下沉广场透视效果图

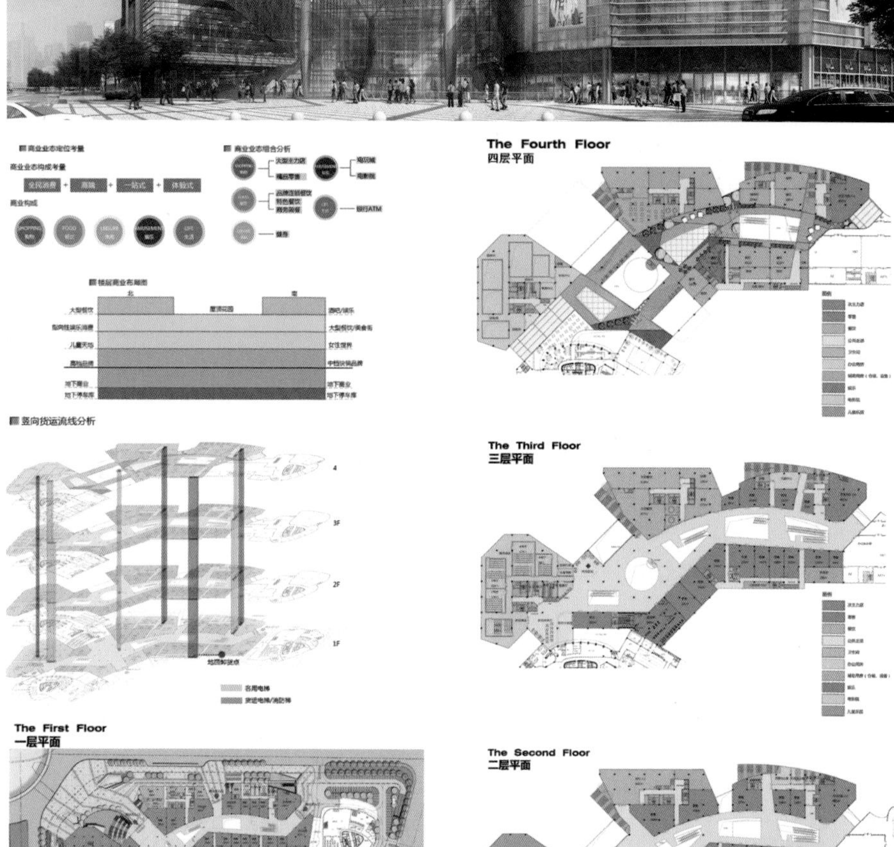

The First Floor
一层平面

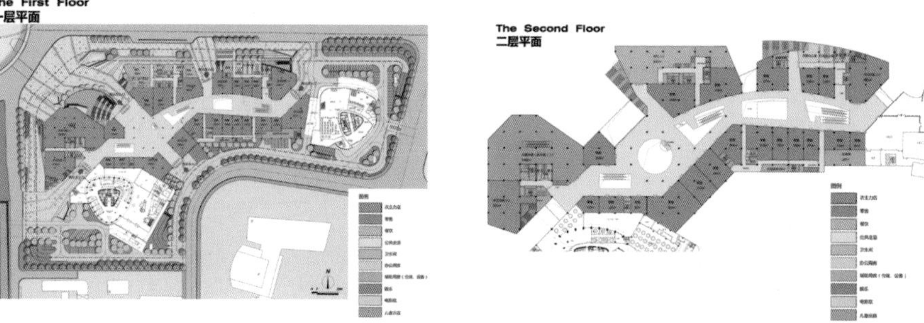

大连普湾新区商业综合体、住宅规划设计

Design of Pu Wan New Area Commercial Complex & Residence Zone, Dalian

教师

张伟

年级

三年级下学期

课时

14 周

课题二

项目背景：大连普湾新区 2010 年正式建立，其设立与发展是大连市在建设“三个中心和一个集聚区”的过程中为了打破发展空间的制约，加速推进全域城市化进程的重大决策布局。普湾经济区确立了建设“富庶绿色文明的现代化国际新城”的发展目标，确立了“产业化、城市化、生态化”的发展战略。

普湾新区商业综合体与住宅规划项目西临渤海路，东近长大铁路，南为世纪路，北近居住区。在渤海路，临近与世纪中路交叉口位置设有 13 号轻轨站。基地分为 A、B、C 三个地块，位于城市副中心辐射区域，并处于整个新区的核心区域，具有巨大的商业开发潜力。A 地块总用地面积：49 975 平方米，拟开发城市综合体建筑，由商业、五星级酒店和 5A 级办公组成，总建筑面积控制在 12 万 ~13 万平方米。B+C 地块总用地面积 126 523 平方米，拟统一开发商品住宅，并结合周边做沿街商业、会所和物业、居委会等配套设施。容积率 1.5。

要求学生通过调研充分了解基地区位环境现状、发展趋势，从宏观到微观层面，从社会、经济和人文角度分析基地优劣势，充分发挥资源优势，整合区位与基地环境，对项目进行定位，并提出设计概念和规划设计方案。

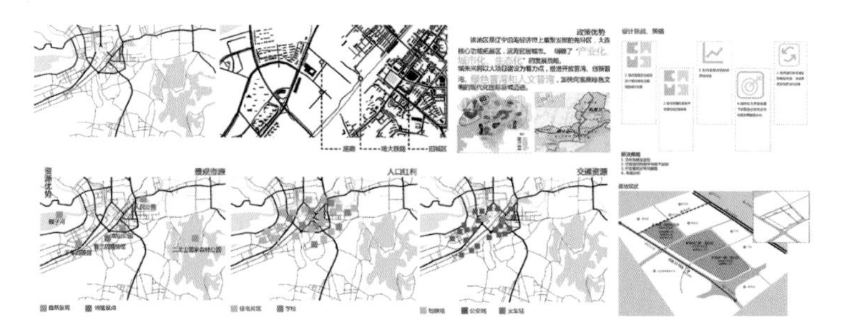

学生基地分析 1

通过对项目背景与基地区位环境进行 SWOT 分析发掘区位优势：
① 地理位置和交通优越，周边居住区和老城区使区位具有稳定消费人口基础；② 基地所在地商圈是片区新兴市场，周边商业业态老旧，鲜少有足够竞争力的新兴商业综合体，为新区商业开发提供巨大的商机； ③ 紧邻轻轨可以输送大量人流；④ 邻近老城区，可以吸引老城区人流等。

因此，设计应充分利用周边优势条件，对综合体和住宅规划进行定位、功能布局、商业业态设置，住宅档次、类型、面积、功能配套控制及环境设计等。

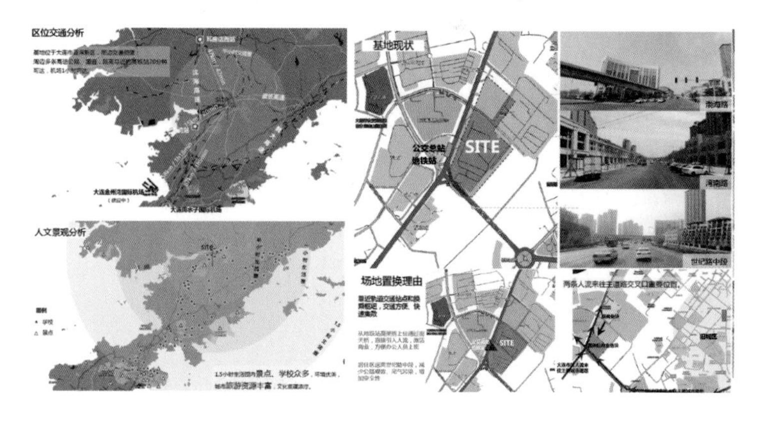

学生基地分析 2

通过基地周边环境调研分析，经过论证对地块 A 和 C 进行功能置换，C 地块由原住宅用地变为综合体商业用地。目的充分发挥轨道交通对提升地块商业价值的作用，提出综合体结合轨交站的整体规划设计方案。

学生作业案例之一

山·水·潮

学生

洪菲圆、陈兴峰、王金科、徐成敏、栗仁艳

教师

张伟

年级

2017 级

该综合体设计从项目所在普湾新区城市发展目标，提出规划设计愿景：“以大型商业、办公综合体为依托，形成新的活力之城，营造可持续都市生活模式，打造一个开放融合、生态人文的城市综合体。”

通过对基地周边环境分析（案例 1 基地分析），结合综合体项目基地周边街区特点，对综合体进行文化与商业定位。界面 1：对渤海路沿街界面充分展示高端商业形象，最大限度导入城市街道与地铁 13 号线人流。界面 2：保证商业综合体与湾南路城市道路的良好互动，扩大商业影响，吸引周边小型底商客流。界面 3：打造适合 5A 写字楼的商业街道。界面 4：打造适合五星级酒店的街道，并预留与商业中心广场互通的空间。

该综合体设计方案从大连“山海文化生态城市”这一地域环境特点出发，提出“建筑为山，景观似水，游人如潮，点石成金”的设计理念，使建筑与环境设计融为一体，体现地域文化特色。

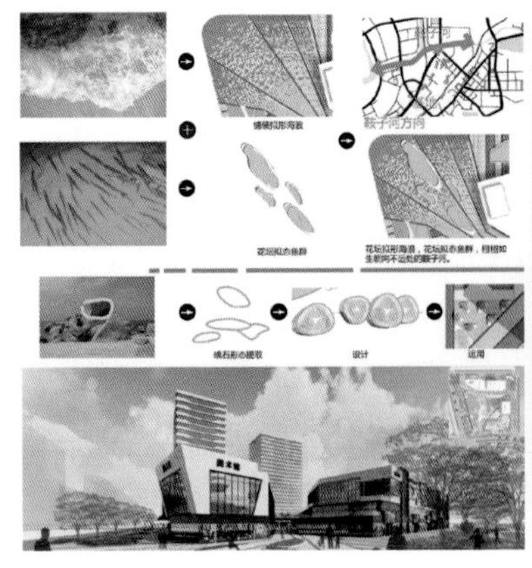

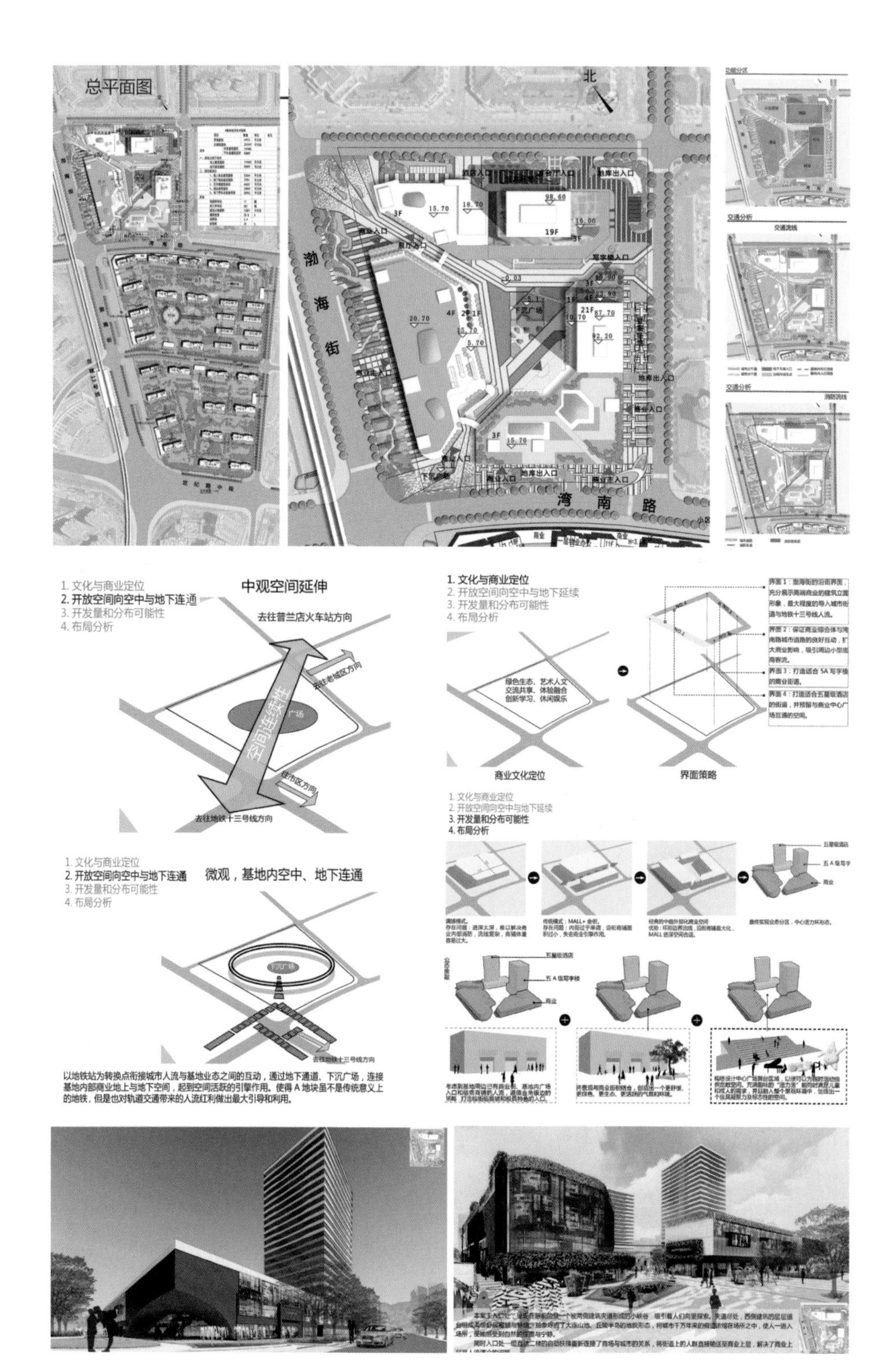

总平面图
北
渤
海
街
湾
南
路
商业入口
地库出入口
写字楼入口
下沉广场
商业主入口
3F
19F
21F
4F
功能分区
交通分析
1. 文化与商业定位
2. 开放空间向空中与地下连通
3. 开发量和分布可能性
4. 布局分析
中观空间延伸
去往普兰店火车站方向
去往老城区方向
往市区方向
去往地铁十三号线方向
空间连续性
广场
1. 文化与商业定位
2. 开放空间向空中与地下延续
3. 开发量和分布可能性
4. 布局分析
绿色生态、艺术人文
交流共享、体验融合
创新学习、休闲娱乐
商业文化定位
界面策略
微观，基地内空中、地下连通
下沉广场
去往地铁十三号线方向
以地铁站为转换点衔接城市人流与基地业态之间的互动，通过地下通道、下沉广场，连接基地内部商业地上与地下空间，起到空间活跃的引擎作用。使得A地块虽不是传统意义上的地铁，但是也对轨道交通带来的人流红利做出最大引导和利用。
五星级酒店
五A级写字楼
商业

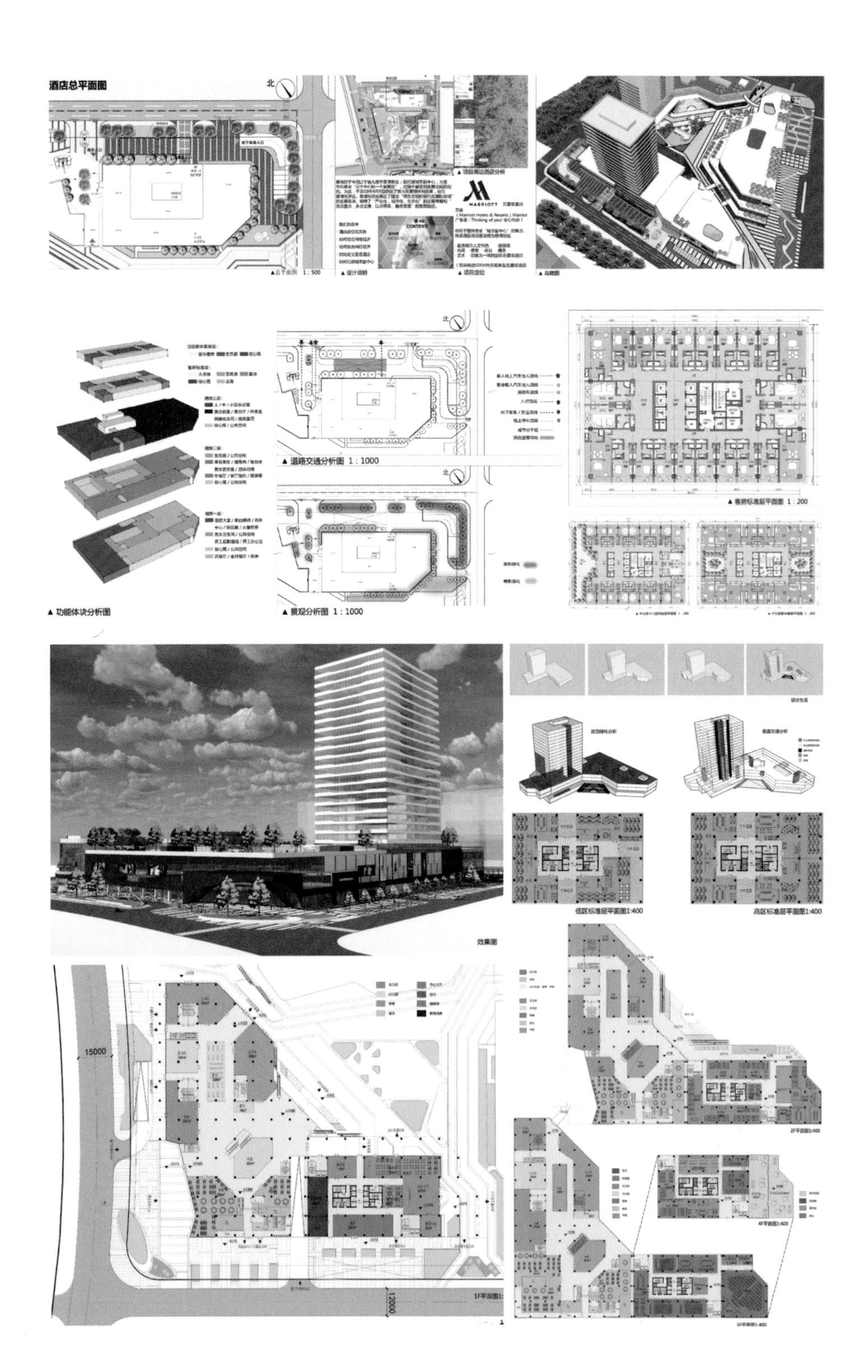
酒店总平面图
▲总平面图 1：500
▲设计说明
▲项目定位
▲鸟瞰图
▲功能体块分析图
▲道路交通分析图 1：1000
▲景观分析图 1：1000
▲客房标准层平面图 1：200
设计生成
效果图
低区标准层平面图1:400
高区标准层平面图1:400
15000
12000
2F平面图1:400
4F平面图1:400

学生作业案例之二

海韵

学生

高晚玉、陈懿彬、韦晓菁

教师

张伟

年级

2017 级

该方案考虑到基地世纪路与渤海路交叉口 C 地块为人流密集的城市主要界面，且西边紧邻地铁站，因此将原居住性质地块 C 与原商业地块 A 进行功能置换（案例 2 基地分析），使得商业综合体与地铁站通过天桥相接引入人流，有利于缓解城市交通压力、提升商业价值，同时丰富城市形象。并综合分析基地所在区域周边区域交通、人文景观、人口密度、城市基础设施等问题，结合区域特点，提出商业综合体整体规划设计策略: ①立体化一交通立体化，空间设计立体化，景观层次立体化，整体设计趣味化；②复合型一全天候商业环境，丰富多样的业态，给人们提供全新的休闲购物娱乐环境和生活方式。

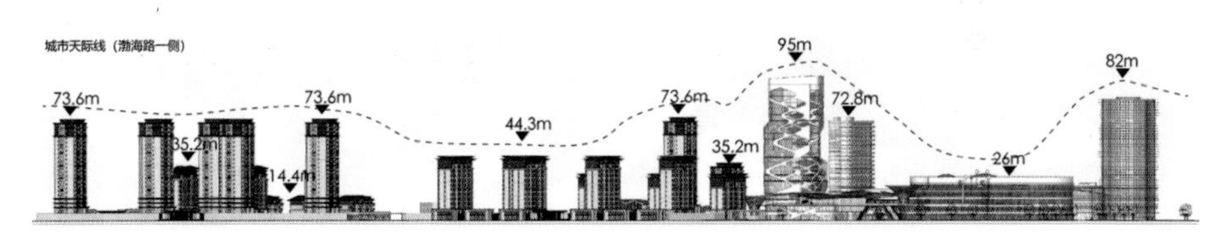

城市天际线（渤海路一侧）
73.6m
35.2m
73.6m
14.4m
44.3m
73.6m
35.2m
95m
72.8m
26m
82m

功能分析
办公
商场
商场
酒店
流线分析
商业综合体中心广场
商业综合体室外连廊
世纪路渤海路交叉口商场
渤海路地铁站过街天桥

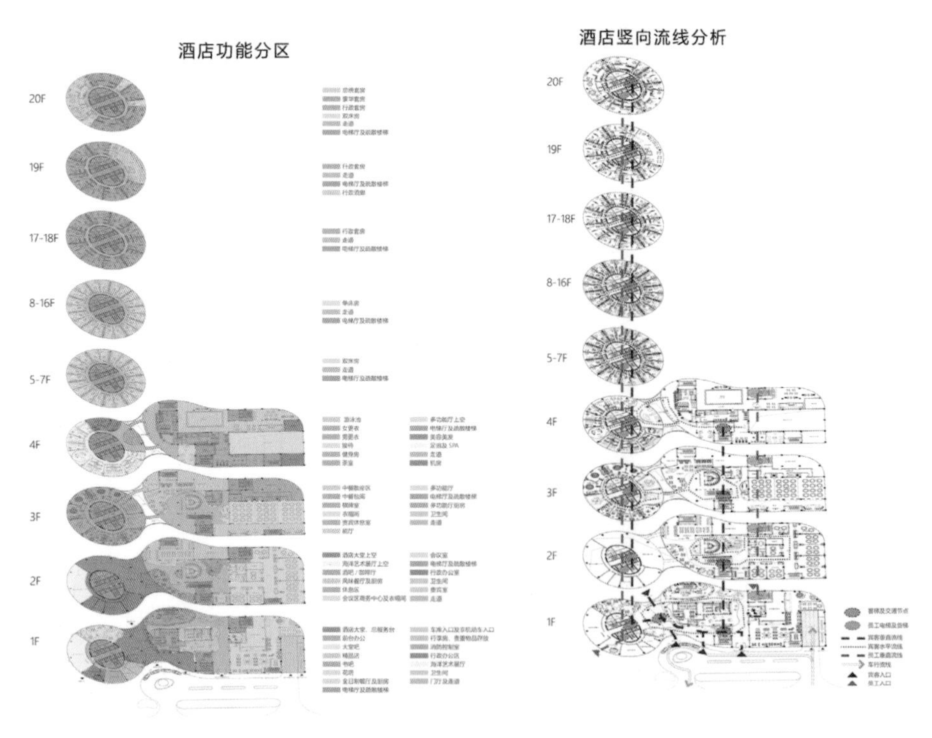
酒店功能分区
酒店竖向流线分析
20F
19F
17-18F
8-16F
5-7F
4F
3F
2F
1F

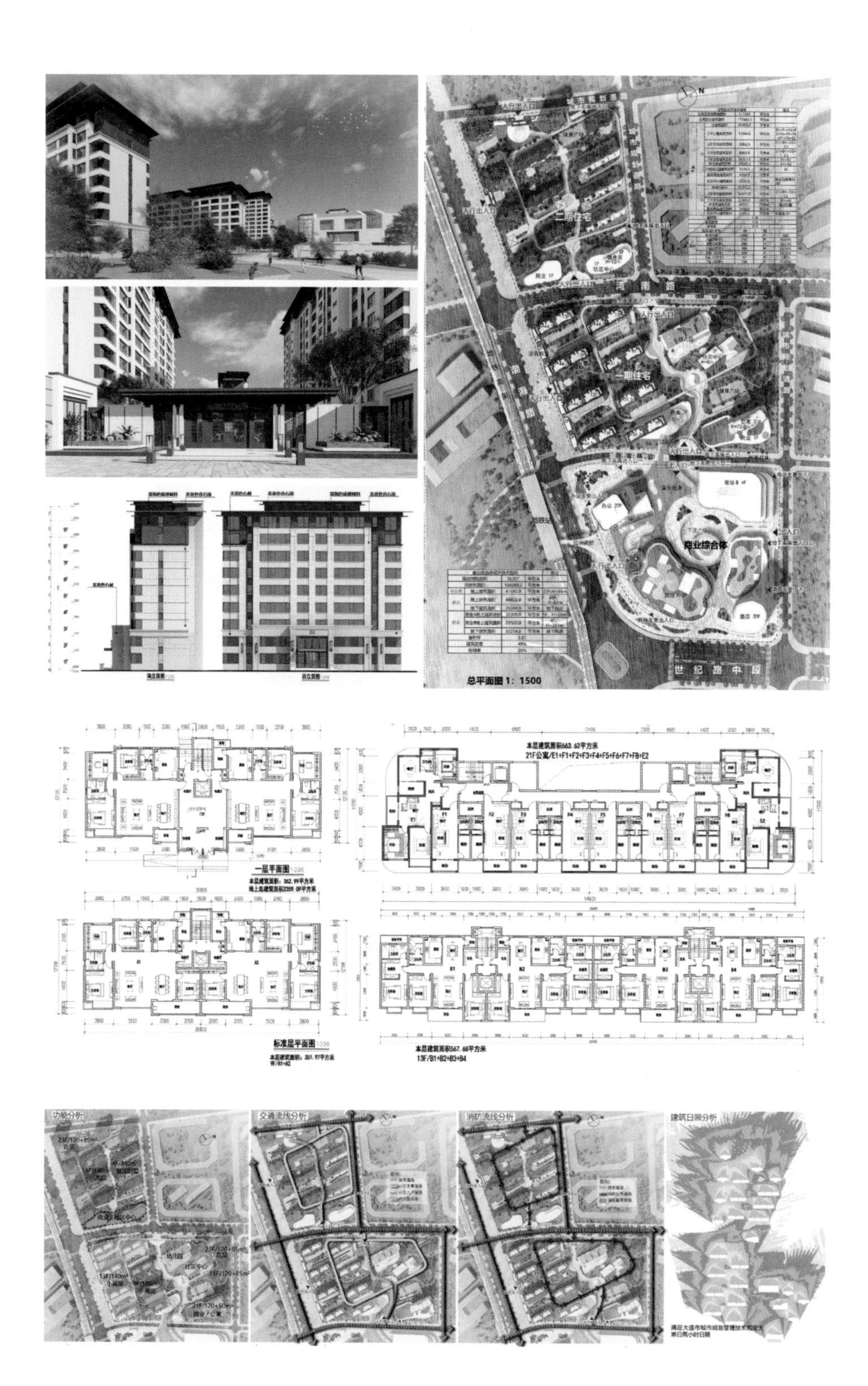
总平面图1：1500
商业综合体
二期住宅
一期住宅
世纪路中段
一层平面图
标准层平面图
功能分析
交通流线分析
消防流线分析
建筑日照分析

北方辛集市文化及艺术中心总体规划及单体建筑方案设计

Culture Art Center Design of Xinji, Hebei Province

教师

马怡红、赵晓芳

年级

三年级 下学期

课时

14 周

课题三

课题为实践中比较多见的新城建设重要项目，具有比较典型的学习价值。实际任务为辛集市“四馆一中心”，即图书馆、群艺馆、规划馆（新时代文明实践中心）、科技馆、文化艺术中心（大剧院）。基地位于辛集市区北部，占地 187.35 亩。图书馆建筑面积 1.5 万平方米，群艺馆建筑面积 1.5 万平方米，规划馆（新时代文明实践中心）建筑面积 1.2 万平方米，科技馆建筑面积 1 万平方米；文化艺术中心（大剧院）建筑面积 2 万平方米。用地规划要求：图书馆、群艺馆、规划馆（新时代文明实践中心）、科技馆、文化艺术中心（大剧院）建设用地容积率不大于 1.0，建筑密度不大于 25%，绿地率不小于 30%；国际会展中心建设用地容积率不大于 1.0，建筑密度不大于 25%，绿地率不小于 30%。设计需要根据各单体建筑的基础数据，科学、合理、规范地进行整体规划布局，优化确定单体建筑的建设规模，协调各单体建筑之间关系，形成良好的整体建筑形象。

清利寺
城池图
辛集国际皮革城
皮都工匠坊
辛集南站
文化
中心

“盛世花开”城市中的一丛芳香

学生
李丰庆、杨瑞星、谭晓灿、赵福丹、曹政
教师
马怡红、赵晓芳
年级
2018 级

设计从辛集市花中得到灵感，以“盛世花开”为题，建筑形体可理解为由一枝枝蔓上生长的五朵盛开的鲜花，相互依托成为城市里的具有文化“芳香”艺术中心。设计将艺术中心形态浓缩为城市中的一丛争奇斗艳的花朵，希望这里不仅是城市形象的展示窗口，更是作为物质载体的建筑场地，有书香、墨香、茶香，也有交流、表演、展示、教育等文化氛围，是人们可留可逛的精神家园。除了建筑本身，设计比较注重场地与城市之间的连接沟通，一根红色花茎蜿蜒曲折将五个建筑单体巧妙串联，并希望以此加强概念与形态有机结合。设计具有较为完整的整体形象，在空间上加强彼此联系，摆脱常规城市中心多个单体间“各自为政”的状态，希望借由“花茎”具体的形态来加强各建筑间的交流与互动。在建筑周边环境的处理上，如能强化建筑空间的延续则将更为加强建筑的流动性与场所感。

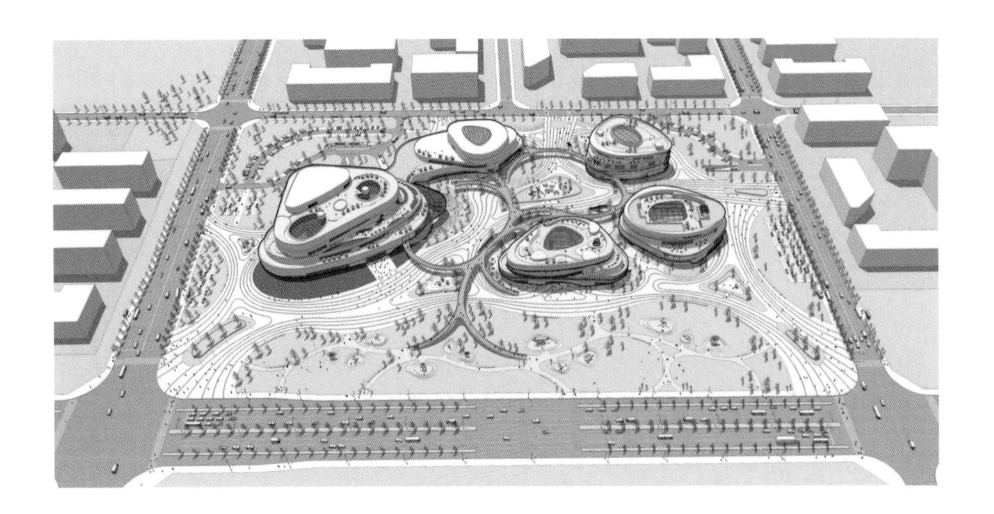

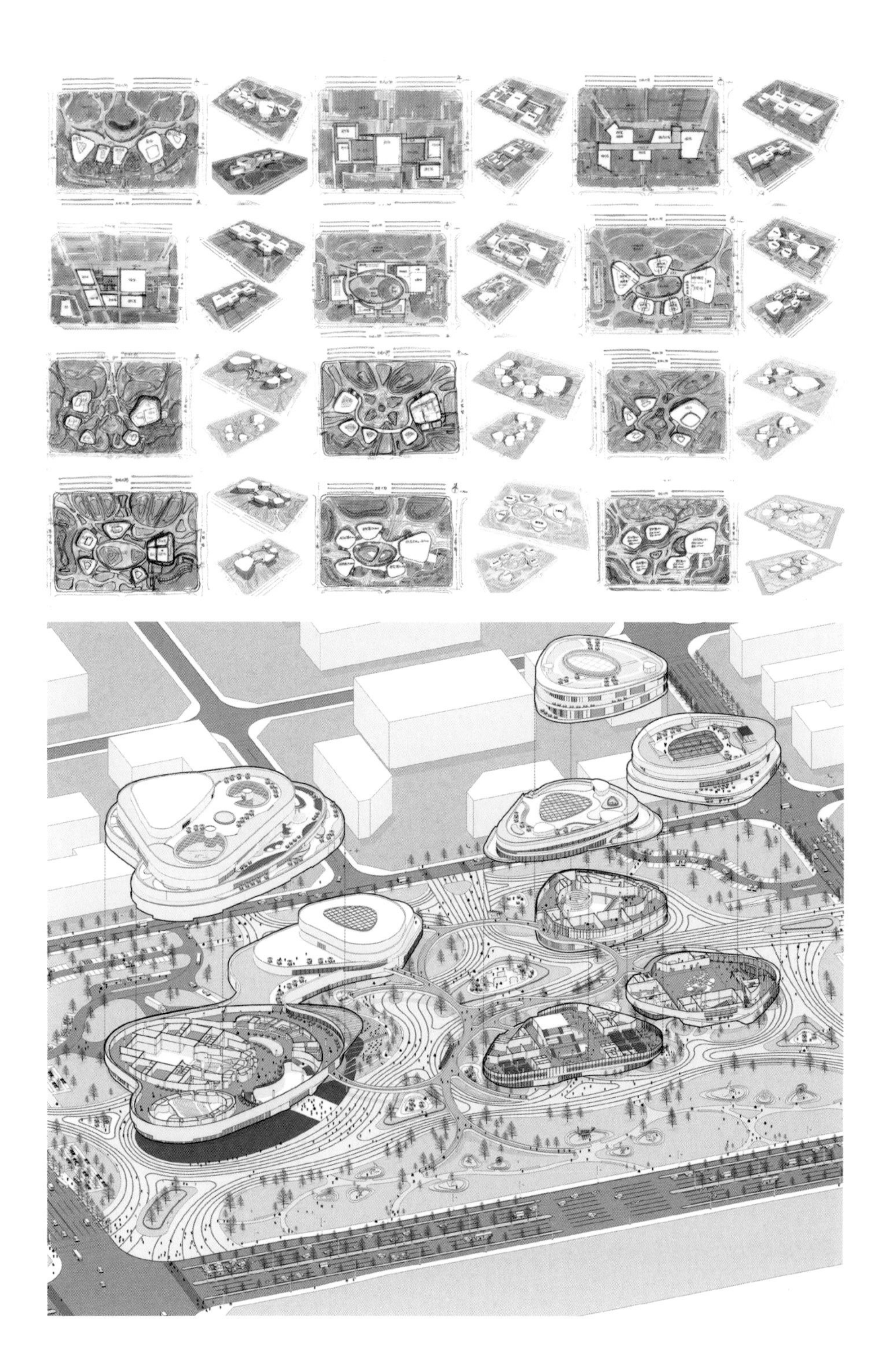

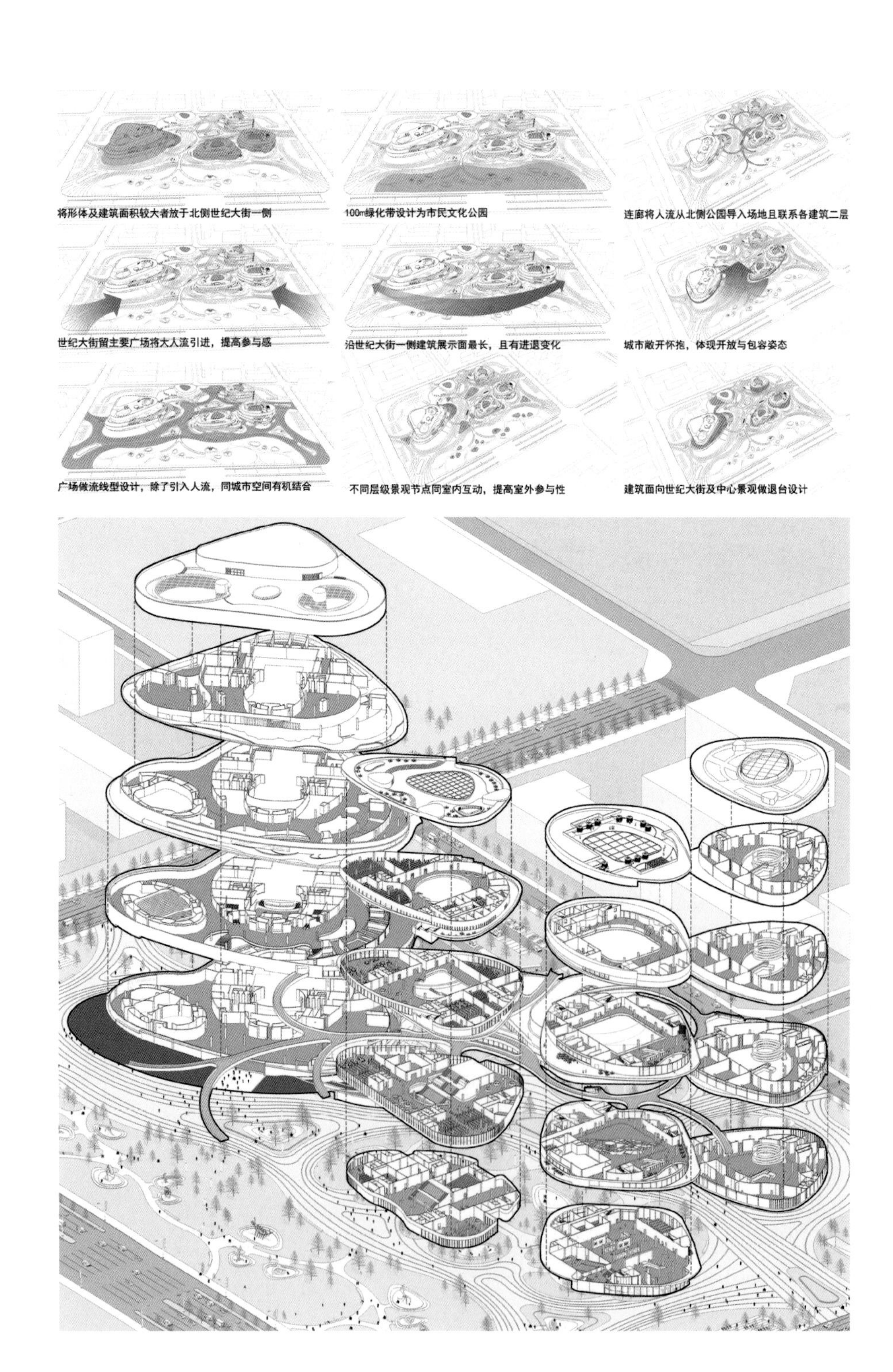
将形体及建筑面积较大者放于北侧世纪大街一侧
100m绿化带设计为市民文化公园
连廊将人流从北侧公园导入场地且联系各建筑二层
世纪大街留主要广场将大人流引进，提高参与感
沿世纪大街一侧建筑展示面最长，且有进退变化
城市敞开怀抱，体现开放与包容姿态
广场做流线型设计，除了引入人流，同城市空间有机结合
不同层级景观节点同室内互动，提高室外参与性
建筑面向世纪大街及中心景观做退台设计

由世纪大街望向市民文化公园
市民文化公园内部
市民文化公园与连廊入口
由市民文化公园进入连廊
沿连廊进入基地内部
沿连廊进入中心景观
沿世纪大街入口广场
由入口广场进入基地
地面层通过扶梯及坡道同二层连廊联系
中心文化广场，弹性空间可时装秀、展览、聚会等
中心文化广场，弹性空间可时装秀、展览、聚会等
图书馆儿童阅览区室外活动场地
文化艺术中心配套室外剧场
室外剧场观众席场景
群艺馆外小型表演舞台
文化艺术中心（H:33.00M）
群艺馆（H:21.00M）
图书馆（H:21.00M）
规划馆（H:22.50M）
北立面图 1:1000
东立面图 1:1000
科技馆（H:22.00M）
南立面图 1:1000
西立面图 1:1000

邯郸东柳林村改造规划设计

Renewal Design of Dongliulin Village, Handan

教师

宗轩、庄俊倩、李霞

年级

三年级 下学期

课时

14 周

课题

本课题基地位于邯郸市人民路与东柳大街西南角，北侧为人民路，南侧为人民南路，东侧为东柳大街，西侧为东柳西街。项目总用地面积 49 753.8 平方米，其中净用地面积 29 113.7 平方米，城市道路面积 17 398.4 平方米，城市绿化带面积 3241.7 平方米。用地性质为商业金融用地，建设项目类别为商业及办公。项目规划总建筑面积 32.44 万平方米，其中地上建筑面积 25.54 万平方米，由一栋 42 层办公楼及 10 层商业裙楼组成。地下建筑面积 6.9 万平方米，包括地下一层商业与地下二层车库。建筑退让北侧人民路道路红线 30 米，退让东柳大街道路红线 25 米，退让东柳西街道路红线 10 米，退让人民南路道路红线 10 米。日照间距和其他间距，按《邯郸市城市规划管理条例》和有关规范执行，并在场地设置市政公共配套设施。

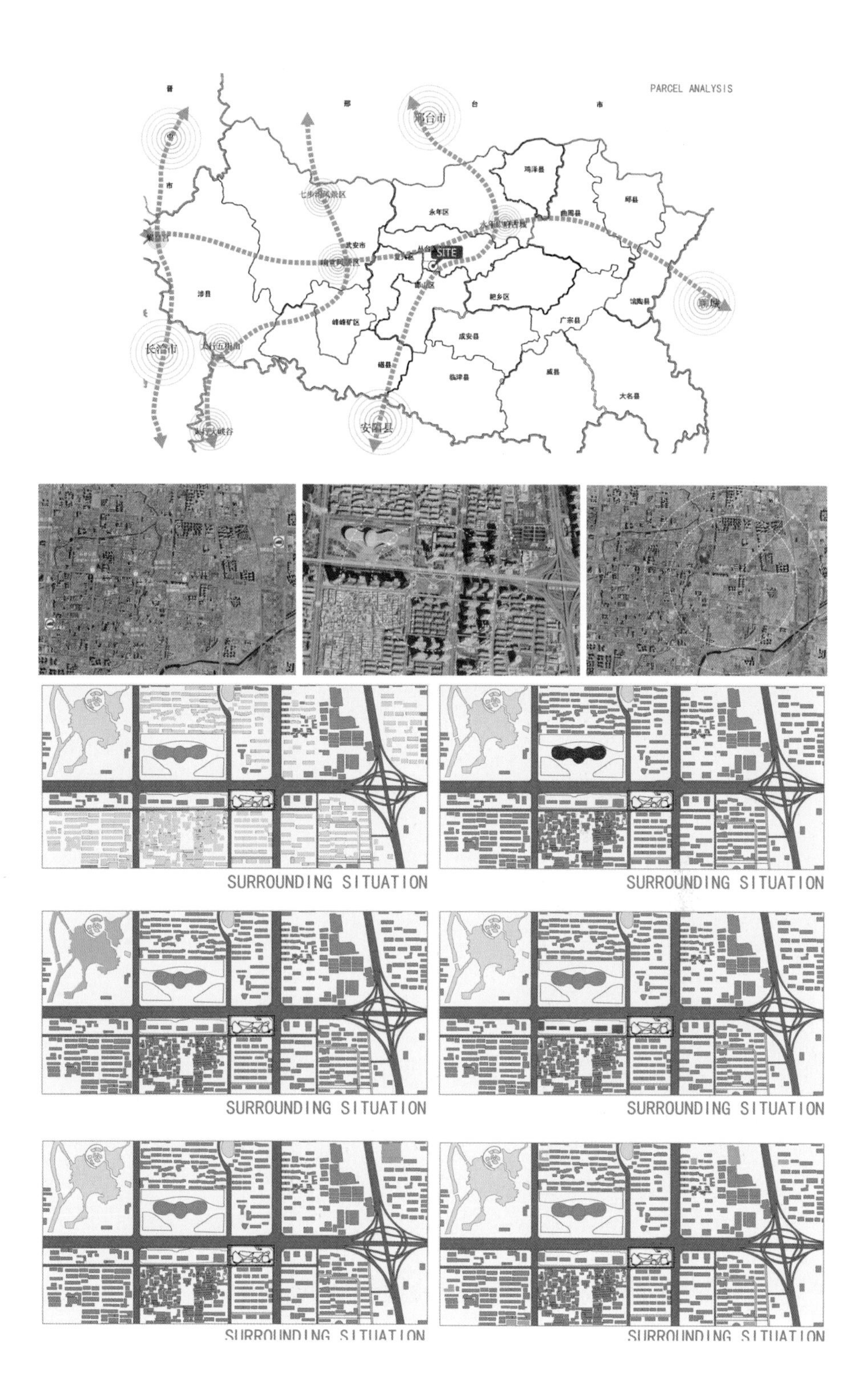
PARCEL ANALYSIS
晋
市
邢
台
市
邢台市
七步沟风景区
永年区
鸡泽县
曲周县
邱县
武安市
SITE
涉县
峰峰矿区
肥乡区
馆陶县
广宗县
成安县
长治市
磁县
临漳县
威县
大名县
安阳县
聊城
SURROUNDING SITUATION
SURROUNDING SITUATION
SURROUNDING SITUATION
SURROUNDING SITUATION
SURROUNDING SITUATION
SURROUNDING SITUATION

学生作业案例之一

界限与行为

学生

朱鹏吉、章为洲、伍文波、张会鹏、张涛、朱霓

教师

庄俊倩、宗轩、李霞

年级

2017 级

设计者以“界限”和“行为”为设计概念的出发点，对传统城市空间和建筑的界限、周边建筑的肌理、城市居民的日常行为进行了整理、分类和推演，并在此基础上对建筑功能业态和布局进行溶解与再造。根据居民的日常行为将场地空间分为不同的类型，将多种城市生活行为通过“行为计算”相互勾连，打破固有功能界限，使多种行为在建筑中互动、共鸣。设计中引入“标准模块”，以此为基本单元进行扭转、堆叠形成空间聚落，丰富空间的同时保持了整体空间的规律生长以适应高层建筑结构与消防的安全性要求。高层建筑中的“空间介质”层，空间开敞流动、边界模糊自由，将城市广场、艺术展厅和市民图书馆融入其中，创造开放、自由、流动、具有独特气质的城市综合体。

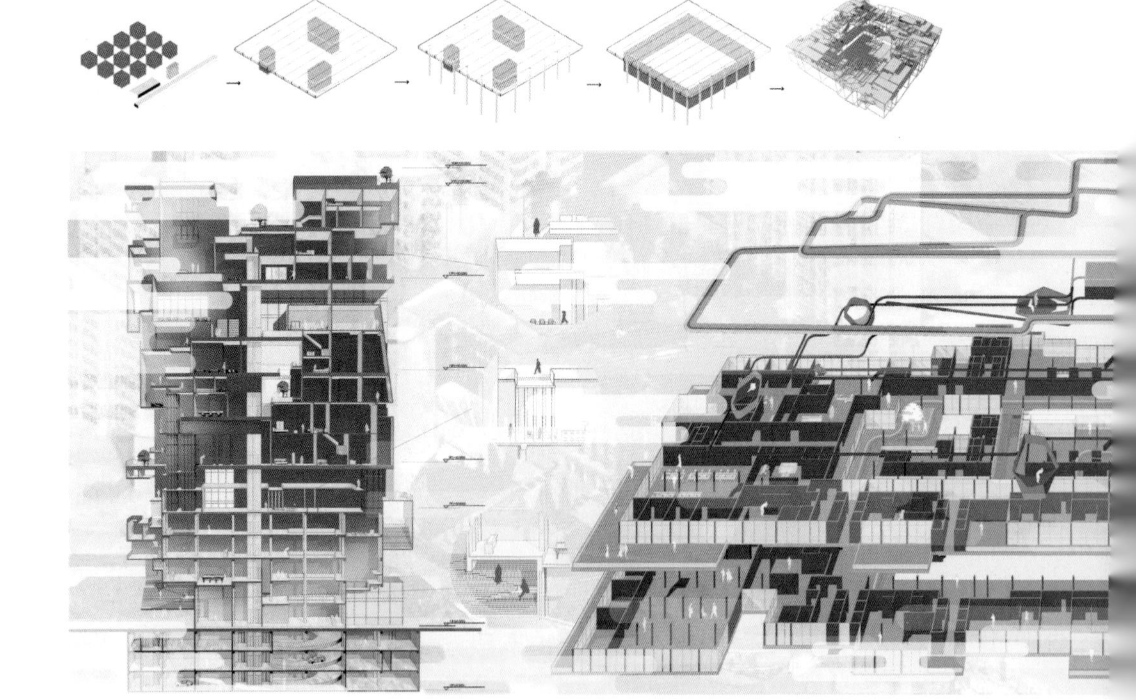

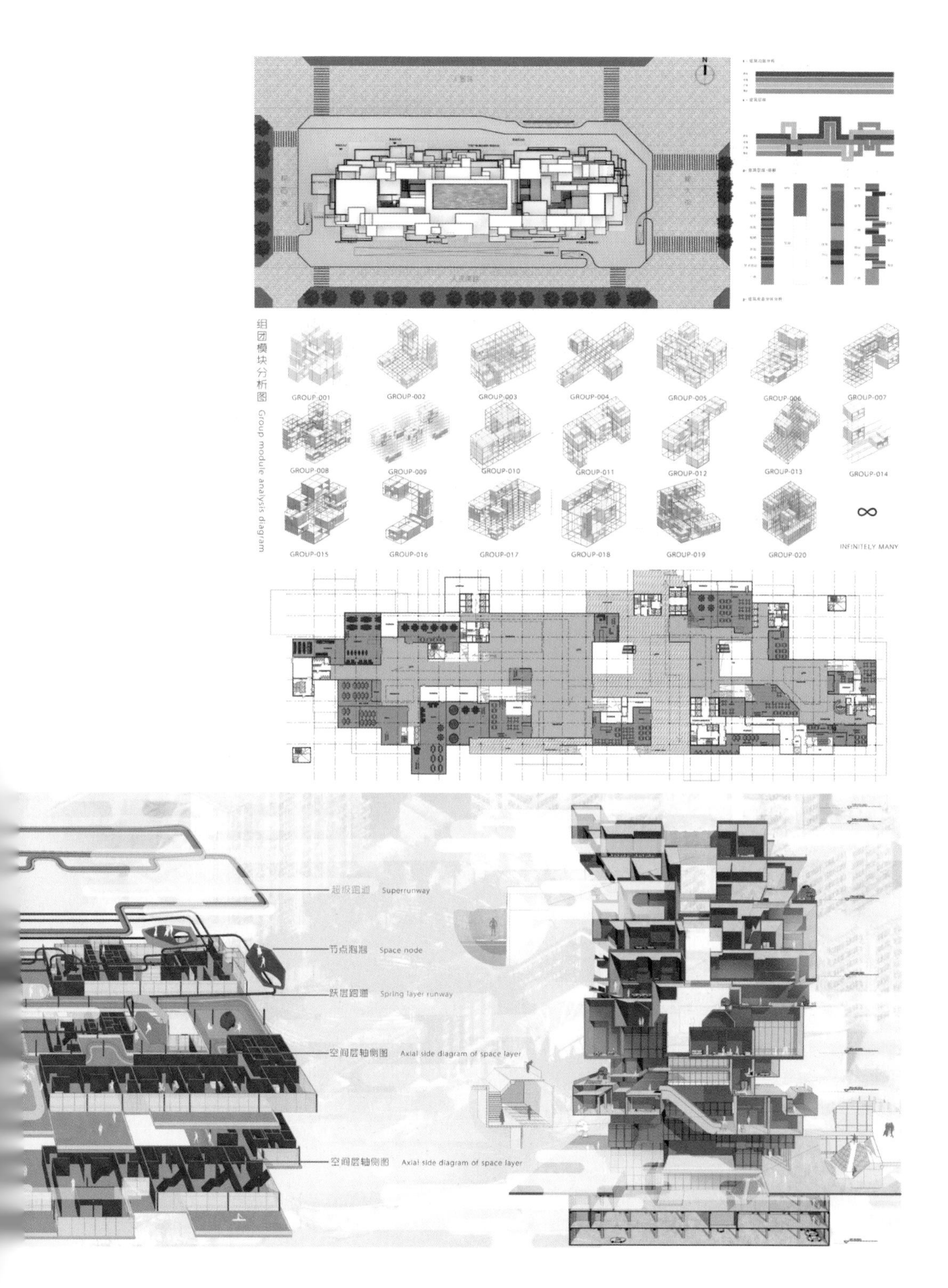
组团模块分析图
Group module analysis diagram
GROUP-001
GROUP-002
GROUP-003
GROUP-004
GROUP-005
GROUP-006
GROUP-007
GROUP-008
GROUP-009
GROUP-010
GROUP-011
GROUP-012
GROUP-013
GROUP-014
GROUP-015
GROUP-016
GROUP-017
GROUP-018
GROUP-019
GROUP-020
∞
INFINITELY MANY
超级跑道 Superrunway
节点泡泡 Space node
跃层跑道 Spring layer runway
空间层轴侧图 Axial side diagram of space layer
空间层轴侧图 Axial side diagram of space layer

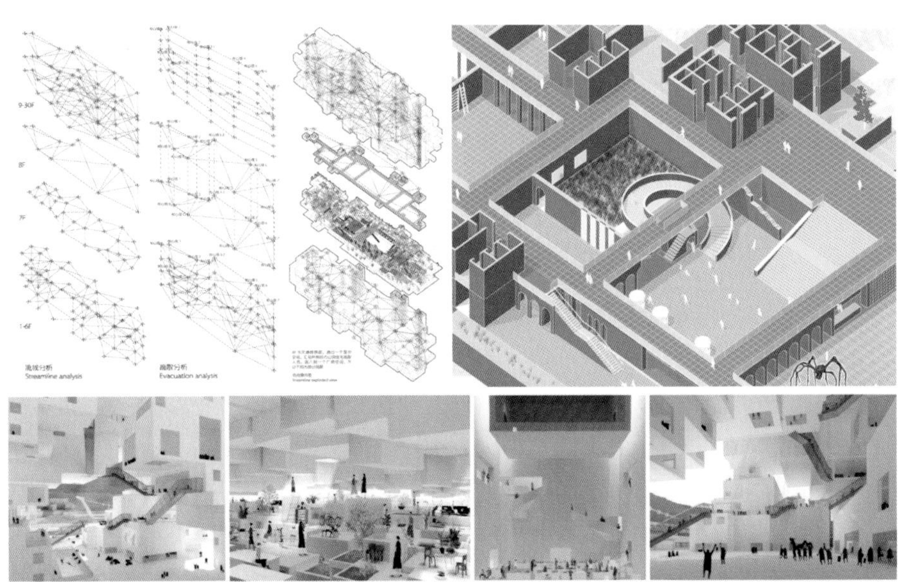
9-30F
8F
7F
1-6F
流线分析
Streamline analysis
疏散分析
Evacuation analysis

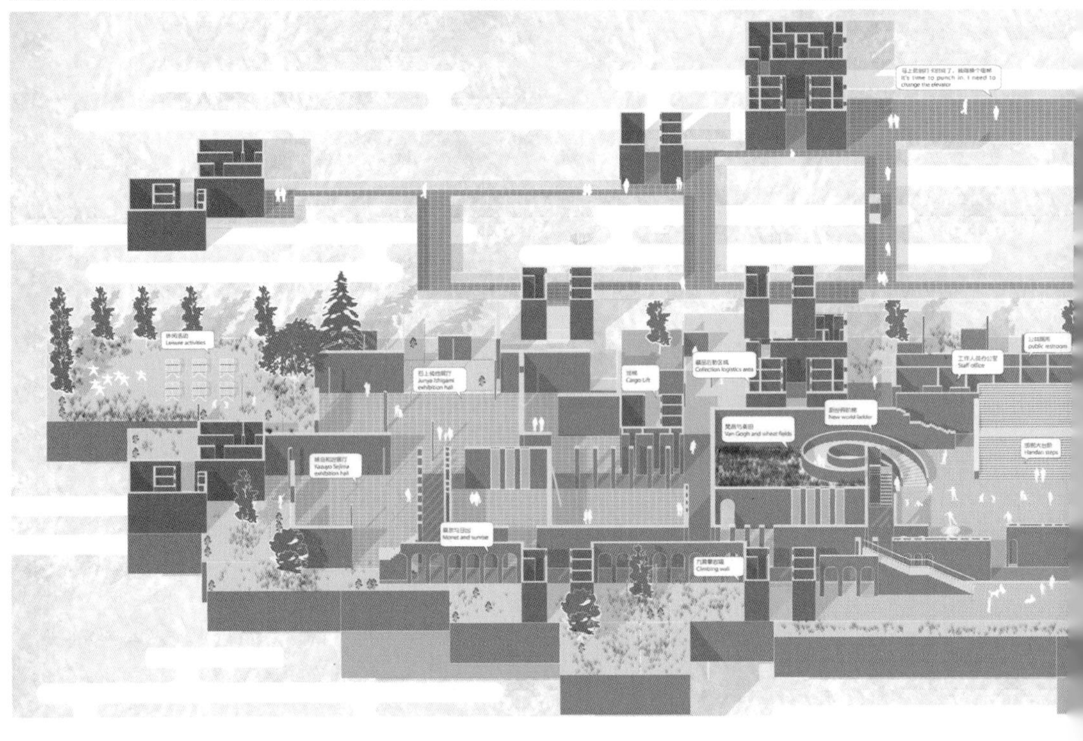
It's time to punch in. I need to change the elevator
Leisure activities
Junya Ishigami exhibition hall
Cargo Lift
Collection logistics area
Staff office
public restroom
New world ladder
Van Gogh and wheat fields
Handan steps
Kazuyo Sejima exhibition hall
Monet and sunrise
Climbing wall

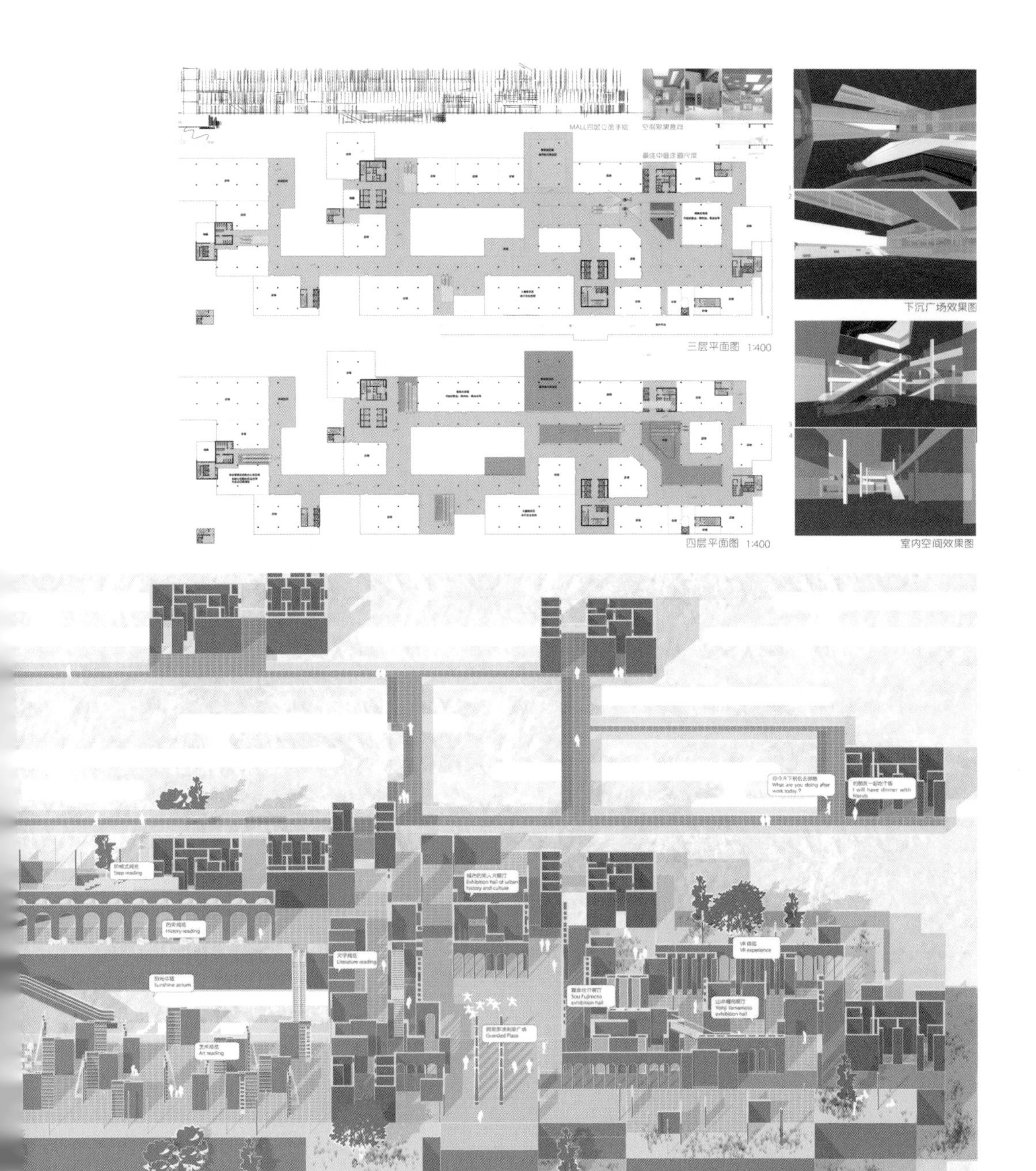

三层平面图 1:400
四层平面图 1:400
下沉广场效果图
室内空间效果图
What are you doing after work today ?
I will have dinner with friends
Step reading
History reading
Sunshine atrium
Art reading
Literature reading
Exhibition hall of urban history and culture
Guarded Plaza
Sou Fujimoto exhibition hall
Yohji Yamamoto exhibition hall
VR experience

学生作业案例之二

云山水石

学生

王明伟、曾大鹏、屈蕾蕾、沈海波、徐海月

教师

庄俊倩、宗轩、李霞

年级

2017 级

设计从城市风貌和地域特色吸取灵感，从太行山的传说出发，建筑造型上采用天然石块的形态与肌理作为基本元素，塑造出具有一定形态特色的建筑综合体。通过实地调研与分析，设计者注意到周边 3 公里范围内有 20 余座中小学和大学，因此决定将美术馆引入到商业空间中，吸引学生接触艺术、了解艺术，培养美学概念，打造一个集美术馆与商业空间为一体的城市综合体。商业空间设计的流畅灵活，交通组织、功能布局、商业功能配置及消防疏散等方面基本合理，内外空间能相应融合，裙房屋顶的处理有更多畅想意味，作为学生作业也可姑且一试。

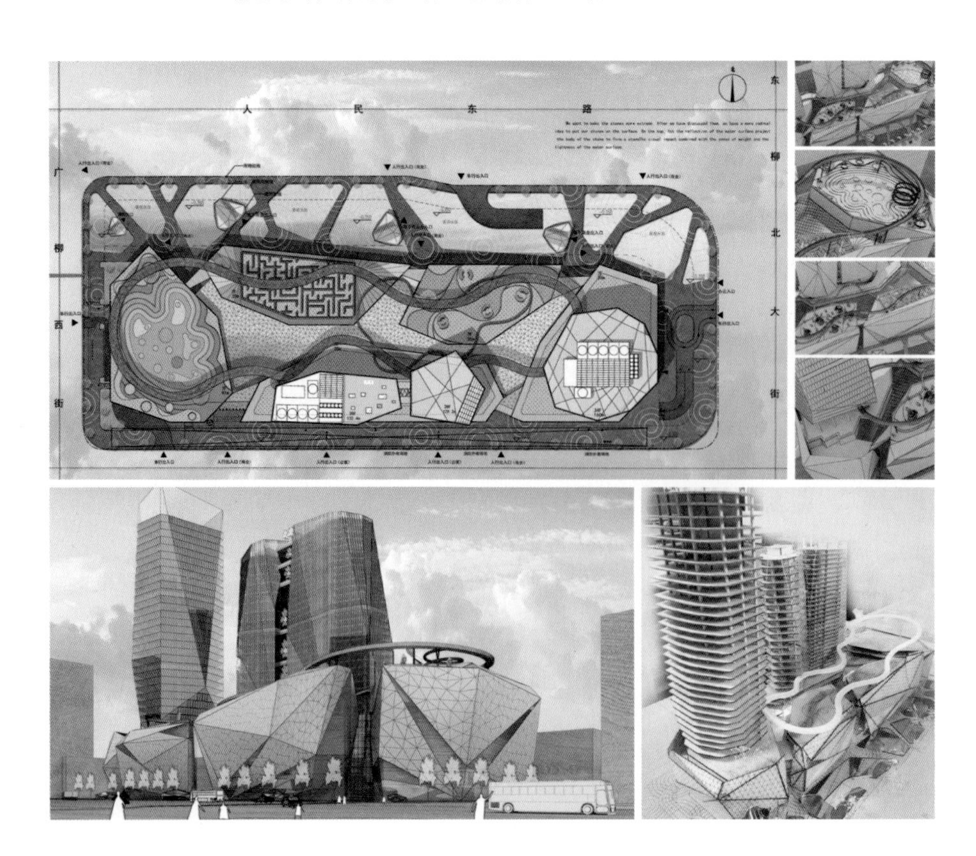

基地形状近似长方形，北侧、东侧沿城市主干道；西侧次之，南侧最次。

基地东西长280米，南侧为住宅区，人流较大，从行为习惯考虑共设五个出入口，其中东侧可直接与户外联通。

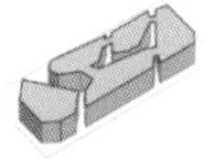

基地面积为邵阳最大体量的商业中心，为避免同质化，并且考虑邵阳当地的气候环境，所以将基地拆分为五块，并用玻璃材料包裹，形成内部街区式商业。

商业的1-2层局部联通，主要设置文化产业，其余商铺局部连接，形成回廊。

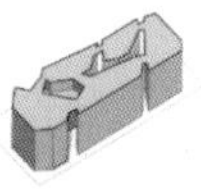

商业3层半联通，主要商业部分通过内部中庭变化，契合山石主题，营造山体内部的变化。

商业4层全部联通，由于4-5层主要为儿童游乐、培训、餐饮等，从安全角度考虑，部分中庭覆盖为商业部分。

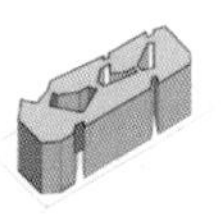

商业6-7层设置美术馆、剧院以及游乐、活动等功能，出现局部镂空，屋顶增加草。

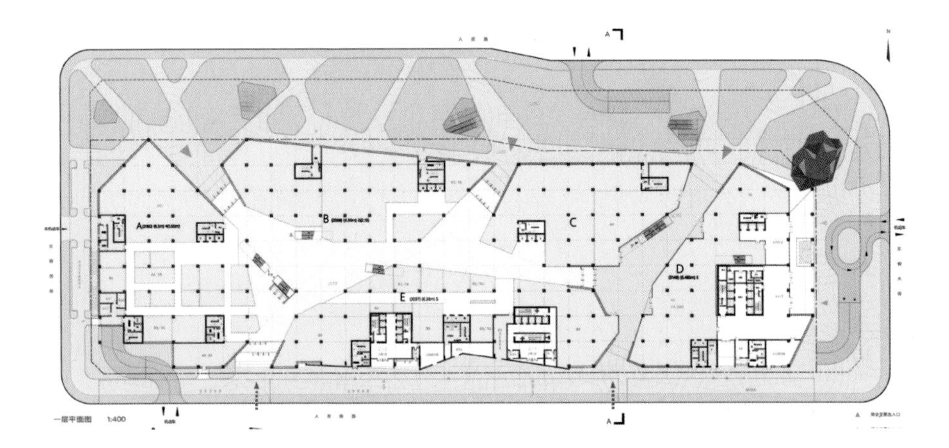

一层平面图　1:400

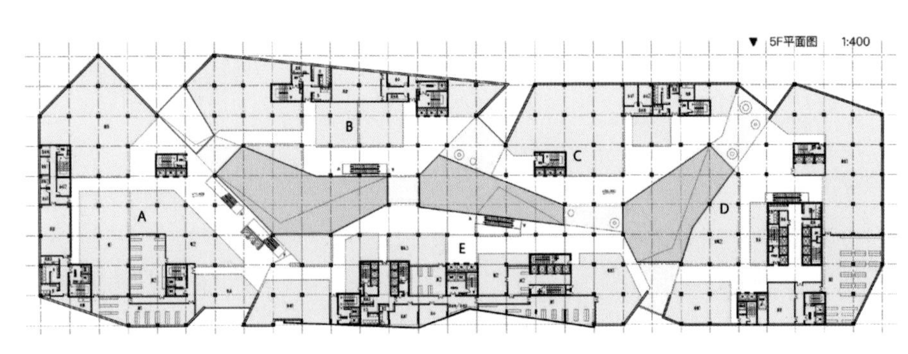

5F平面图　1:400

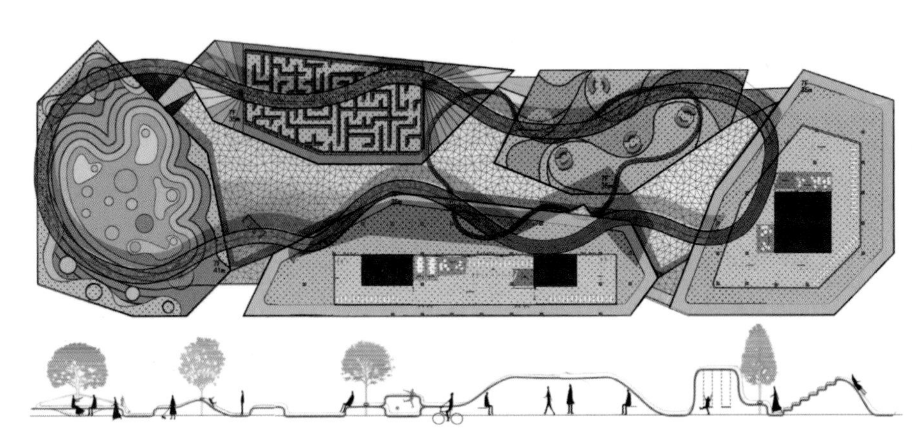

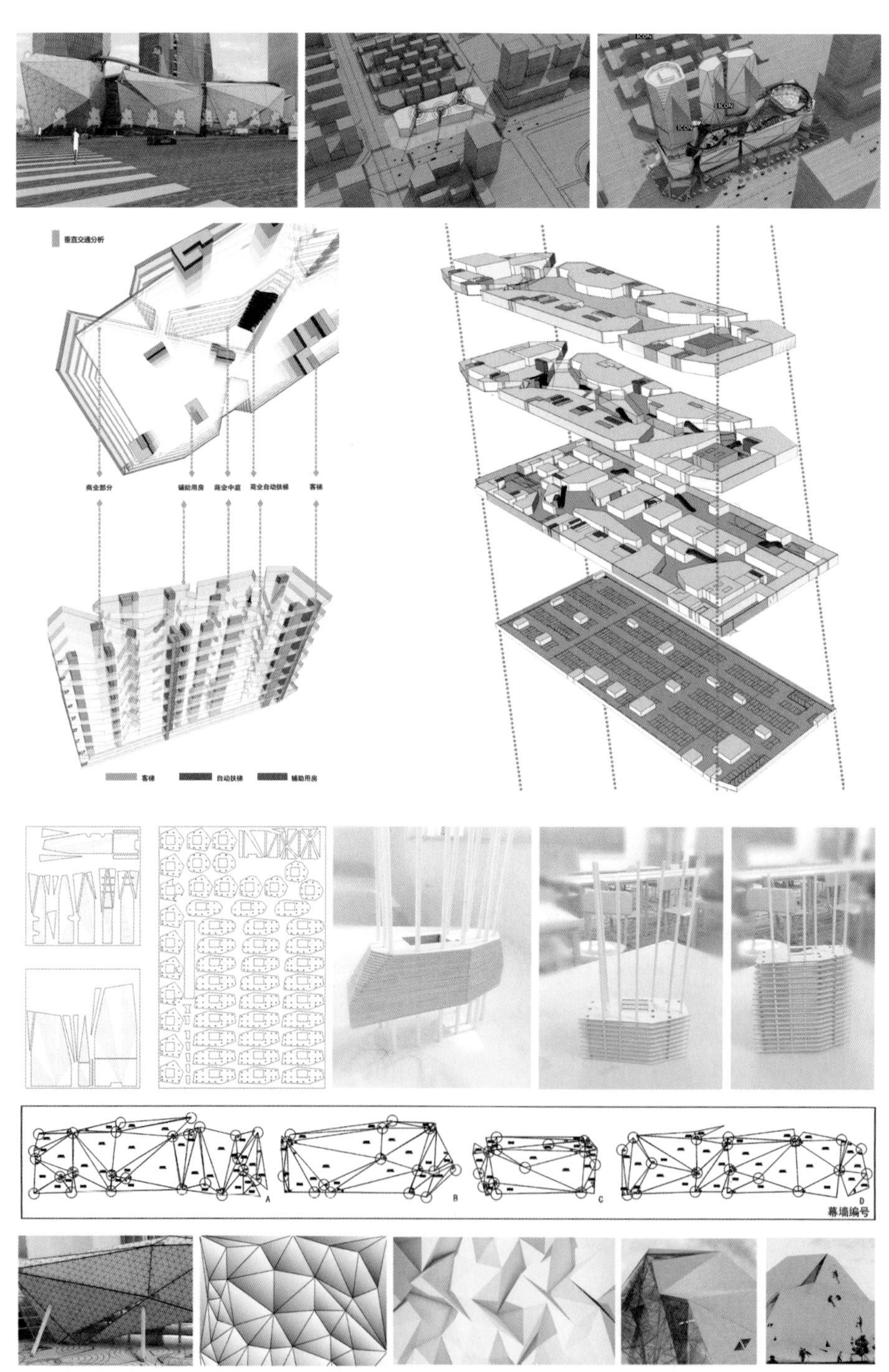

建筑裙房的体块是石块形态组成的，我们幕墙的设计也想用一些线条感比较强的设计，我们采用了金属板三角块面与玻璃幕墙相结合的设计，形成透明与不透明的反差，整个形态又是石块的感觉，玻璃幕墙的切割部分犹如玉石切割面一样通透温润，由于幕墙的三角面板拼接比较复杂，我们也是花费了大量的时间，来对幕墙三角面进行编号，为后面的模型制作起到很好的帮助。最初的设计我们设置了一些可以攀爬的坡道，但是后来因为安全隐患改为室内中庭的攀岩墙。

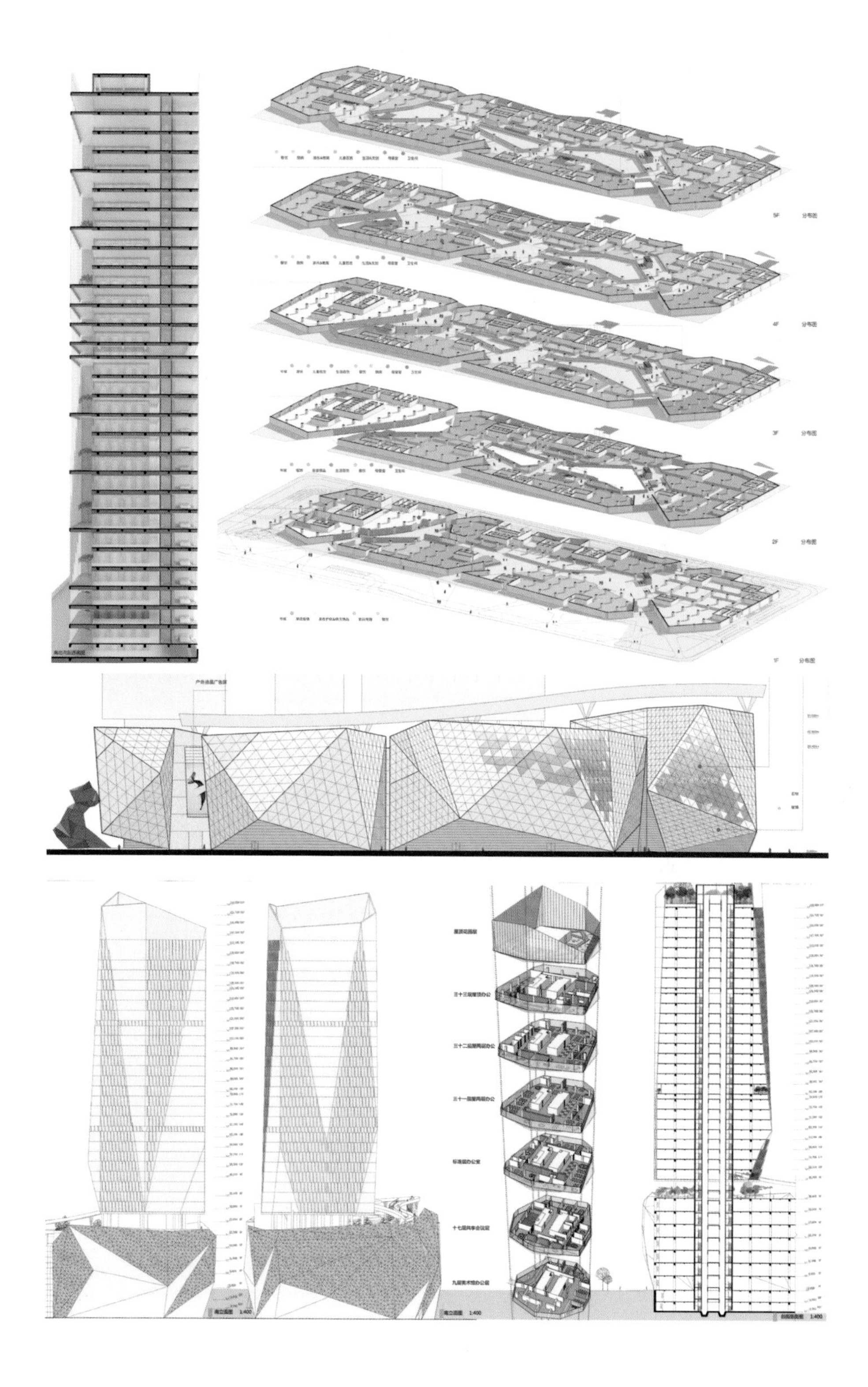

5F 分布图
4F 分布图
3F 分布图
2F 分布图
1F 分布图
屋顶花园层
标准层办公室
十七层共享会议层
九层美术馆办公层
南立面图 1:400
南立面图 1:400

3 老龄化社会养老社区

Aging Community

基于解决多元复杂城市问题的毕业设计

教师：张伟、宗轩、马怡红、
殷永达、邓婧、庄俊倩、
周琳琳、赵晓芳 等
年级：三年级 秋季学期

据联合国最新人口数据预测，在2011年以后的30年里，中国人口老龄化将呈现加速发展态势，60岁及以上人口比例将年均增长161.55%，2040年60岁及以上人口比例将达28%左右。随着我国加快进入老龄社会，养老设施和服务的社会需求迅速增长，各地政府、房地产商、保险投资公司等都开始积极涉足养老领域的开发建设，养老项目正在成为房地产开发的新热点。

目前社会有多种养老模式，主要分为机构养老模式如养老院等和居家型养老社区模式。而机构养老模式已经远远不能满足我国当前和未来老龄化发展的需求，居家养老社区模式是适合我国国情的必然选择。养老社区在发达国家经过多年建设和发展，已有较成熟的体系和很多成功的案例。我国的养老社区建设处于起步阶段，在结合我国老龄化特点及社会实际情况下，可以借鉴发达国家经验，积极探索适合我国老龄化特点的养老社区建设。

对于综合性养老社区，国外又称持续照顾退休社区（CCRC），是指以居家养老为主，完善的社区养老设施为辅，为社区内的老人提供全面的养生养老、医疗等服务，可以满足完全自理、半自理和失能高龄三种类型老人的需求。一般包括：家庭式的养老住宅、介护型老年人日间照料中心、综合服务中心、医疗康复中心、商业配套服务设施、老年人教育与文体活动等设施，能够为老人提供全面的生活照料、医疗康复保健、文化娱乐和教育、精神赡养等服务功能。

随着我国人民生活水平的不断提高,对养老生活品质有了更高的追求,不仅应关注老人生理、行为特征与物质需求,更应关注老人心理特征及其精神需求。因此“以人为本”是养老社区规划设计的重要指导思想。养老社区规划设计应以老人需求为核心探索满足老年人需要的软硬件环境。

对于老年住宅的设计,应结合老年人人体尺度、生理需求、居住心理与行为规律,进行无障碍设计、设备门窗设计、套内各功能空间设计和家具布置、住宅套内户型设计及住宅室内外环境设计等。

老龄化是个社会问题,涉及社会、经济发展、地域文化习俗,区域人口结构,家庭人口模式、生活及养老观念,相关政策、社会保障制度及资源优势,相关管理、服务人员培养与其素质等方方面面的因素。因此,养老社区规划设计在关注老年人需求影响的同时还应考虑上述各方面因素的影响。

目标

关注老龄化与养老这一突出的社会问题,引导学生通过调查研究了解这一社会弱势群体的物质与精神需求,《老年人建筑设计规范》《老年人居住建筑设计规范》和无障碍设计规范要求等;强调创造人性化的老人社区建设,并探讨老人与社会不同年龄群体交流互助,老人社区与城市环境、设施的融合与支撑等;注重明确设计任务与基地前期调研与分析—发现问题,找到关键影响因素—提出解决方案、规划概念的过程教学。

理念

老龄化是一个全球性的社会问题。了解养老社区产生与发展背景、国内外养老社区发展和建设情况,使学生从关注建筑问题到关注社会、城市问题,具有宏观视野和社会责任感。

通过小组合作模式,培养学生交流协作能力和团队精神。
通过注重前期调研与策划—发现问题,找到关键影响因素—提出解决方案、规划概念—方案比较、调整、深化的过程的教学,培养学生掌握理论结合实践的理性设计方法和专业综合能力。

手段与过程

1. 以 5 人为小组，团队合作完成毕业设计任务

2. 前期调研与策划

（1）关注老龄化与养老这一突出的社会问题，通过调查研究了解这一社会弱势群体的物质与精神需求；

（2）老龄化社区设计原理和相关设计规范学习；

（3）基地调研：了解基地区位现状与资源优势，基地及周围环境影响因素等；

（4）相关案例调研与分析；

（5）设计策划：分析多元、多层次影响因素，提出规划与设计概念。

3. 总体规划与设计

4. 单体建筑设计

5. 中期检查

6. 整改与综合深化

7. 成果提交与答辩

教师
张伟
年级
三年级 下学期
课时
12 周

浙江桐乡市高桥平安养老社区中心地块方案设计

Design of Gaoqiao P.A Community Center for the Aged, Tongxiang, Zhejiang

课题

项目背景：桐乡养生养老项目地处浙江省桐乡市，桐乡素有“鱼米之乡、丝绸之府、百花地面、文化之邦”的美誉。隶属于嘉兴市，位于杭嘉湖平原腹地，居上海、杭州、苏州、宁波等长三角城市群中心，沪杭、沪杭、申嘉湖高速公路、320 国道、京杭大运河等水陆交通要道穿境而过，沪杭高铁将桐乡纳入上海、杭州 30 分钟生活圈，沪杭、沪宁与宁杭高铁共同构成长三角高速铁路网，桐乡又被纳入长三角的“1 小时生活圈”。

中国平安浙江省桐乡养生养老项目分两个地块——高桥和乌镇，相距约 30 公里，基本定位为综合性养老养生社区，总体上用地性质是以居住为主，配套有养生酒店、养老中心、医疗保健、高级中小学校等。本项目所在地块处于高桥镇高铁桐乡站正北侧 1 公里，位于平安高桥养老项目总用地的中心地块。

本地块设计内容：由老人公寓与住宅，社区卫生保健院，老人院，老年人教育中心，文化、活动中心等功能组成。要求建筑密度不大于 30%，容积率不大于 1.2，绿地率不小于 35%，建筑限高 80 米，宜以多层为主。

基地情况：基地东侧为乌镇大道，是连接桐乡南北的城际道路，交通性强，应考虑大车流所产生的噪声影响。基地西侧为合悦大道，连接南侧的高铁商务区。南侧是南新路，北为一条规划路。基地中部是现状河道。

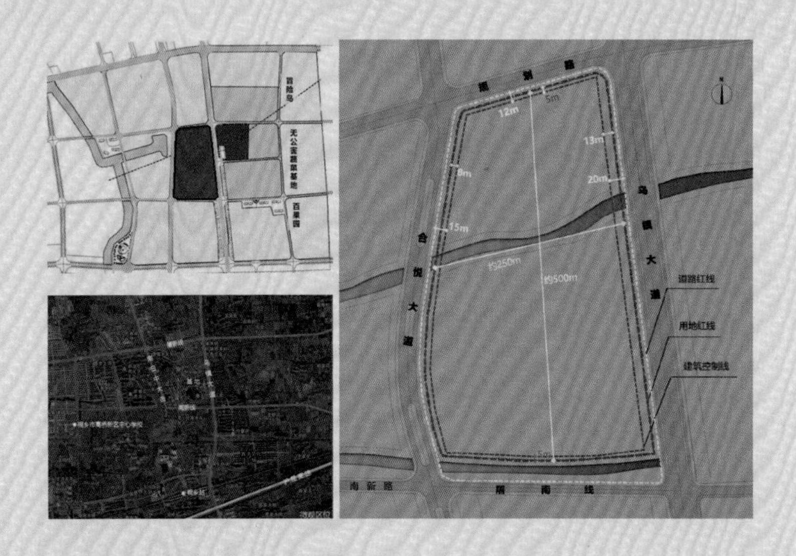

学生基地分析

通过对项目背景与基地区位环境进行优劣势分析，发掘区位的优势与不足。

优势：① 地理位置优越，紧邻乌镇大道；② 土地平整，绿化环境好，具备自然水景资源，可有效提升项目品质；③ 周边建筑遮挡少，采光充分。因此，设计应充分利用地块及其周边优势条件，总体提升项目品质。

劣势：① 临近主干道，部分临街住宅受噪声干扰；② 周边基础配套设施不完善，生活便利性不足。所以，需要在设计中考虑在临街区用绿化隔离来减少噪声干扰，配备完善的配套设施，满足社区老年人的基本生活要求，实现社区内老年人衣食住行的全方位服务。

同时，通过打造高品质老年人宜居社区，辐射周边，提升高桥区域环境品质，促进高桥区域发展，增加项目在长三角区域的吸引力。

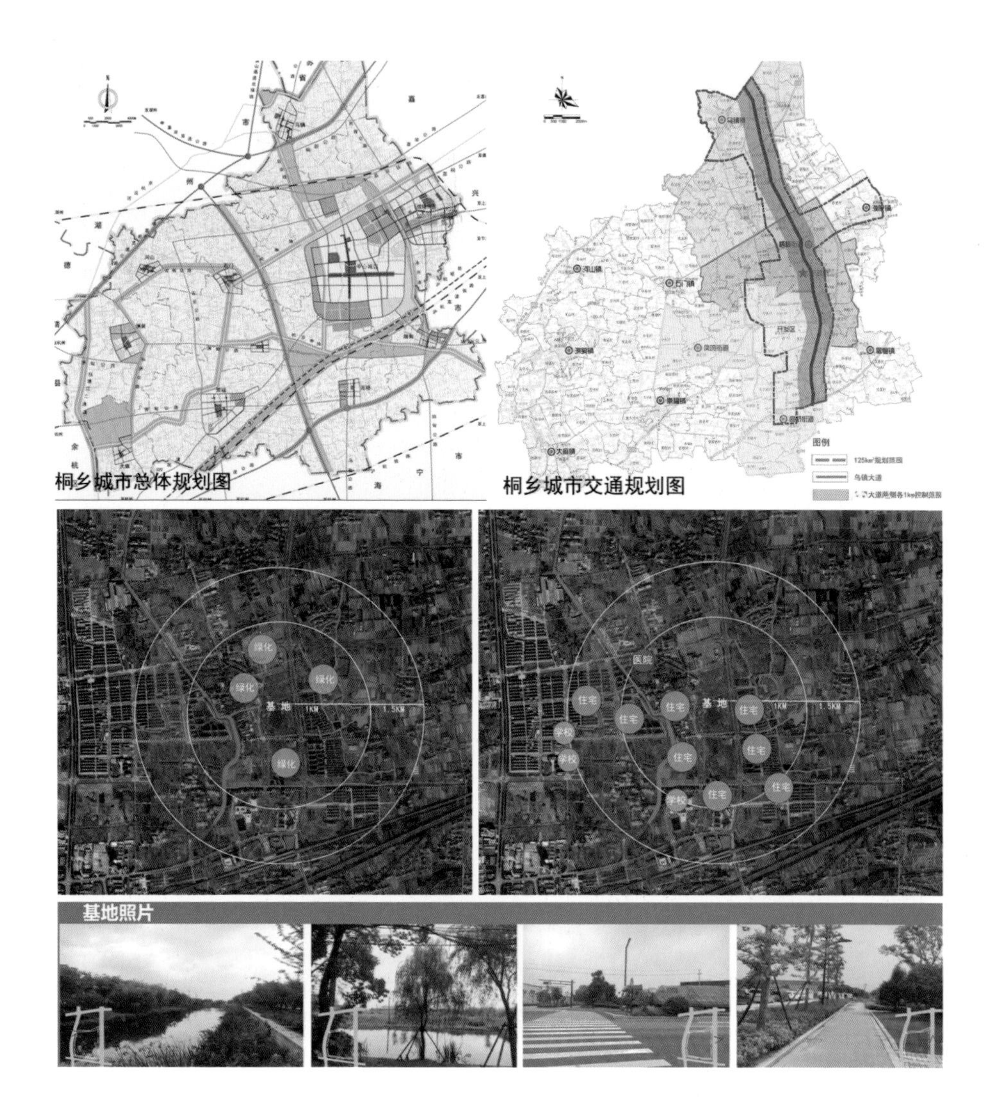
桐乡城市总体规划图
桐乡城市交通规划图
图例
乌镇大道
开发区
绿化
基地
1KM
1.5KM
医院
住宅
学校
基地照片

学生作业案例

水乡·菊韵

学生

张君、赵永峰、王恒喜、危巍、王成

教师

张伟

年级

2016 级

该方案以“以人为本”为原则，以“宜老人居住”为标准，以建构“生态、宜老、智能、规范”的绿色老年人社区为目标，着重处理人—建筑—环境的三者关系，建构一轴、两心、一河，多组团的社区空间环境。

其设计理念：①结合地域特点根植江南文化。如利用基地河道营造小桥流水人家的沿河景观和多功能活动区，并引水入园，打造以菊为主题的夕阳活力中心广场，运用对比借景、因地造景、景随步移等江南园林设计手法及粉墙黛瓦等江南建筑特点营造优美建筑和社区环境；②通过人车分流，建立完善步行和非机动车系统，同时结合内部医疗、教育、健身休闲、商业等服务设施打造慢生活、健康养老社区；③引入度假和生态理念。通过多元化开放公共空间和多功能养老设施相互融合形成集农业生态、自然风光、养生、疗养为一体，具有生态田园风光度假胜地和颐养小镇；采用绿色屋顶、太阳能、雨水收集、低碳出行充电电瓶车、透水地面等生态技术，打造绿色生态社区；④充分考虑老年人的需求，配备专业化设施及无障碍设计，建立以家庭、组团服务中心、社区服务中心三级智能化控制体系。严格按照老年社区设计规范，创造全龄化、安全宜人的养老社区。

商业入口景观鸟瞰图

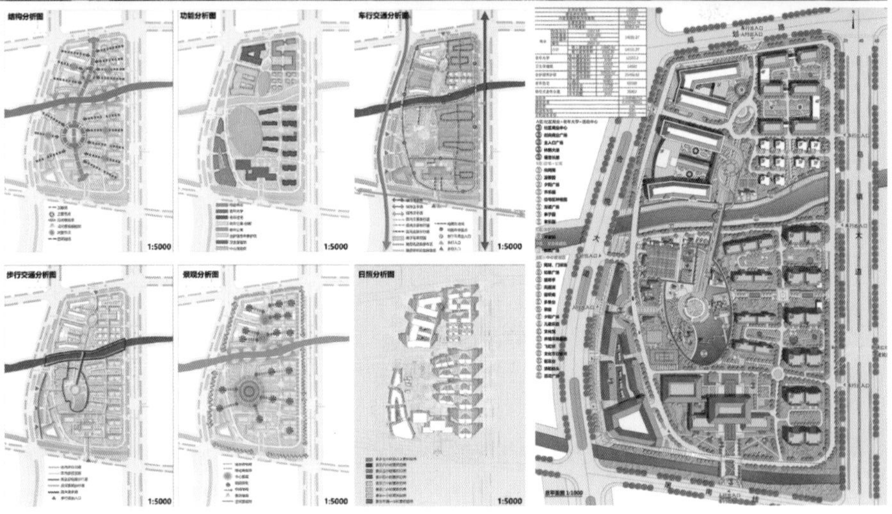

结构分析图
功能分析图
车行交通分析图
步行交通分析图
景观分析图
日照分析图
1:5000
1:5000
1:5000
1:5000
1:5000
1:5000

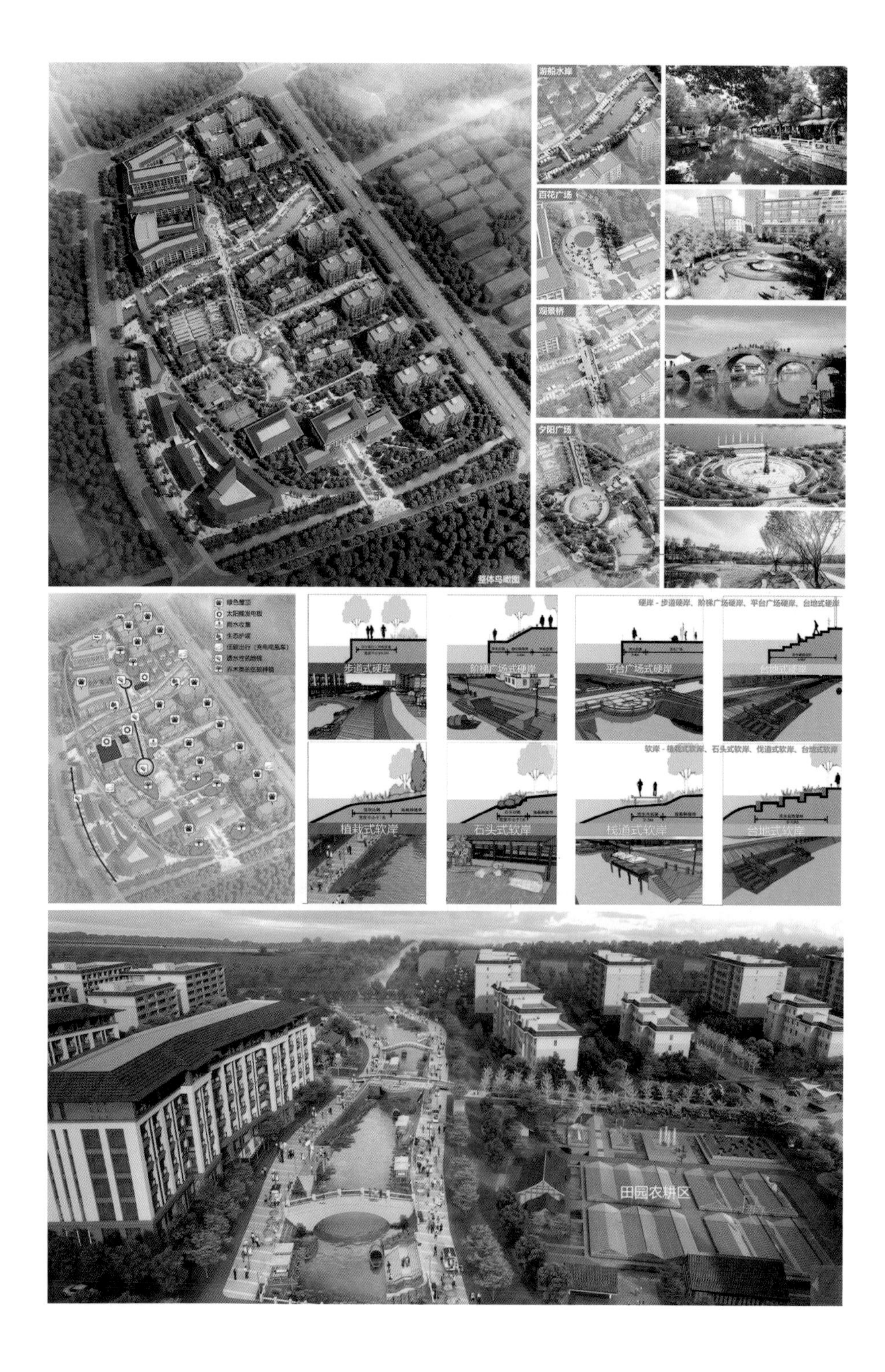
游船水岸
百花广场
观景桥
夕阳广场
整体鸟瞰图
绿色屋顶
太阳能发电板
雨水收集
生态护坡
低碳出行（充电电瓶车）
透水性的地砖
乔木类的立面种植
硬岸 - 步道硬岸、阶梯广场硬岸、平台广场硬岸、台地式硬岸
步道式硬岸
阶梯广场式硬岸
平台广场式硬岸
台地式硬岸
软岸 - 植栽式软岸、石头式软岸、栈道式软岸、台地式软岸
植栽式软岸
石头式软岸
栈道式软岸
台地式软岸
田园农耕区

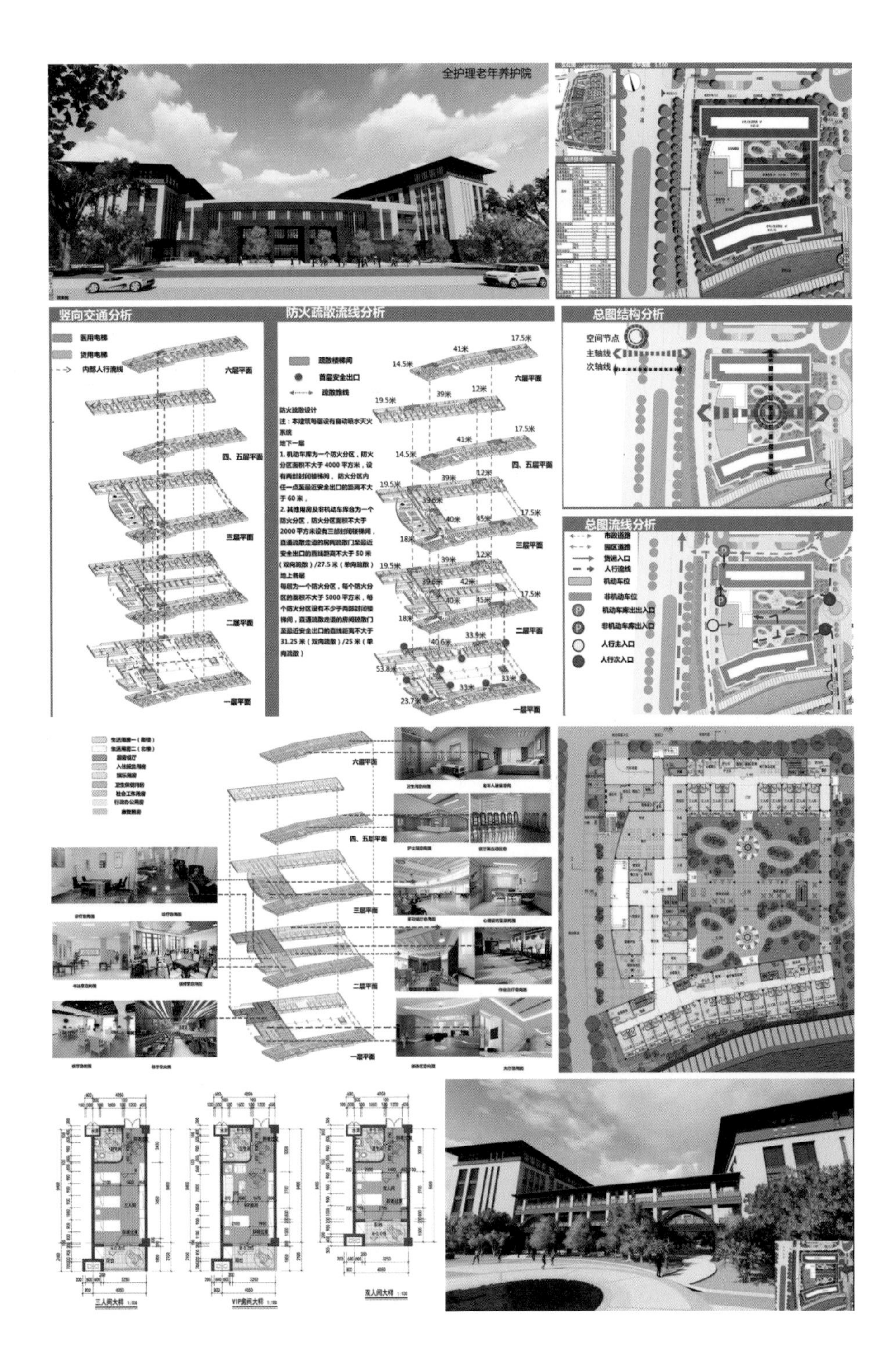
全护理老年养护院
竖向交通分析
医用电梯
货用电梯
内部人行流线
六层平面
四、五层平面
三层平面
二层平面
一层平面
防火疏散流线分析
疏散楼梯间
首层安全出口
疏散路线
防火疏散设计
注：本建筑每层设有自动喷水灭火系统
地下一层
1. 机动车库为一个防火分区，防火分区面积不大于 4000 平方米，设有两部封闭楼梯间，防火分区内任一点至最近安全出口的距离不大于 60 米，
2. 其他用房及非机动车库合为一个防火分区，防火分区面积不大于 2000 平方米设有三部封闭楼梯间，直通疏散走道的房间疏散门至最近安全出口的直线距离不大于 50 米（双向疏散）/27.5 米（单向疏散）
地上各层
每层为一个防火分区，每个防火分区的面积不大于 5000 平方米，每个防火分区设有不少于两部封闭楼梯间，直通疏散走道的房间疏散门至最近安全出口的直线距离不大于 31.25 米（双向疏散）/25 米（单向疏散）
总图结构分析
空间节点
主轴线
次轴线
总图流线分析
市政道路
园区道路
货运入口
人行流线
机动车位
非机动车位
机动车库出入口
非机动车库出入口
人行主入口
人行次入口
三人间大样
VIP房间大样
双人间大样

4 综合办公园区

Integrated Office Park

基于解决多元复杂城市问题的毕业设计

教师：宗轩、赵晓芳、马怡红、
庄俊倩、邓婧
年级：三年级 秋季学期

在学制限制和类型建筑学习有限的情况下，增加毕业设计选题类型，增加毕业设计任务的综合性和多样性成为教学组织一个较好的选择。综合办公园区作为毕业设计选题之一，是希望增加建筑学专业设计教学的多样性，帮助学生掌握更多建筑类型的设计原理与设计方法。

综合性办公园区有别于单一办公建筑，除办公功能外，还可配置餐饮服务、酒店公寓、娱乐健身等多样化的功能，当园区具有一定的占地面积和建设面积要求时，办公园区实际将成为一个以办公功能为核心的、多样功能复合的城市街区。综合办公园区设计将着重训练学生对项目整体定位与策划、场地布局与交通组织、功能组织与空间特色营造、建筑造型与建筑技术方面的能力，全面提升学生设计实践综合能力。

目标

1. 引导学生因地制宜设计， 结合自然环境、社会经济环境、企业经济与文化特色等，以建筑策划入手，从功能配置、场地规划、空间组织、形态特色等方面不断探讨设计对于工作与生活的影响，探讨符合新经济方式与交流模式的工作、生活空间，培养学生的设计创新与思辨能力。
2. 增强学生设计能力。综合办公园区功能复杂，涉及办公、餐饮、酒店、公寓、商业等不同功能，这些为设计提供一定难度与多样性，可引导学生进行设计多样化训练。
3. 培养学生团队协作能力与团队精神，通过小组合作模式，增强同学间设计互动与设计工作拟态，进行建筑设计职业实践训练。

理念

1. 引导学生关注城市中综合性办公园区的建设与发展，关注国家经济发展脉络与走向，关注新兴产业发展，关注人的需求，引导学生将设计与生活、工作更紧密地连接，培养宏观设计视野和创新精神。
2. 培养学生综合设计能力与职业素养，外拓设计界面，从项目策划、功能组织到建筑设计，集中培养学生设计实践能力。

手段与过程

毕业设计由 5 人组合成设计小组，团队合作完成毕业设计任务。
1. 前期调研与策划 第 1—2 周
2. 总体规划与设计 第 3—4 周
3. 总体规划设计方案汇报 第 4 周
4. 单体建筑设计 第 5—6 周
5. 中期检查 第 7 周
6. 设计综合深化 第 8—13 周
7. 成果提交与答辩 第 14 周

杭州某互联网企业创业服务园区规划建筑方案设计

Architectural Design of Internet Enterprise Headquarters, Hangzhou

教师

宗轩、邓靖

年级

三年级 下学期

课时

14 周

课题

该互联网企业创业服务园区基地位于浙江省杭州中心地段，西湖风景区美女山西北面，自然景观条件非常优越。基地为三面环山的山坡用地，设计难度大。项目为互联网金融企业量身定做的总部园区，秉持“开放、透明、责任、分享、互动”的核心价值观，园区内建筑除自用外，仍考虑开放给集团相关外包公司及合作伙伴使用，故要求在总体规划设计中应考虑相关弹性变化。

园区要求设置酒店公寓、SOHO 办公、总部办公、会议、展示、商业等设置，功能多样化以充分满足员工工作及生活需求，需容纳办公人员 8000 人左右。项目总用地面积为 88 526 平方米，规划用地性质为商办用地，主要技术指标如下：用地面积 88 526 平方米，建筑密度 <35%，容积率 1.8~2.2，限高黄海高程 70 米，绿化率 >30%。

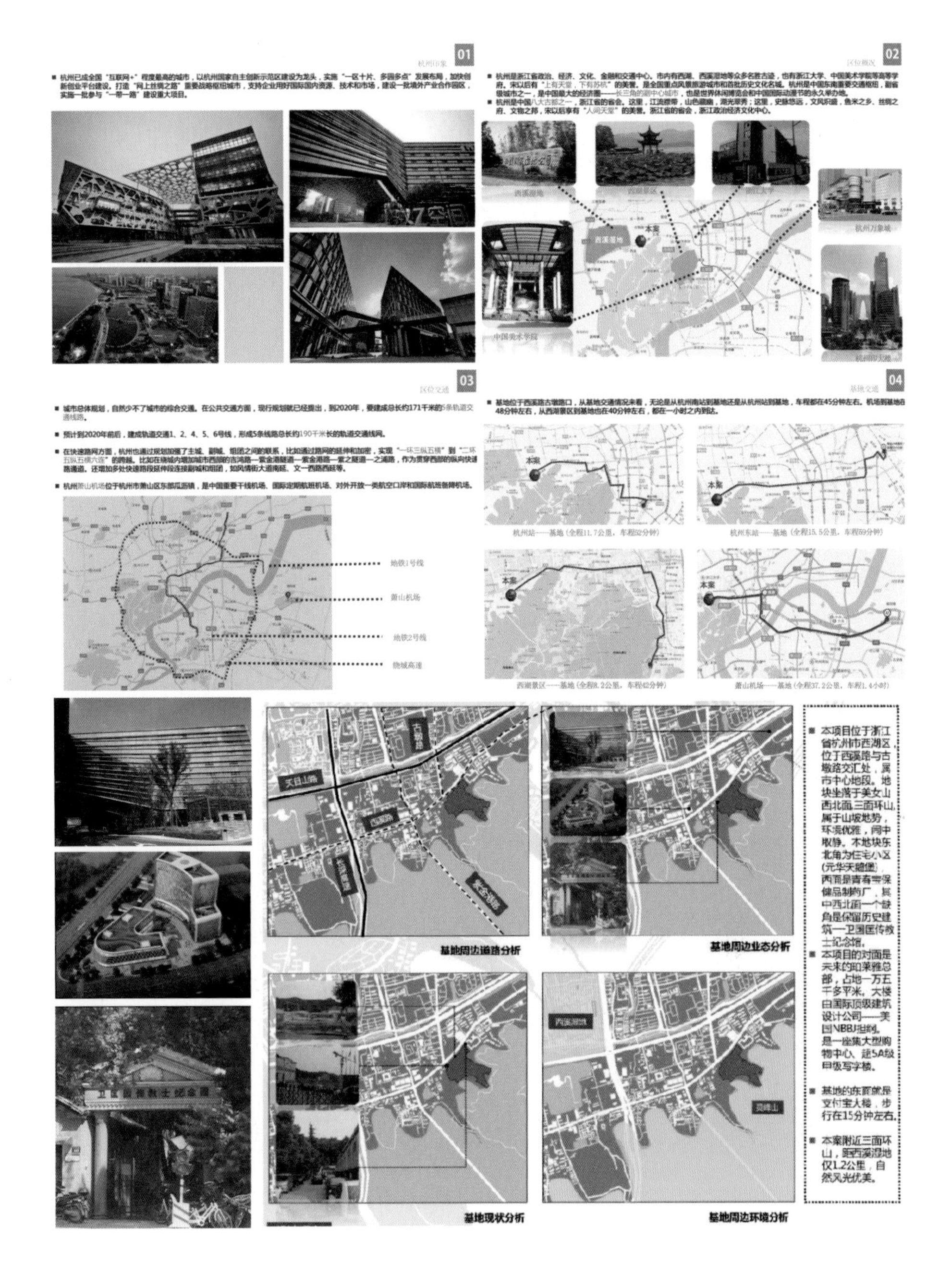
01
杭州印象
杭州已成全国"互联网+"程度最高的城市，以杭州国家自主创新示范区建设为龙头，实施"一区十片、多园多点"发展布局，加快创新创业平台建设。打造"网上丝绸之路"重要战略枢纽城市，支持企业用好国际国内资源、技术和市场，建设一批境外产业合作园区，实施一批参与"一带一路"建设重大项目。
02
区位概况
杭州是浙江省政治、经济、文化、金融和交通中心。市内有西湖、西溪湿地等众多名胜古迹，也有浙江大学、中国美术学院等高等学府。宋以后有"上有天堂，下有苏杭"的美誉。是全国重点风景旅游城市和首批历史文化名城。杭州是中国东南重要交通枢纽，副省级城市之一，是中国最大的经济圈——长三角的副中心城市，也是世界休闲博览会和中国国际动漫节的永久举办地。
杭州是中国八大古都之一，浙江省的省会。这里，江流襟带，山色幽幽，湖光翠秀；这里，史脉悠远，文风炽盛，鱼米之乡、丝绸之府、文物之邦，宋以后享有"人间天堂"的美誉。浙江省的省会，浙江政治经济文化中心。
西溪湿地
本案
中国美术学院
杭州万象城
03
区位交通
城市总体规划，自然少不了城市的综合交通。在公共交通方面，现行规划就已经提出，到2020年，要建成总长约171千米的5条轨道交通线路。
预计到2020年前后，建成轨道交通1、2、4、5、6号线，形成5条线路总长约190千米长的轨道交通线网。
在快速路网方面，杭州也通过规划加强了主城、副城、组团之间的联系，比如通过路网的延伸和加密，实现"一环三纵五横"到"二环五纵五横六连"的跨越。比如在绕城内增加城市西部的古鸿路—紫金港隧道—紫金港路—紫之隧道—之浦路，作为贯穿西部的纵向快速路通道。还增加多处快速路段延伸段连接副城和组团，如风情街大道南延、文一西路西延等。
杭州萧山机场位于杭州市萧山区东部瓜沥镇，是中国重要干线机场、国际定期航班机场、对外开放一类航空口岸和国际航班备降机场。
地铁1号线
萧山机场
地铁2号线
绕城高速
04
基地交通
基地位于西溪路古墩路口，从基地交通情况来看，无论是从杭州南站到基地还是从杭州站到基地，车程都在45分钟左右。机场到基地在48分钟左右，从西湖景区到基地也在40分钟左右，都在一小时之内到达。
本案
杭州站——基地（全程11.7公里，车程52分钟）
杭州东站——基地（全程15.5公里，车程59分钟）
西湖景区——基地（全程8.2公里，车程42分钟）
萧山机场——基地（全程37.2公里，车程1.4小时）
天目山路
古墩路
西溪路
基地周边道路分析
基地周边业态分析
基地现状分析
西溪湿地
基地周边环境分析
本项目位于浙江省杭州市西湖区，位于西溪路与古墩路交汇处，属市中心地段。地块坐落于美女山西北面，三面环山，属于山坡地势，环境优雅，闹中取静。本地块东北角为住宅小区（元华天鹅堡），西面是青春宝保健品制药厂，其中西北面一个缺角是保留历史建筑——卫国医传教士纪念馆。
本项目的对面是未来的知莱雅总部，占地一万五千多平米，大楼由国际顶级建筑设计公司——美国NBBJ担纲。是一座集大型购物中心、超5A级甲级写字楼。
基地的东面就是支付宝大楼，步行在15分钟左右。
本案附近三面环山，距西溪湿地仅1.2公里，自然风光优美。

桑基鱼塘

学生

周小丹、李燕、马晓歌、胡清敏、穆晏霖

教师

宗轩

年级

2015 级

信息时代中，“互联网 +”“大数据”“人工智能”等新兴产业为主要工作内容的办公空间，建筑设计该为其提供怎样的平台呢？本设计基于对以上问题的思考，提出“共享”核心概念，希望打造一个集开放、共享、活力为一体的总部园区。

设计以我国珠三角地区常见的“桑基鱼塘”为空间组合形式的概念原型，为充分利用土地以达到共享和高效，将“桑基鱼塘”的高效人工生态共享系统理念根植到不同建筑功能空间的组合上，创造移动共享单元场地内建筑空间类型丰富而富有情趣，创造开放、共享、高效而富有活力的建筑空间。

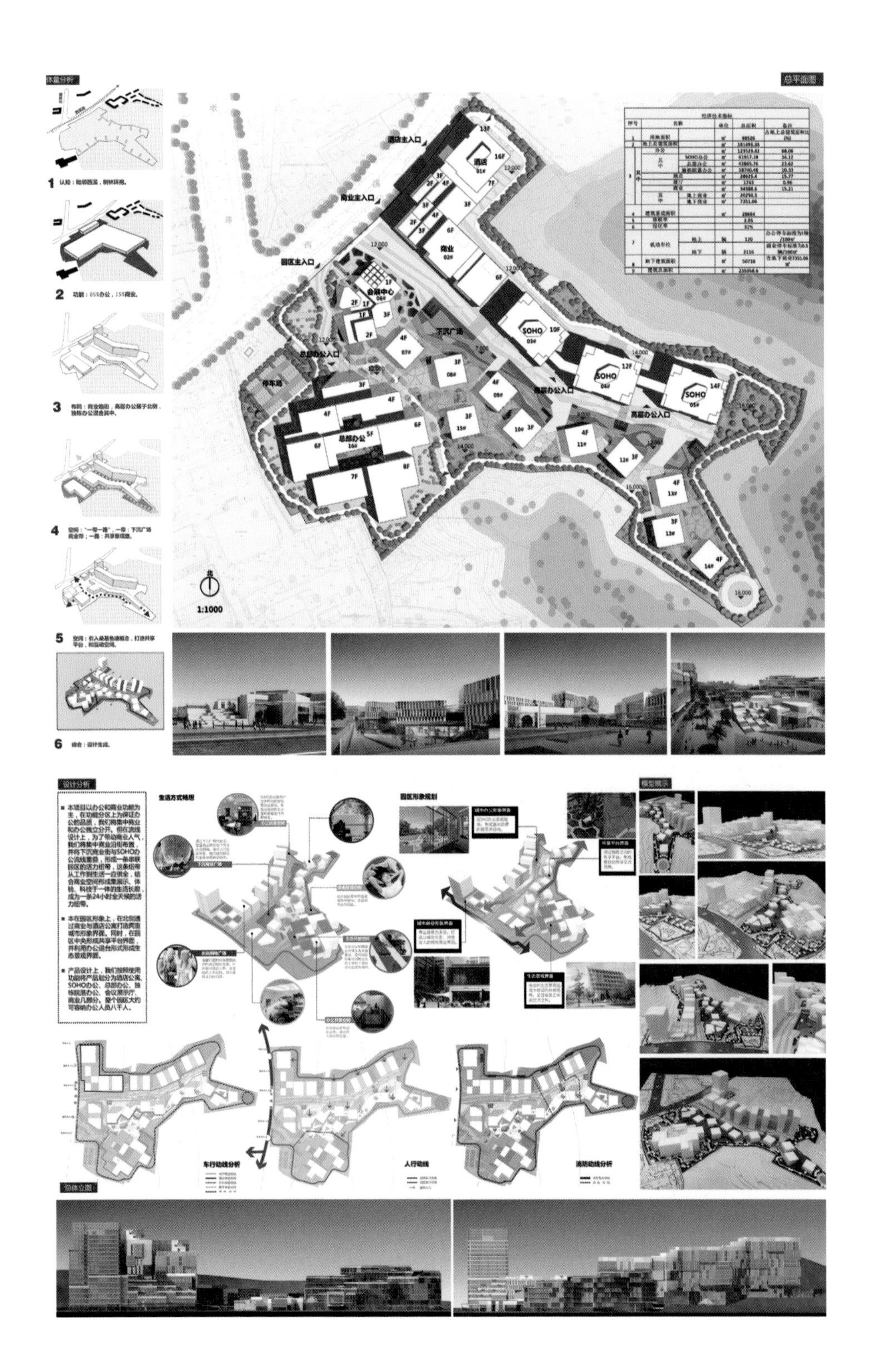

体量分析
1 认知：毗邻西溪，树林环抱。
2 功能：85%办公，15%商业。
3 布局：商业临街，高层办公展于北侧，独栋办公混合其中。
4 空间："一带一路"，一带：下沉广场商业带；一路：共享景观路。
5 空间：引入基基色谱概念，打造共享平台，和活动空间。
6 综合：设计生成。
总平面图
酒店主入口
商业主入口
园区主入口
总部办公入口
高层办公入口
停车场
下沉广场
酒店
商业
会展中心
总部办公
SOHO
1:1000
设计分析
本项目以办公和商业功能为主，在功能分区上为保证办公的品质，我们将集中商业和办公独立分开。但在流线设计上，为了带动商业人气，我们将集中商业沿街布置，并将下沉商业街与SOHO办公流线重叠，形成一条串联园区的活力纽带，这条纽带从工作到生活一应俱全，结合商业空间形成集展示、体验、科技于一体的生活长廊，成为一条24小时全天候的活力纽带。
本在园区形象上，在北侧通过商业与酒店公寓打造两重城市形象界面。同时，在园区中央形成共享平台界面，并利用办公退台形式形成生态景观界面。
产品设计上，我们按照使用功能将产品划分为酒店公寓、SOHO办公、总部办公、独栋院落办公、会议展示厅、商业几部分。整个园区大约可容纳办公人员八千人。
生活方式畅想
园区形象规划
模型展示
车行动线分析
人行动线
消防动线分析
总体立面

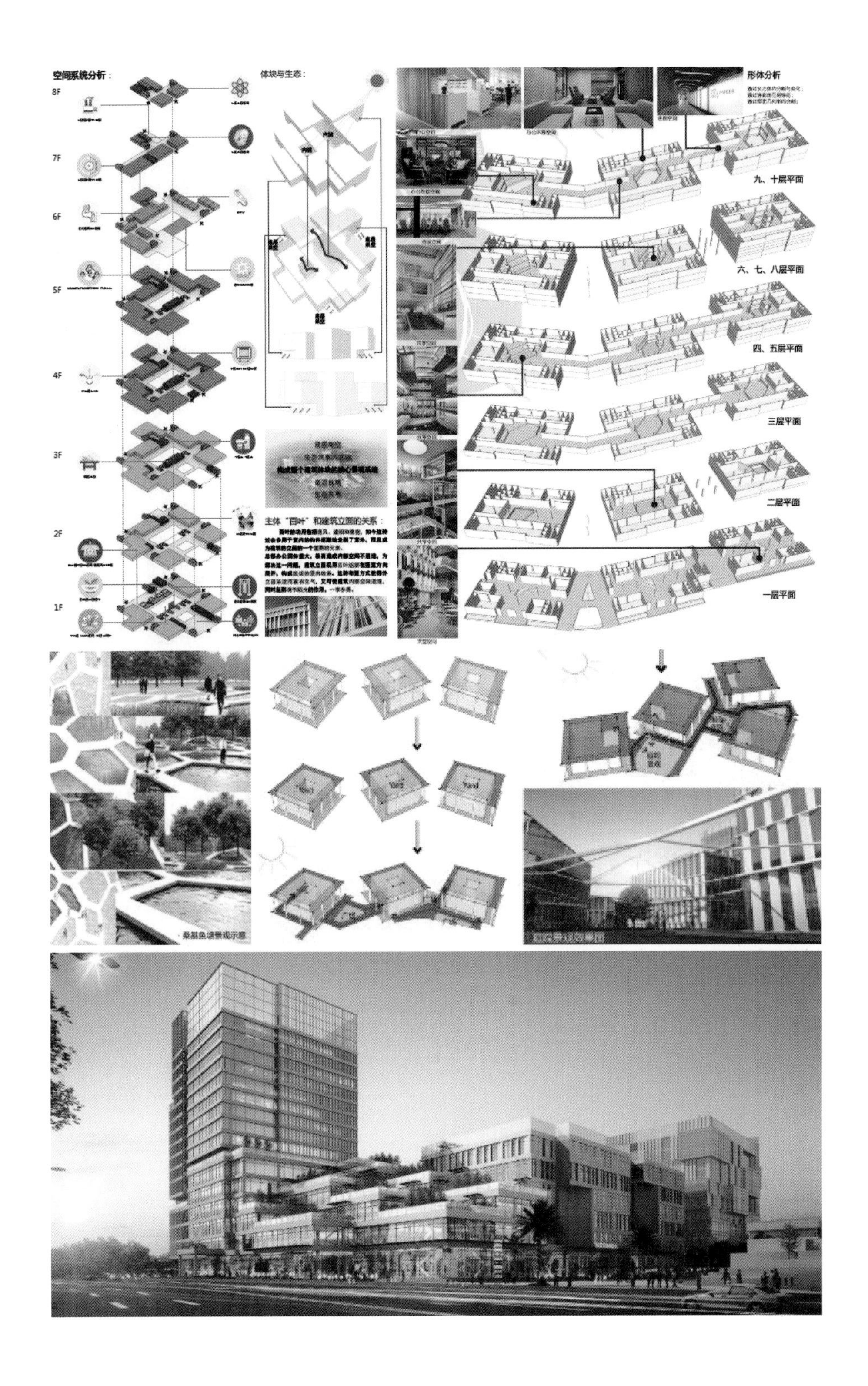

空间系统分析：
8F
7F
6F
5F
4F
3F
2F
1F
体块与生态：
形体分析
九、十层平面
六、七、八层平面
四、五层平面
三层平面
二层平面
一层平面
主体“百叶”和建筑立面的关系：

5 大学校园

University Campus

基于解决多元复杂城市问题的毕业设计

教师：宗轩、赵晓芳、马怡红、
庄俊倩、邓婧 等
年级：三年级 秋季学期

新建大学校园一般具有一定规模的占地面积和建设量，校园内建筑虽然类型多样，但功能比较明确，人员的使用也呈现规律性，比较适合学生以小组的形式进行建筑设计的学习和创作；并且新建大学校园建筑设计任务在较长的一段时间内都有持续的实践设计需求。因此，大学校园总体规划与建筑设计这类设计任务从 2011 年起成为我们毕业设计的常规选题之一，延续至今。

建筑与生活息息相关，学生学习理念、学习方式、交流方式的变化带来了校园建筑的变化。从近些年的校园建筑设计实践中我们可以发现，无论是建筑总体规划还是建筑单体设计，校园正在向着更多元、更立体、更开放的方向发展，这些需要在毕业设计的过程中不断引导学生开放思维、慎思畅想，创造更符合未来发展方向与使用需求的校园建筑。

目标

1. 引导学生从环境出发设计，结合自然环境与地域文化环境条件，以建筑构思入手，从功能配置、场地规划、空间组织、形态特色等方面不断探讨大学校园空间特色，探讨符合大学生思维、学习、生活与交流特点的大学校园，培养学生的设计创新与思辨能力。
2. 增强学生设计实践能力。大学校园内包含多种类型建筑，涉及教学、办公、图书、体育、餐饮、公寓等不同功能类型建筑，熟悉掌握多种类型建筑功能特点及相关设计规范，将有助于学生快速提高设计实践水平。

3. 通过小组合作模式，培养学生团队协作能力与团队意识，培养建筑设计职业素质。

理念

1. 引导学生关注时下思维方式、学习方式、交流方式的变化与发展，探讨建筑与人文历史、信息传播以及经济发展等的关系，引导学生将设计与生活更紧密地连接，培养创新思维与和设计创新能力。

2. 强调学生设计实践能力与职业素质的培养，强化设计实践要求，重视建筑设计相关规范，集中提高学生设计实践能力。

手段与过程

毕业设计由 5 人组合成设计小组，团队合作完成毕业设计任务。

1. 前期调研与总体构思 第 1—2 周
2. 总体规划与设计 第 3—4 周
3. 总体规划设计方案汇报 第 4 周
4. 单体建筑设计 第 5—6 周
5. 中期检查 第 7 周
6. 设计综合深化 第 8—13 周
7. 成果提交与答辩 第 14 周

贵州生态职业技术学院规划及建筑设计

Planning and Architecture Design of Guizhou Ecological Vocational and Technical College

教师

宗轩、邓靖

年级

三年级下学期

课时

14 周

课题

贵州地貌属于中国西南部高原山地，素有“八山一水一分田”之称，地理条件复杂。本项目位于贵州省贵阳市以北 20 公里的修文县龙场镇，用地的西侧是蜿蜒曲折的修文河与农田，自然景观资源良好，南侧紧邻贵毕公路，北侧 500 米为 S305 省道，规划中即将修建的金龙大道连接 305 省道与贵毕公路，未来将是学校外部主要的交通依托。

新建贵州生态职业技术学院按照在校生 10 000 人的办学规模以及实际需求，拟建校区总用地面积 719 911 平方米（约 1079.86 亩），总建筑面积 303 500 平方米。规划分为两期建设，一期为本次毕业设计主要内容。其中包含：行政楼、图书馆、学生活动用房、3 个学科组团、3 个生活组团、2 个食堂、风雨操场（含游泳馆）及看台，地下车库要求建设三处，分别设置于：400 米运动场、行政楼、双创中心（二期）。本次设计以一期为重点。

项目用地整体呈不规则哑铃状，南北长 1535 米，中部最窄处 335 米，用地内部含有丰富的天然水系。用地内南部有一座自然山体，植被良好，该山体占地 260 亩，高度达 64 米；中部及北部最大高差达 43.3 米，整体呈东高西低，中部及北部隆起的地形态势，隆起高度达 27 米。项目建设用地高低起伏形式复杂，为设计带来挑战，因地制宜、土方平衡是设计中必须要兼顾的要点。

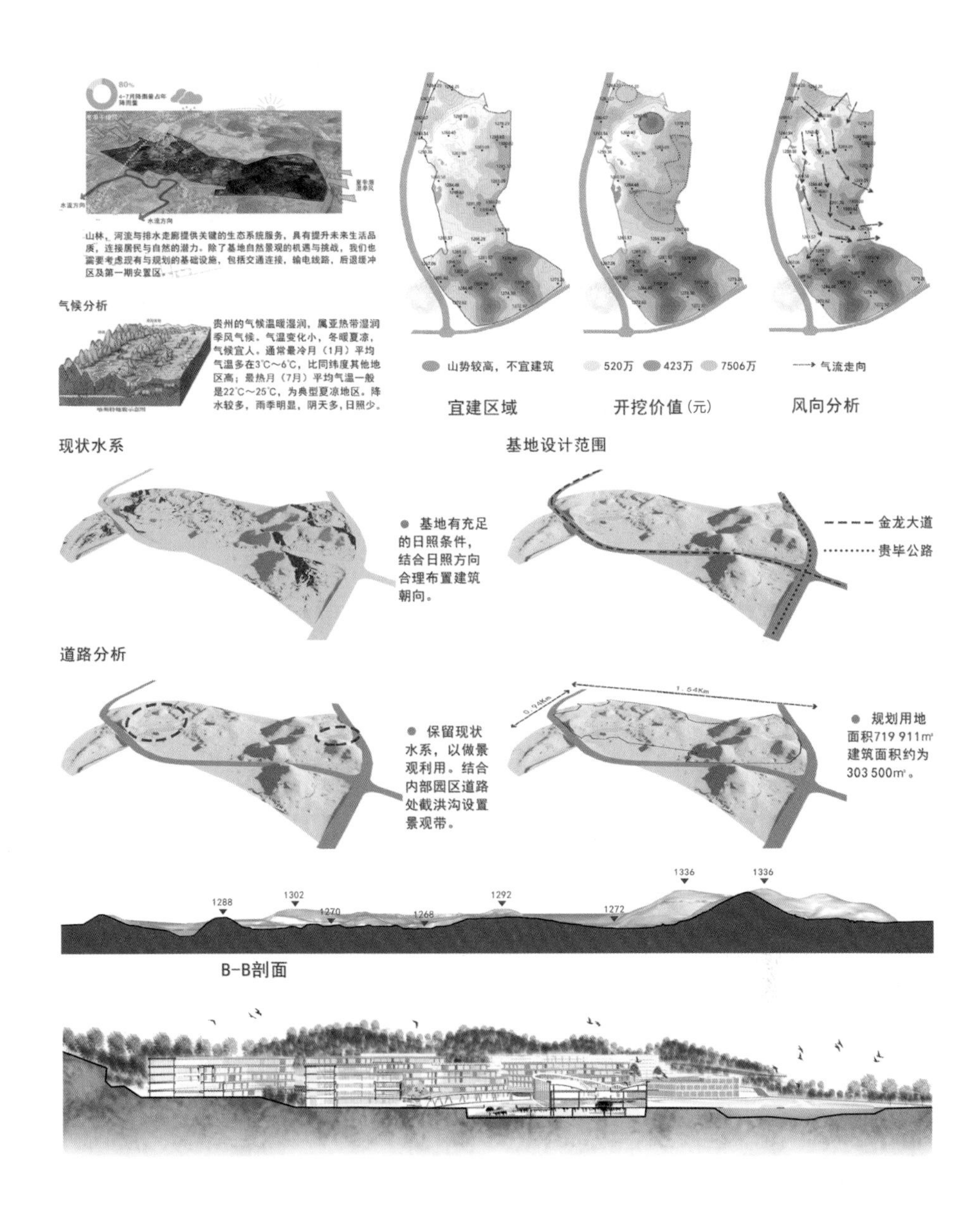
80%
4-7月降雨量占年降雨量
水流方向
水流方向
山林，河流与排水走廊提供关键的生态系统服务，具有提升未来生活品质，连接居民与自然的潜力。除了基地自然景观的机遇与挑战，我们也需要考虑现有与规划的基础设施，包括交通连接，输电线路，后退缓冲区及第一期安置区。
气候分析
贵州的气候温暖湿润，属亚热带湿润季风气候。气温变化小，冬暖夏凉，气候宜人。通常最冷月（1月）平均气温多在3℃～6℃，比同纬度其他地区高；最热月（7月）平均气温一般是22℃～25℃，为典型夏凉地区。降水较多，雨季明显，阴天多，日照少。
山势较高，不宜建筑
520万
423万
7506万
气流走向
宜建区域
开挖价值(元)
风向分析
现状水系
基地设计范围
基地有充足的日照条件，结合日照方向合理布置建筑朝向。
金龙大道
贵毕公路
道路分析
1.54Km
0.94Km
保留现状水系，以做景观利用。结合内部园区道路处截洪沟设置景观带。
规划用地面积719 911㎡
建筑面积约为303 500㎡。
1288
1302
1270
1268
1292
1272
1336
1336
B-B剖面

起承转合——折线校园

学生
张安同、于磊、
林陈潇俊、
柏梦杰、姜飞
教师
宗轩、邓靖
年级
2018 级

项目狭长的用地为校园的规划布局、交通与空间组织带来一定难度，需要在校园内部加强南北向交通组织，并且由于地形高差的限制，在东西向交通的联系上也存在一定的难度，需要将建筑空间、场地规划、交通组织紧密地结合在一起。此设计较好地处理了以上关系，在土方平衡的基础上，借助“起承转合”的手法，创造处具有丰富空间环境的校园。

项目为林业学校，设计取“树枝”“折线校园”蔓延生长的理念，使建筑空间与校园场地相互渗透而富有活力。设计结合场地整理天然湖泊和自然用地，在校园核心形成带状中心景观，结合校园小型公共建筑与景观广场的配置，不但比较有效地缓解由于场地狭长带来的南北联系不畅问题，也能形成良好的校园景观。校园前区设计富有特点，能够与地形条件互动，体现山地建筑风貌。

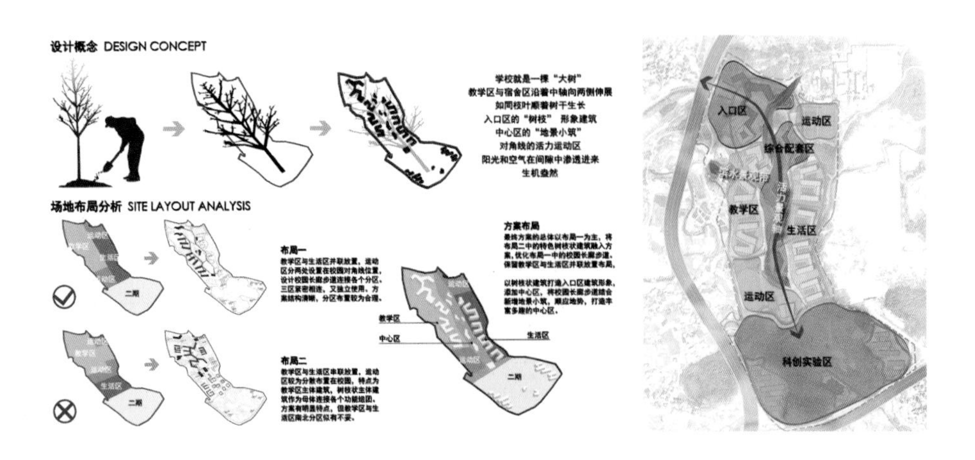

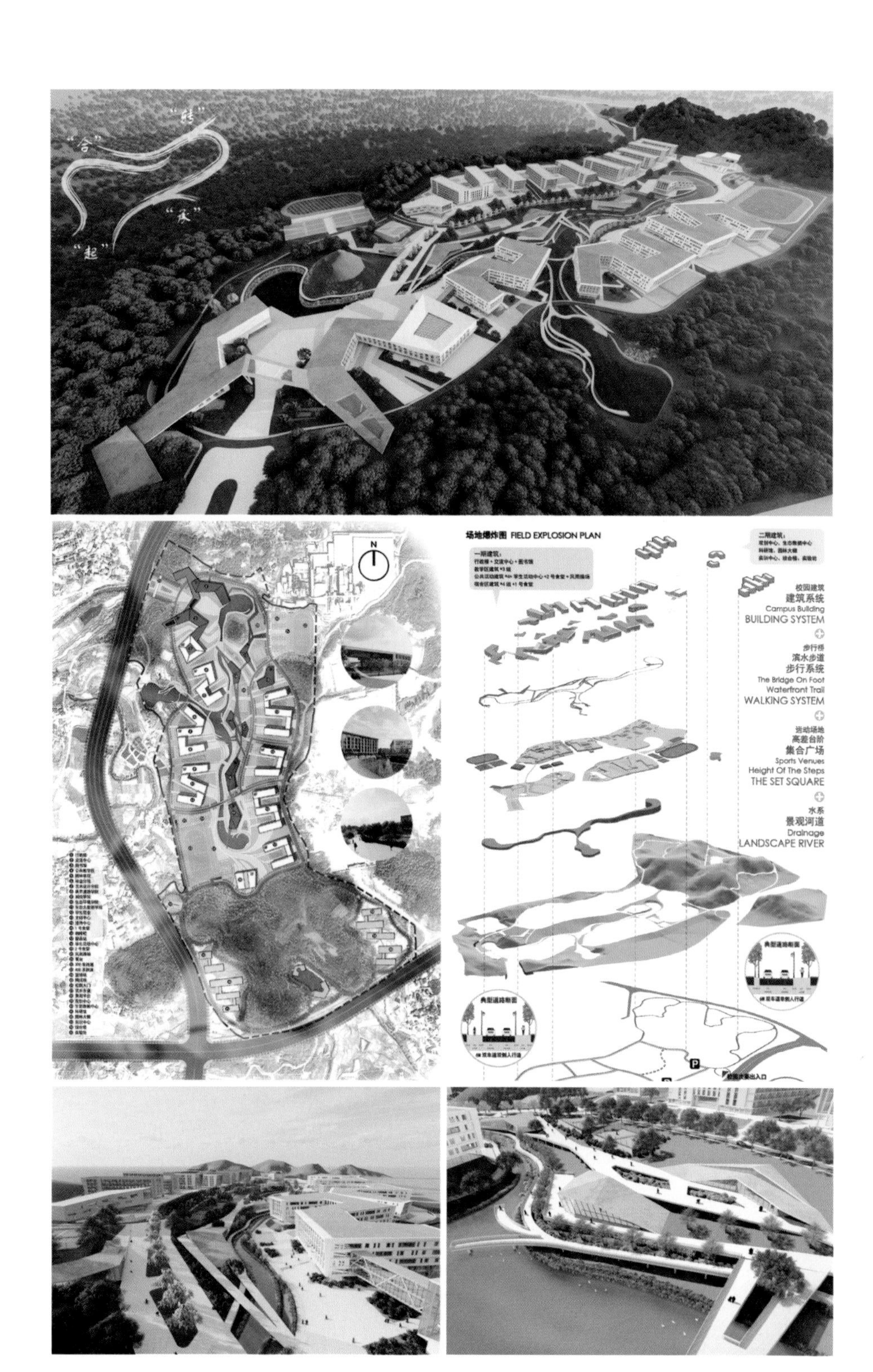

"转"
"合"
"承"
"起"
N
场地爆炸图 FIELD EXPLOSION PLAN
校园建筑
建筑系统
Campus Building
BUILDING SYSTEM
步行桥
滨水步道
步行系统
The Bridge On Foot
Waterfront Trail
WALKING SYSTEM
运动场地
高差台阶
集合广场
Sports Venues
Height Of The Steps
THE SET SQUARE
水系
景观河道
Drainage
LANDSCAPE RIVER
典型道路断面
P

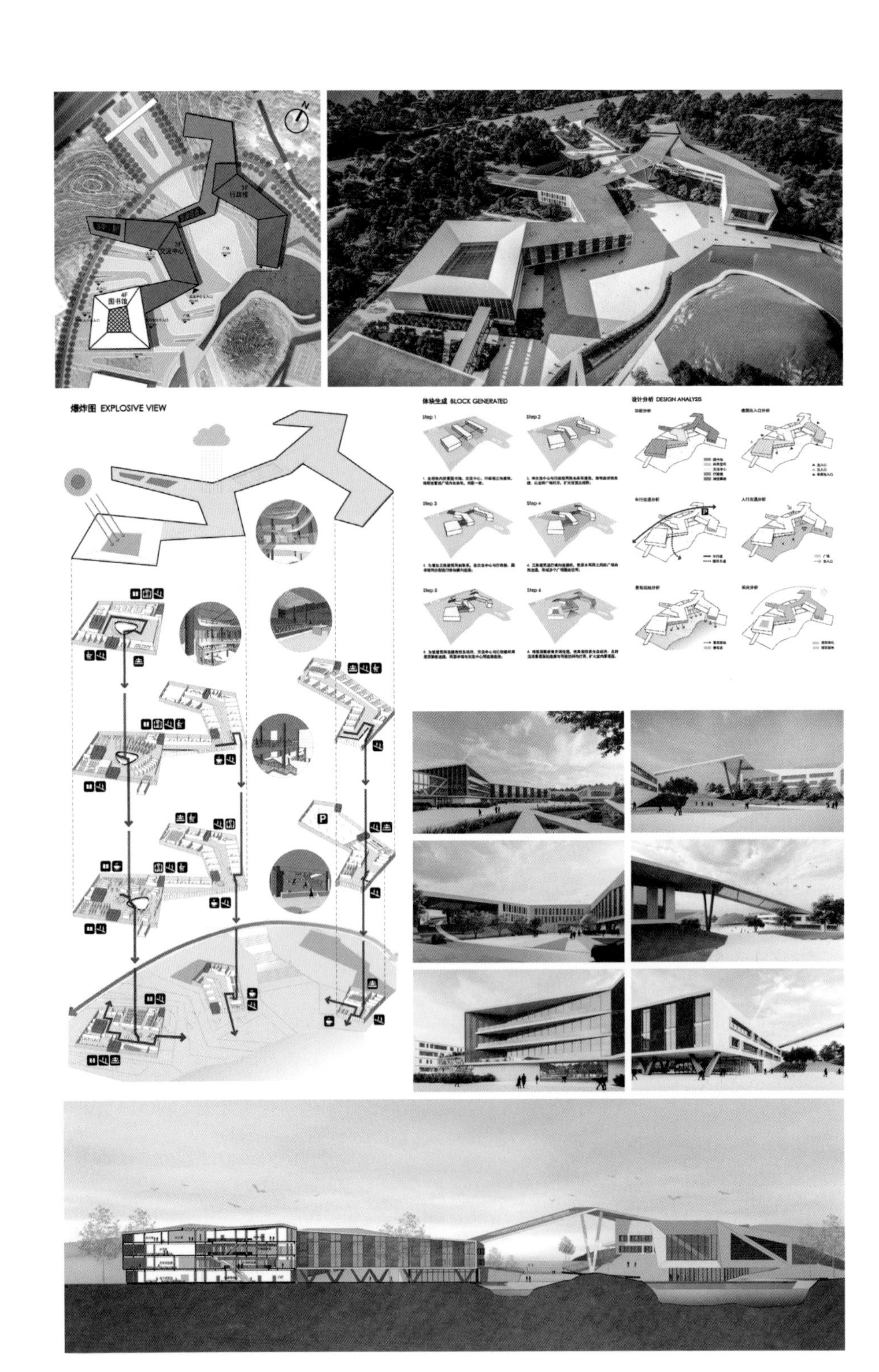

图书馆
行政楼
交流中心
爆炸图 EXPLOSIVE VIEW
体块生成 BLOCK GENERATED
设计分析 DESIGN ANALYSIS
Step 1
Step 2
Step 3
Step 4
Step 5
Step 6

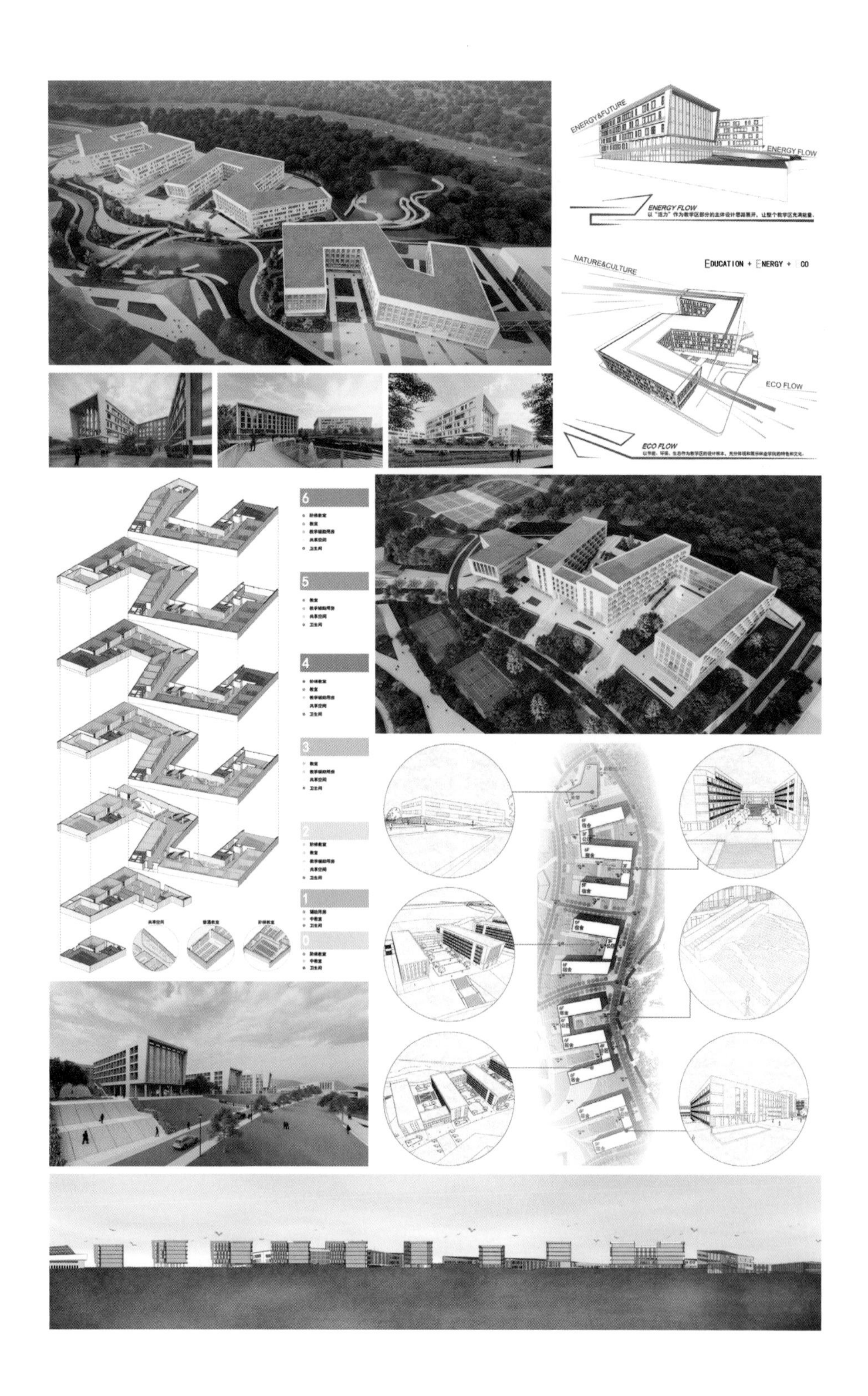
ENERGY&FUTURE
ENERGY FLOW
ENERGY FLOW
以“活力”作为教学区部分的主体设计思路展开，让整个教学区充满能量。
NATURE&CULTURE
EDUCATION + ENERGY + ECO
ECO FLOW
ECO FLOW
6
5
4
3
2
1
0

学生作业案例之二

共享·连廊

学生

陈杰、郑松、丁桂荃、杨智庚、赵自强

教师

宗轩、邓靖

年级

2018 级

设计以“共享 · 连廊”为纽带连接起校园空间与校园生活，这也是设计特色之处。从教学的主入口一直贯穿到宿舍后半区的连廊，承载了校园最重要的步行交通，也是学生们最重要的交流和沟通的平台。设计以共享为题，连廊为线，在校园内创造了三维立体的多项空间，创造了丰富多彩的校园生活场景，非常体现这个时代多维度互联共享的精神。从这个层面来说，这是一个更具有实验精神的设计。在临湖景观建筑设计上如能采取更为开放、共享模式，将能更好体现出地理环境与景观的优势，形成良好的校园景观。另外在宿舍区建筑与总体的协调度上还可更佳。

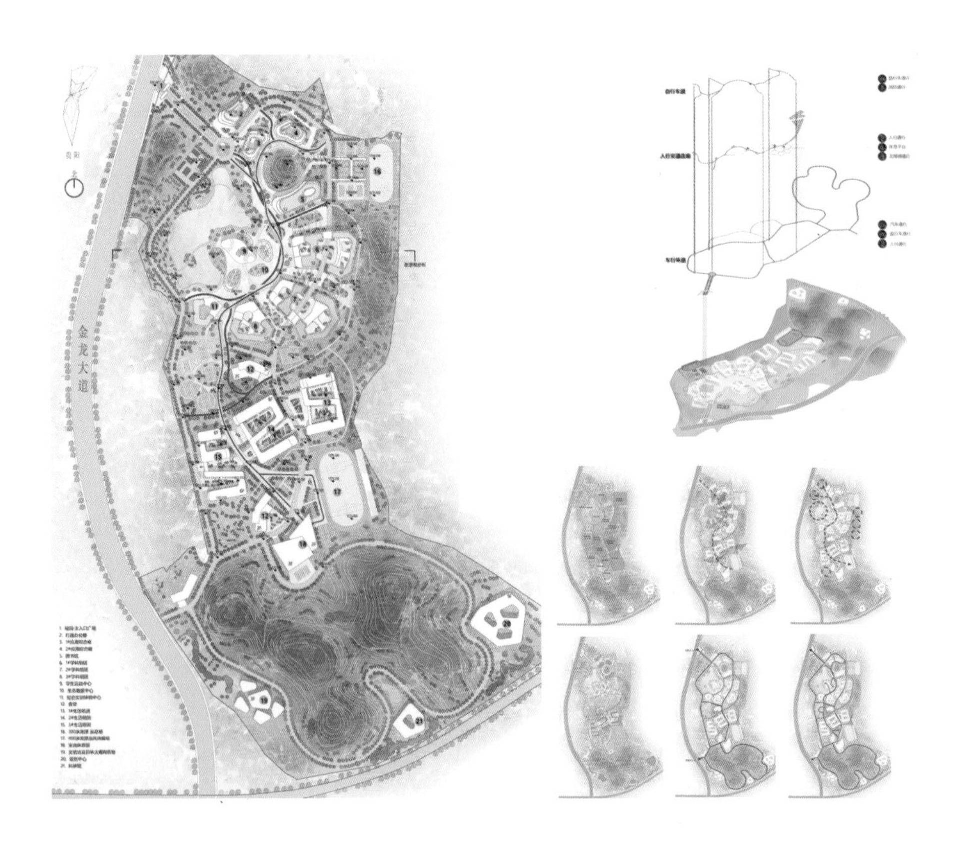

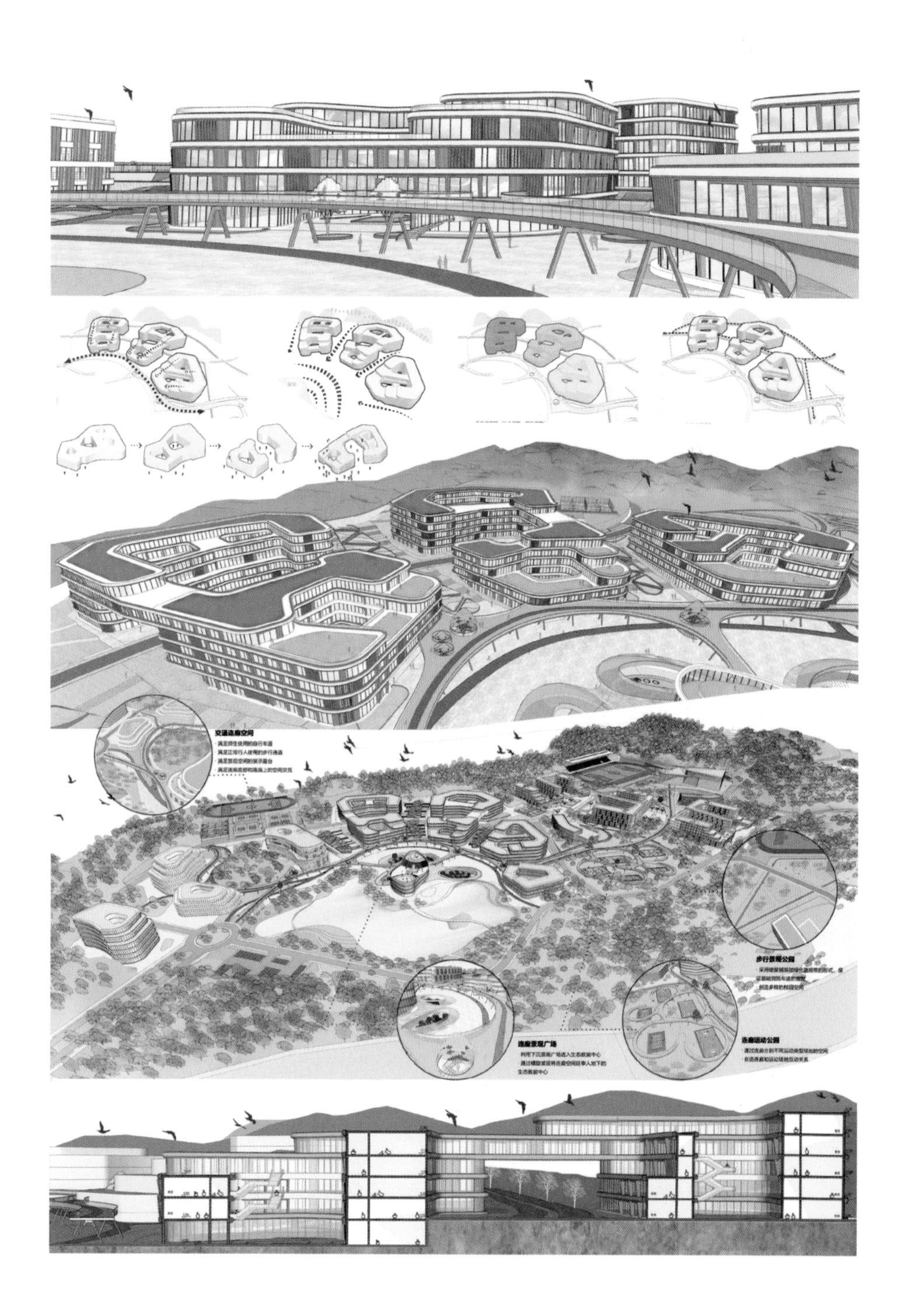
交通连廊空间
步行景观公园
连廊景观广场
连廊运动公园

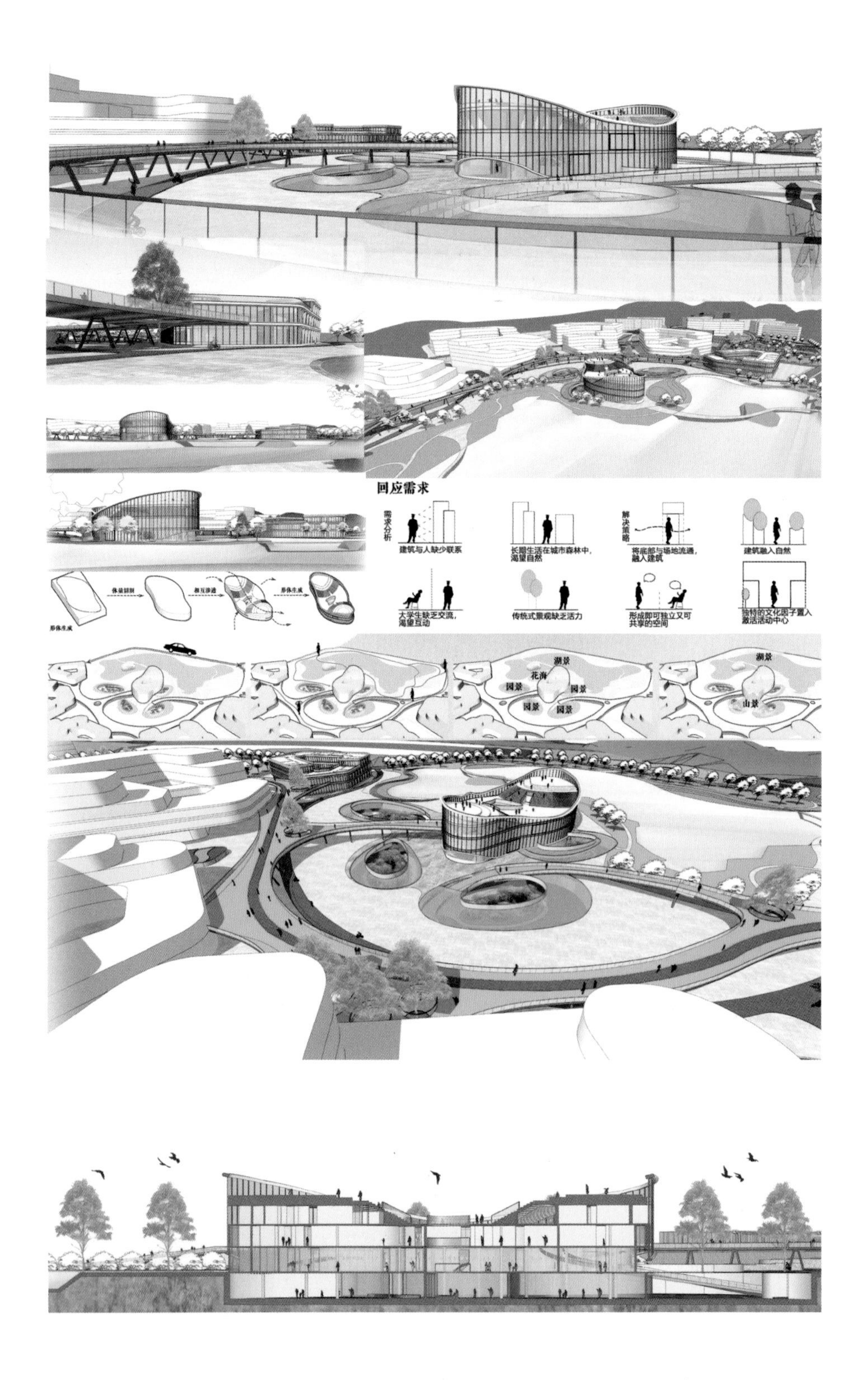

回应需求
需求分析
建筑与人缺少联系
长期生活在城市森林中，渴望自然
解决策略
将底部与场地流通，融入建筑
建筑融入自然
大学生缺乏交流，渴望互动
传统式景观缺乏活力
形成即可独立又可共享的空间
独特的文化因子置入激活活动中心
相互渗透
形体生成
形体生成
湖景
花海
园景
园景
园景
园景
湖景
山景

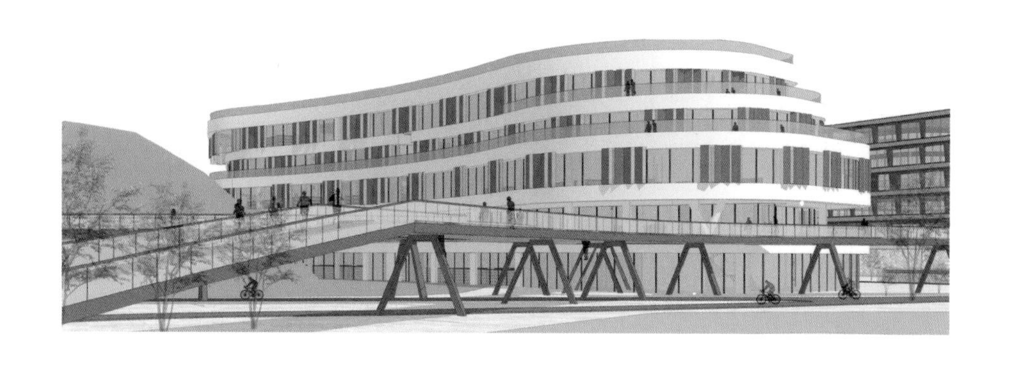

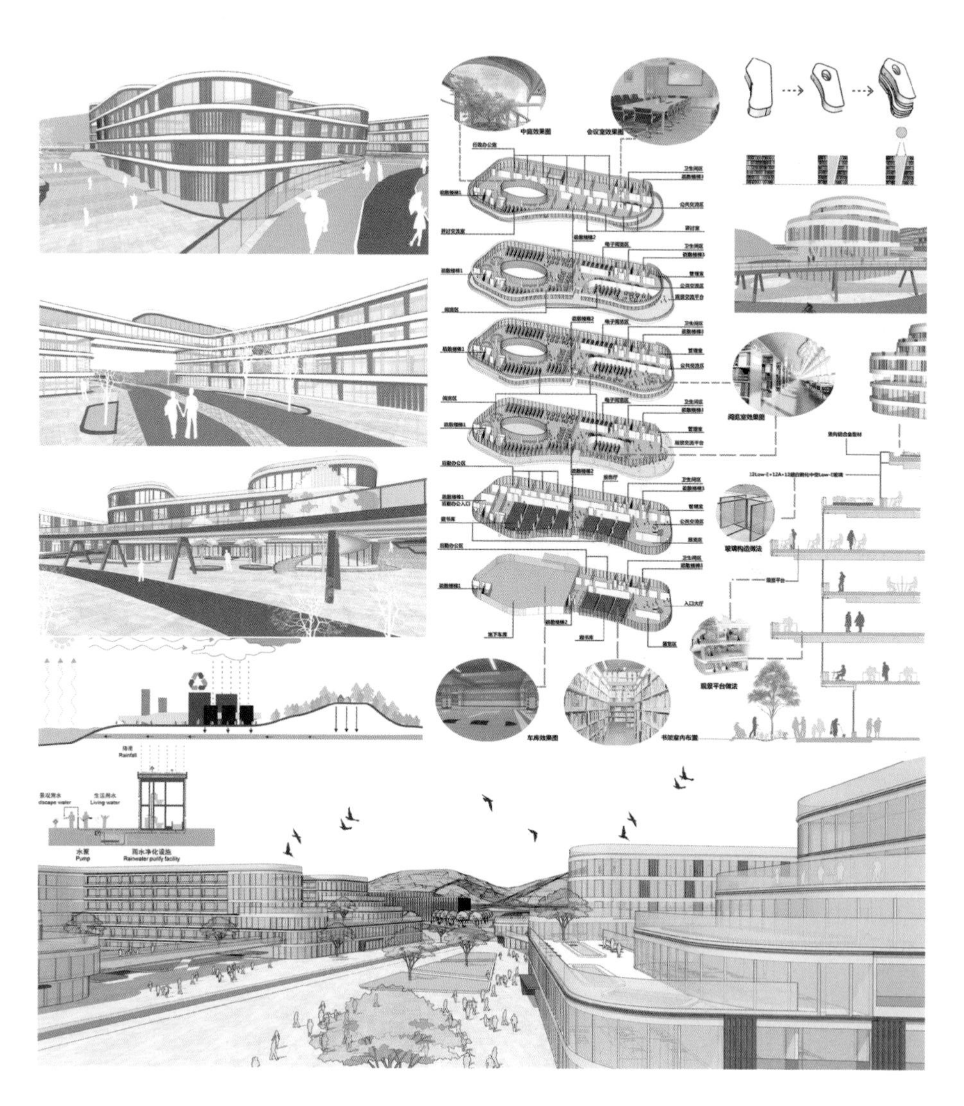
中庭效果图
会议室效果图
阅览室效果图
玻璃构造做法
观景平台做法
车库效果图
书架室内布置
降雨
Rainfall
生活用水
Living water
dscape water
水泵
Pump
雨水净化设施
Rainwater purify facility

学生作业案例之三

严谨校园

学生

李晓明、夏伟、朱旻舟、李莉、舒畅

教师

宗轩、邓靖

年级

2018 级

此设计是个相对严谨、具有很强实践风格的设计。总体规划上，校园功能分区明确、布置合理、交通联系方便、互不干扰，满足师生教学与生活要求。一期总体分为 6 个区域：生活区、中心教学区、运动区、核心景观区、图书阅览区和行政办公区，由中心景观带将各区相互整合起来。图书馆、学生事务中心坐落于校园中央轴线上，具有较强的标志性要求，设计形态上稍显扎实。此设计比较符合实践项目的各项需求，在面对真实项目时，具有较强的落地性，具有一定的代表性。

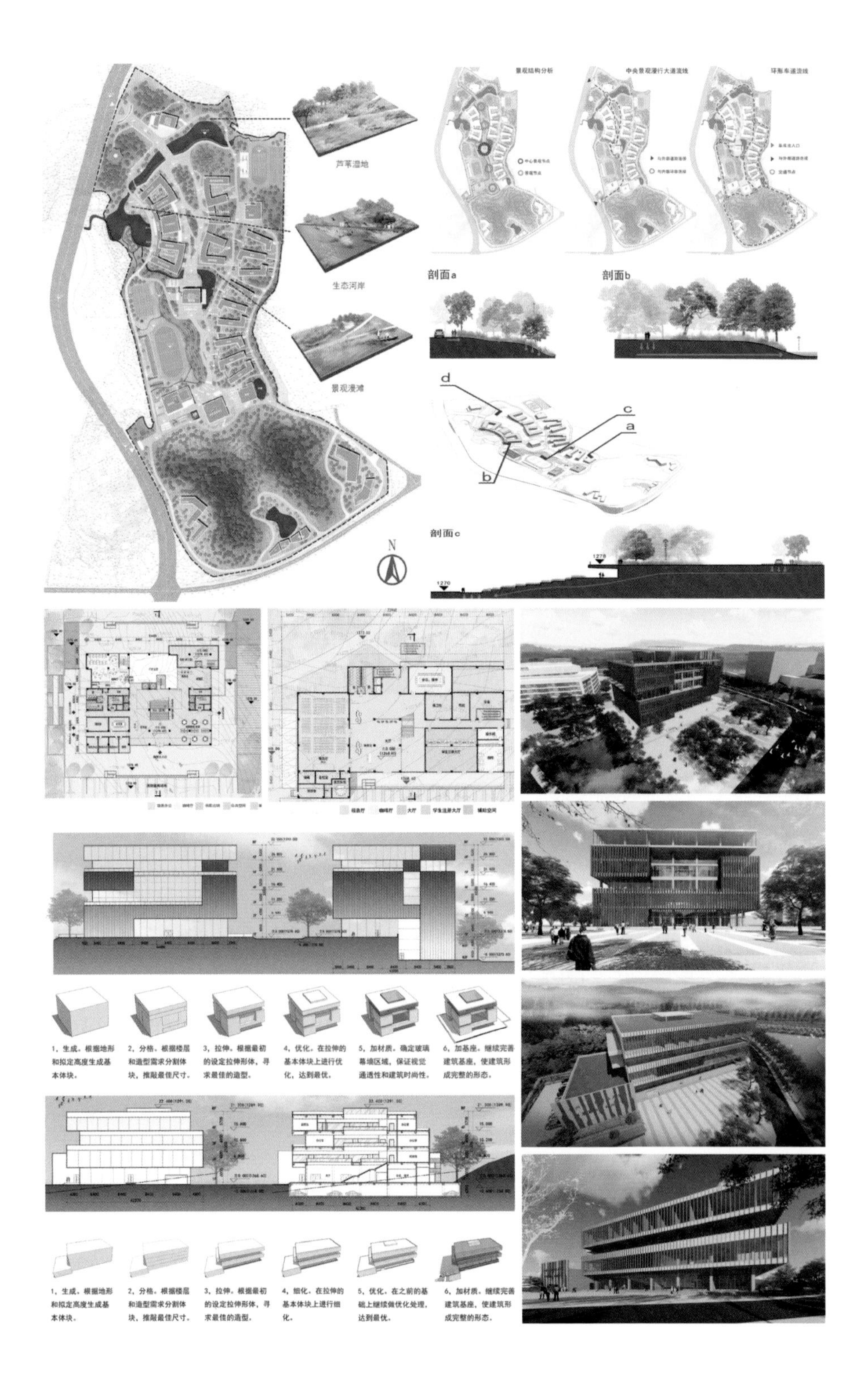
芦苇湿地
生态河岸
景观漫滩
景观结构分析
中央景观漫行大道流线
环形车道流线
剖面a
剖面b
d
c
a
b
剖面c
N
1、生成。根据地形和拟定高度生成基本体块。
2、分格。根据楼层和造型需求分割体块，推敲最佳尺寸。
3、拉伸。根据最初的设定拉伸形体，寻求最佳的造型。
4、优化。在拉伸的基本体块上进行优化，达到最优。
5、加材质。确定玻璃幕墙区域，保证视觉通透性和建筑时尚性。
6、加基座。继续完善建筑基座，使建筑形成完整的形态。
1、生成。根据地形和拟定高度生成基本体块。
2、分格。根据楼层和造型需求分割体块，推敲最佳尺寸。
3、拉伸。根据最初的设定拉伸形体，寻求最佳的造型。
4、细化。在拉伸的基本体块上进行细化。
5、优化。在之前的基础上继续做优化处理，达到最优。
6、加材质。继续完善建筑基座，使建筑形成完整的形态。

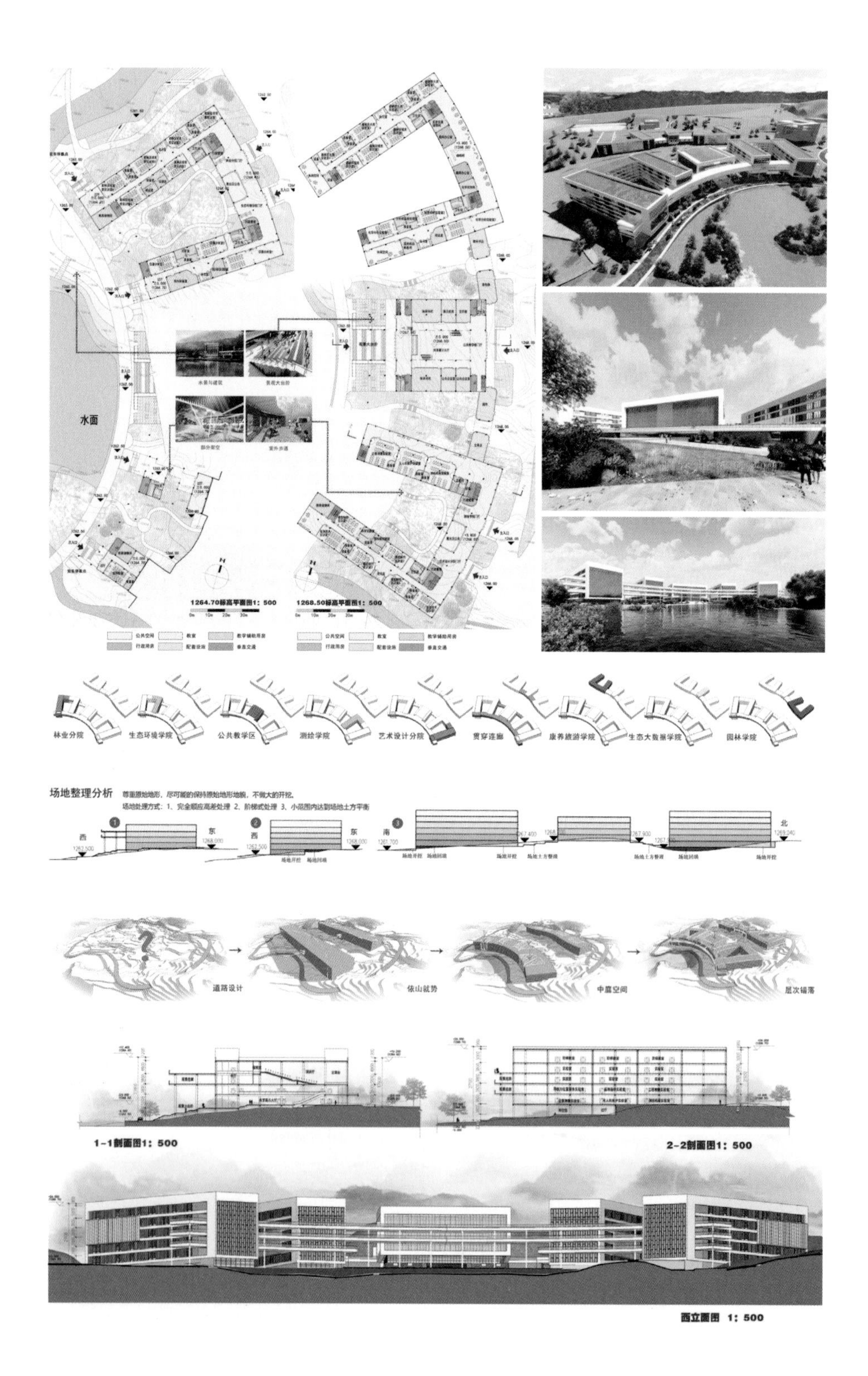

水面
1264.70标高平面图1：500
1268.50标高平面图1：500
公共空间
教室
教学辅助用房
行政用房
配套设施
垂直交通
林业分院
生态环境学院
公共教学区
测绘学院
艺术设计分院
贯穿连廊
康养旅游学院
生态大数据学院
园林学院
场地整理分析
尊重原始地形，尽可能的保持原始地形地貌，不做大的开挖。
场地处理方式：1、完全顺应高差处理 2、前梯式处理 3、小范围内达到场地土方平衡
道路设计
依山就势
中庭空间
层次错落
1-1剖面图1：500
2-2剖面图1：500
西立面图 1：500

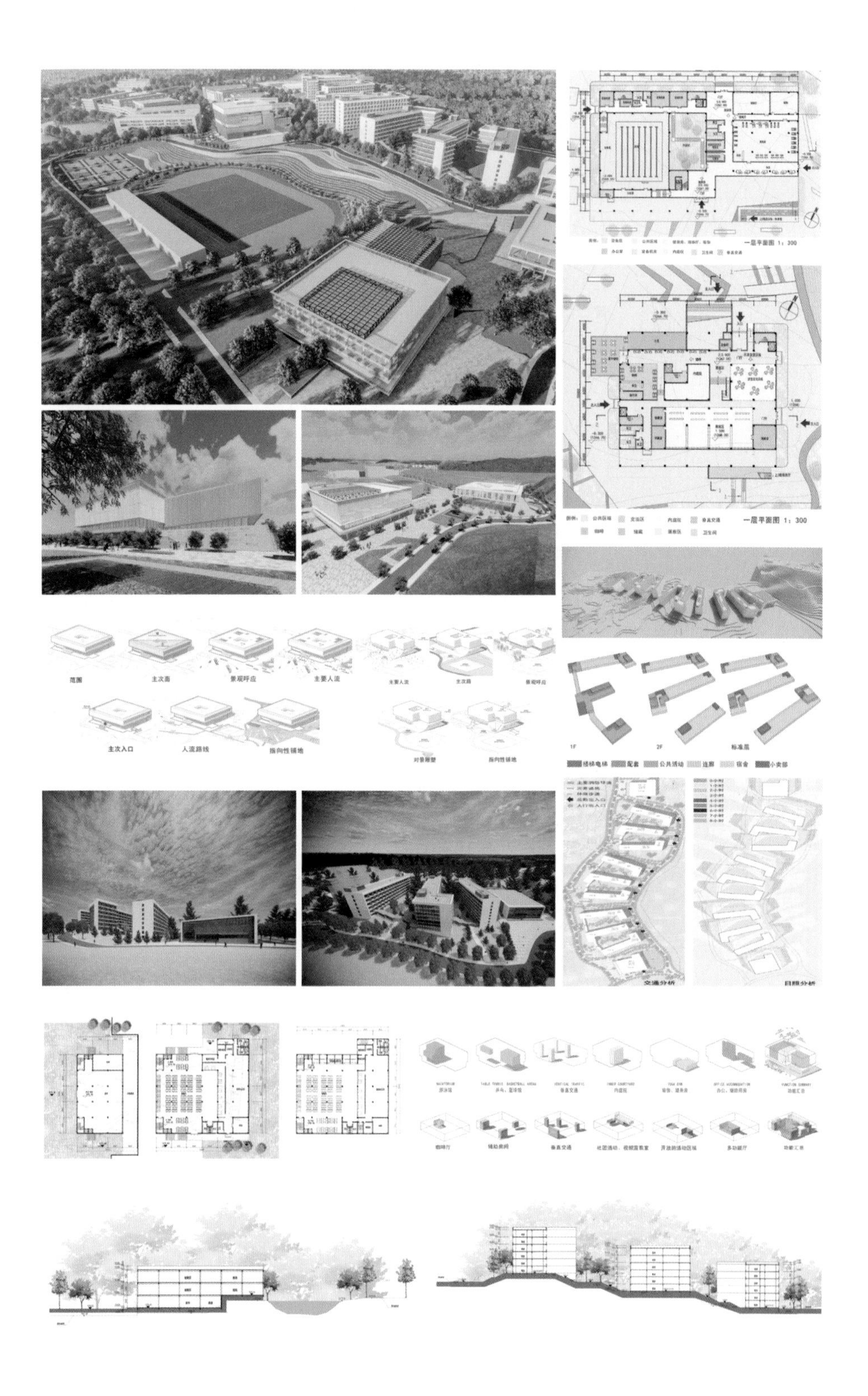

6 乡村振兴 · 美丽乡村

Rural Revitalization, Beautiful Villages

基于解决多元复杂城市问题的毕业设计

教师：宗轩、邓婧
年级：三年级 秋季学期

乡村在我国有广泛的地域基础，是具有自然、社会、经济特征的地域综合体，它兼具生产、生活、生态、文化等多重功能，是农村人口生活的主要空间。截至 2018 年，我国仍然有约 6 亿人口居住在农村，农村地区占全国土地总面积的 94% 以上。农村人居环境的发展情况，直接影响我国整体人居环境的水平。改善农村人居环境，建设美丽宜居乡村，是实施乡村振兴战略的一项重要任务。

在国家乡村振兴战略背景下，以乡村振兴为命题的规划与建筑设计任务将在未来一段时间内大量呈现。2018 年，我们将乡村振兴相关设计实践作为毕业设计选题之一，希望通过此类型设计的学习，迅速培养学生的设计实践操作能力与综合思维能力，更好、更快地适应设计实践领域需求。

目标

1. 引导学生关注国家乡村建设问题，强化建筑设计职业的社会责任，引导学生通过调查研究了解乡村振兴国家战略，从国家政策、社会经济条件、产业与人文背景等多个层面理解建筑与生活、经济、文化、地域等环境条件之间关系，强调建筑与社会发展及相互关系的认知。
2. 引导学生因地制宜设计，结合自然环境、人文历史环境、社会经济环境等，发现乡村建设中的问题及发展瓶颈，找到关键影响因素，通过建筑策划与规划设计，寻求乡村振兴发展路径，以此培养学生宏观设计思维与视野，将设计与生活更为紧密地连接。

3. 外拓学生设计界面。乡村振兴中涉及设计问题，如规划、建筑、景观、室内等不同设计细分领域，也包含包括改造、重建、新建等在内的不同设计条件，这些为设计提供了一定的难度与设计的多样性，从而引导学生进行设计多样化训练。
4. 培养学生团队协作能力与团队精神，通过小组合作模式，增强同学间设计互动与设计工作拟态，进行建筑设计职业实践训练。

理念

1. 引导学生关注乡村振兴国家战略，强调建筑与社会、经济、地域、人文与历史间的相互关系，引导学生将设计与生活更紧密地连接，培养宏观设计视野和社会责任感。
2. 培养学生综合设计能力与职业素养，外拓设计界面，从宏观到微观，集中培养学生设计实践能力。

手段与过程

毕业设计由 5 人组合成设计小组，团队合作完成毕业设计任务。
1. 前期调研与策划 第 1—2 周
2. 总体规划与方案设计 第 3—4 周
3. 总体规划设计方案汇报 第 4 周
4. 建筑单体设计 第 5—6 周
5. 中期检查 第 7 周
6. 设计综合深化 第 8—13 周
7. 成果提交与答辩 第 14 周

上海市崇明区长征农场场部升级改造设计

Renewal Design of Changzheng Farm, Chongming, Shanghai

教师

宗轩、邓靖

年级

三年级 下学期

课时

14 周

课题

本项目位于上海市崇明区新海镇长征农场 5 街坊，延安路与长征公路交界处。区域内原为长征农场场部生活区，现状有大量 20 世纪遗留的建筑，包含农场职工住宅、社区生活中心、临街商业、电影院、招待所等。

改造分为两部分：
第一，场部整体改造提升区，围绕长征农场场部的整体社区环境改造和提升，对原场部生活区的范围进行研究，可以但不限于从功能更新、环境提升、建筑改造等方面入手。
第二，对长征农场场部核心区进行建筑单体的改造设计，利用存量房屋，将影剧院改造为发展农业文化观光旅游配套服务的设施，形成餐饮、会务、住宿多个功能区域；对长征菜场进行改造提升，形成一个田园综合体特色农产品基地、四季果林基地、崇明特色的农产品的展示、销售中心；对延安路两侧的商铺及道路空间的景观进行整体规划；对原场部的招待所进行改造，形成民宿、配套餐饮的服务设施；对原场部的社区活动中心进行改造，形成一个具备举办小型会议的会议区。要求整体统一建筑风貌，统一设计改造，将农场场部改造成一个田园特色风貌生活服务区，改造总用地范围约 60 645 平方米。

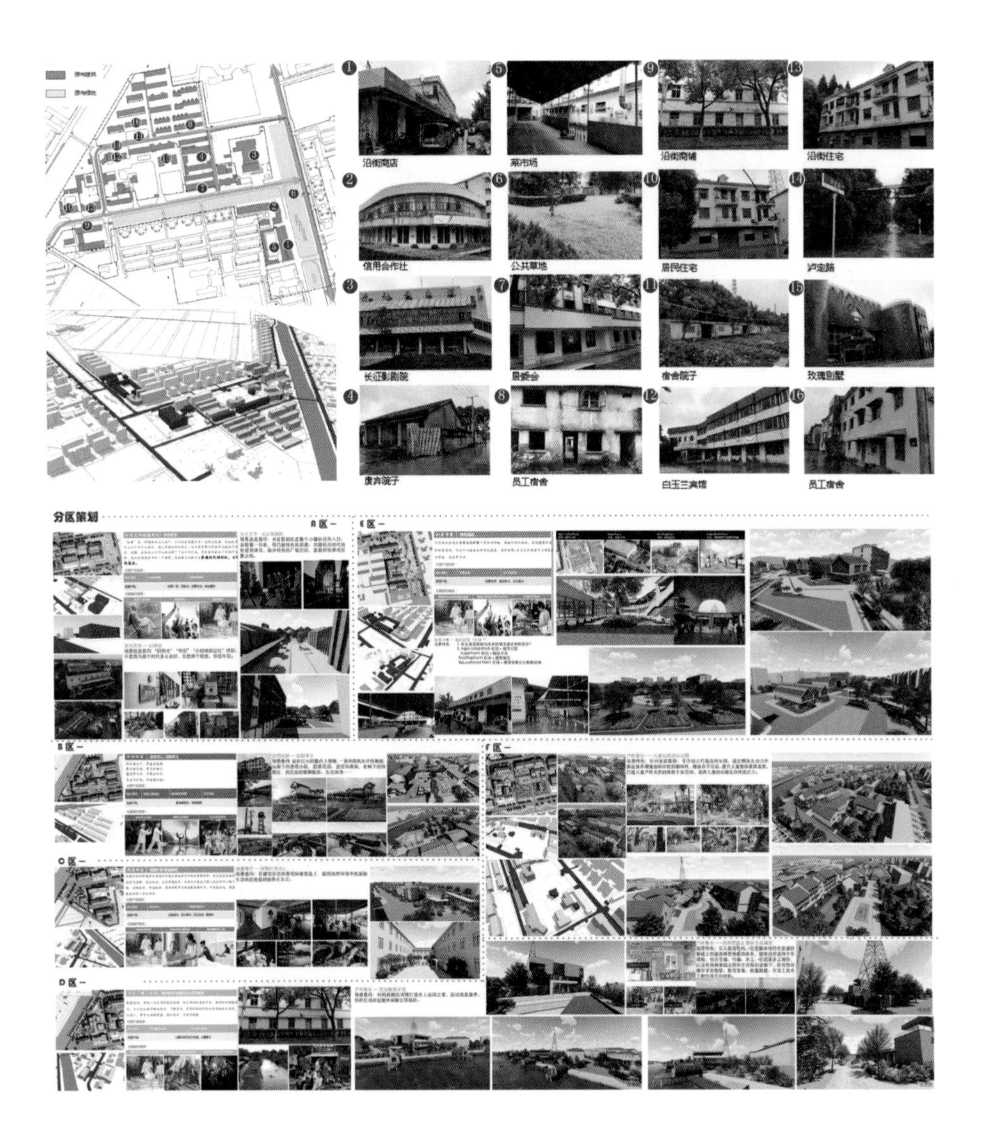

沿街商店
菜市场
沿街商铺
沿街住宅
信用合作社
公共草地
居民住宅
泸定路
长征影剧院
居委会
宿舍院子
玫瑰别墅
废弃院子
员工宿舍
白玉兰宾馆
员工宿舍
分区策划
A区
E区
B区
F区
C区
D区

青葱记忆

学生
孙文亭、杜鹏、陈一松、陈玉立、刘挺
教师
宗轩
年级
2016 级

长征农场代表了一个时代的记忆，现今也已萧条。农场曾是一个时代青年们挥汗如雨、激情澎湃的场所，如今落寞地空置在那儿，而堪比上海区级剧场配置的场部剧场，足已见证长征农场曾经的辉煌。“功能再造、乡村复兴”应是本设计最为重要的命题。

该设计以“享受绿色、体验农趣”为核心理念，打造绿色“天然氧吧”，使人们能走出喧闹的繁华都市，亲身体验田园生活，符合时下现代都市人返璞归真的需求。休闲农庄整体设计简洁明朗，突显新型农庄风格，对现有土地风景资源进行合理规划，主要包括了“静”“动”两个板块：以“静”为主特色民宿板块基本保留了原有民宿，建筑以“修旧”和“补旧”为主；以“动”为主休闲娱乐体验板块。住宿板块的外围拓展区域形成休闲娱乐体验的配套板块，以新建建筑为主，提供演艺、帐篷露营、农业采摘等活动。核心区东部的知青文创片区在保留及提升原有功能的基础上，通过打开东部入口吸引人流，改善区域内部的街区感，并引入书吧和餐厅等功能激发区域活力。通过亲子主题片区的打造吸引更多类型的游客。

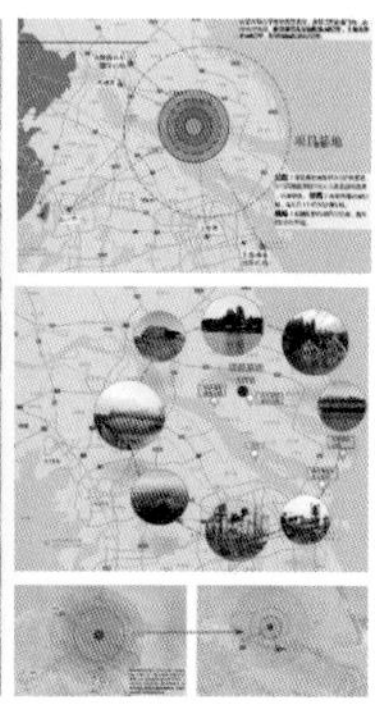

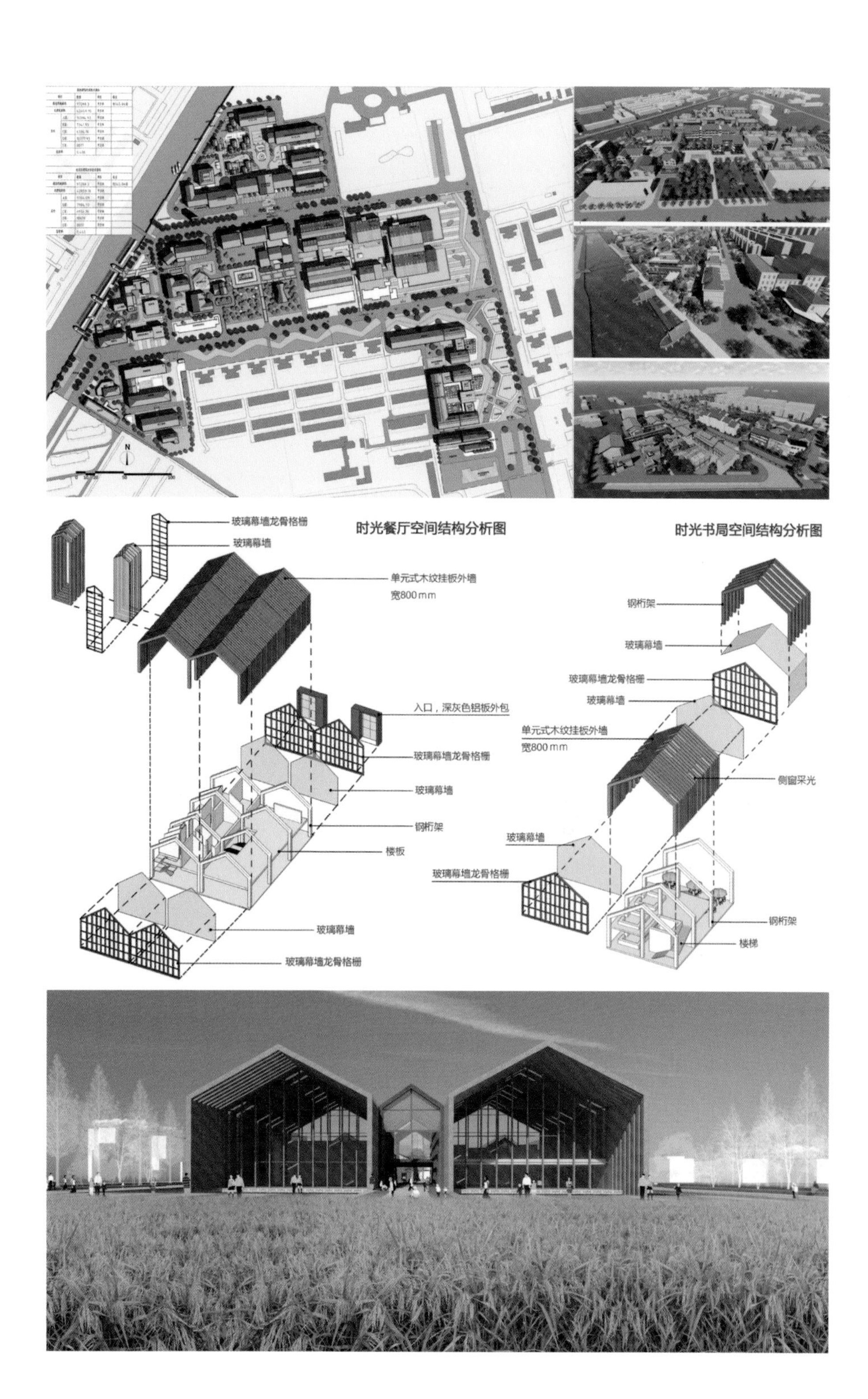
时光餐厅空间结构分析图
玻璃幕墙龙骨格栅
玻璃幕墙
单元式木纹挂板外墙
宽800mm
入口，深灰色铝板外包
玻璃幕墙龙骨格栅
玻璃幕墙
钢桁架
楼板
玻璃幕墙
玻璃幕墙龙骨格栅
时光书局空间结构分析图
钢桁架
玻璃幕墙
玻璃幕墙龙骨格栅
玻璃幕墙
单元式木纹挂板外墙
宽800mm
侧窗采光
玻璃幕墙
玻璃幕墙龙骨格栅
钢桁架
楼梯

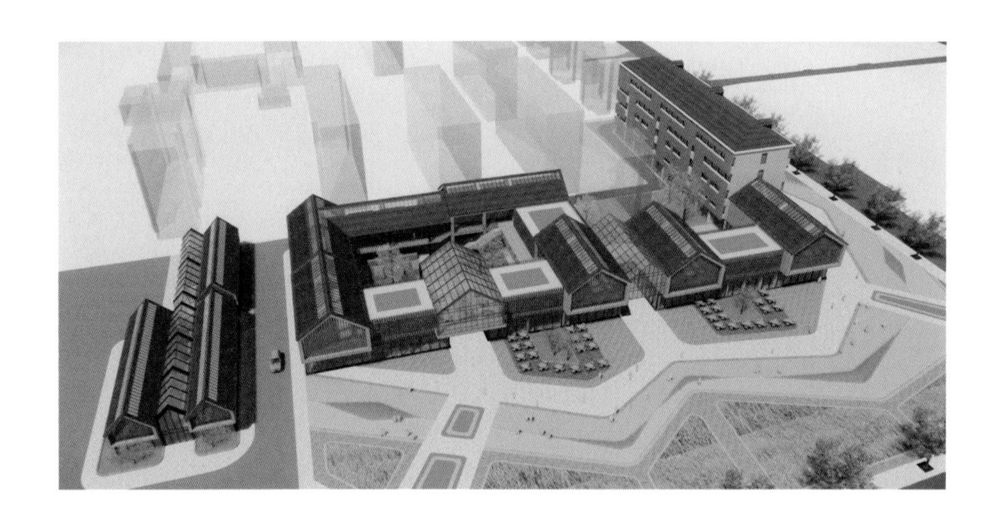

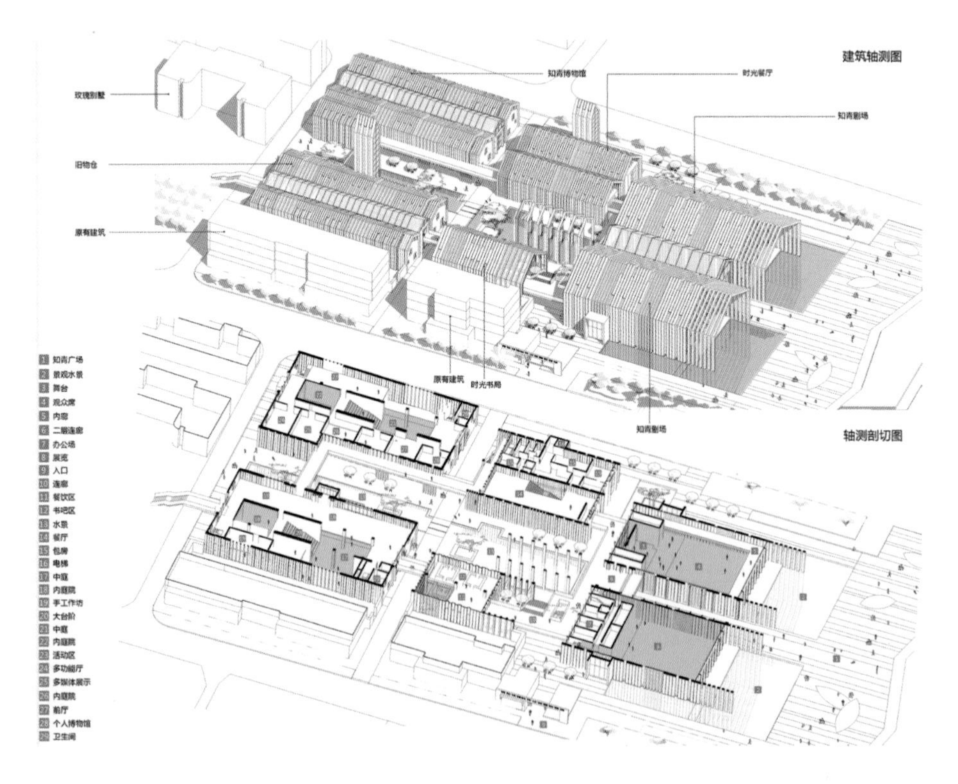

建筑轴测图
知青博物馆
时光餐厅
知青剧场
玫瑰别墅
旧物仓
原有建筑
原有建筑
时光书局
知青剧场
轴测剖切图
1 知青广场
2 景观水景
3 舞台
4 观众席
5 内廊
6 二层连廊
7 办公场
8 展览
9 入口
10 连廊
11 餐饮区
12 书吧区
13 水景
14 餐厅
15 包房
16 电梯
17 中庭
18 内庭院
19 手工作坊
20 大台阶
21 中庭
22 内庭院
23 活动区
24 多功能厅
25 多媒体展示
26 内庭院
27 前厅
28 个人博物馆
29 卫生间

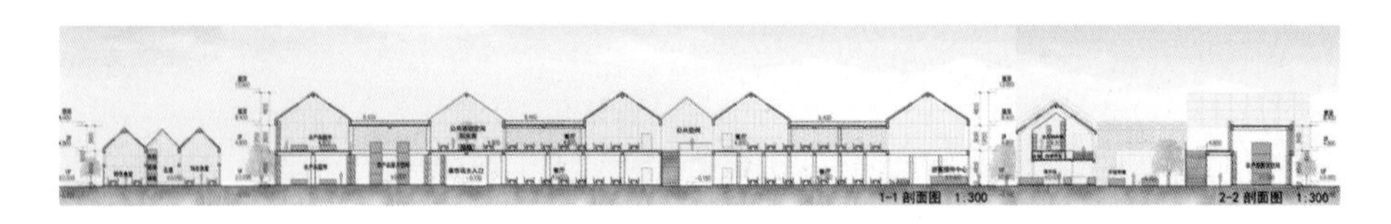

1-1 剖面图 1:300
2-2 剖面图 1:300

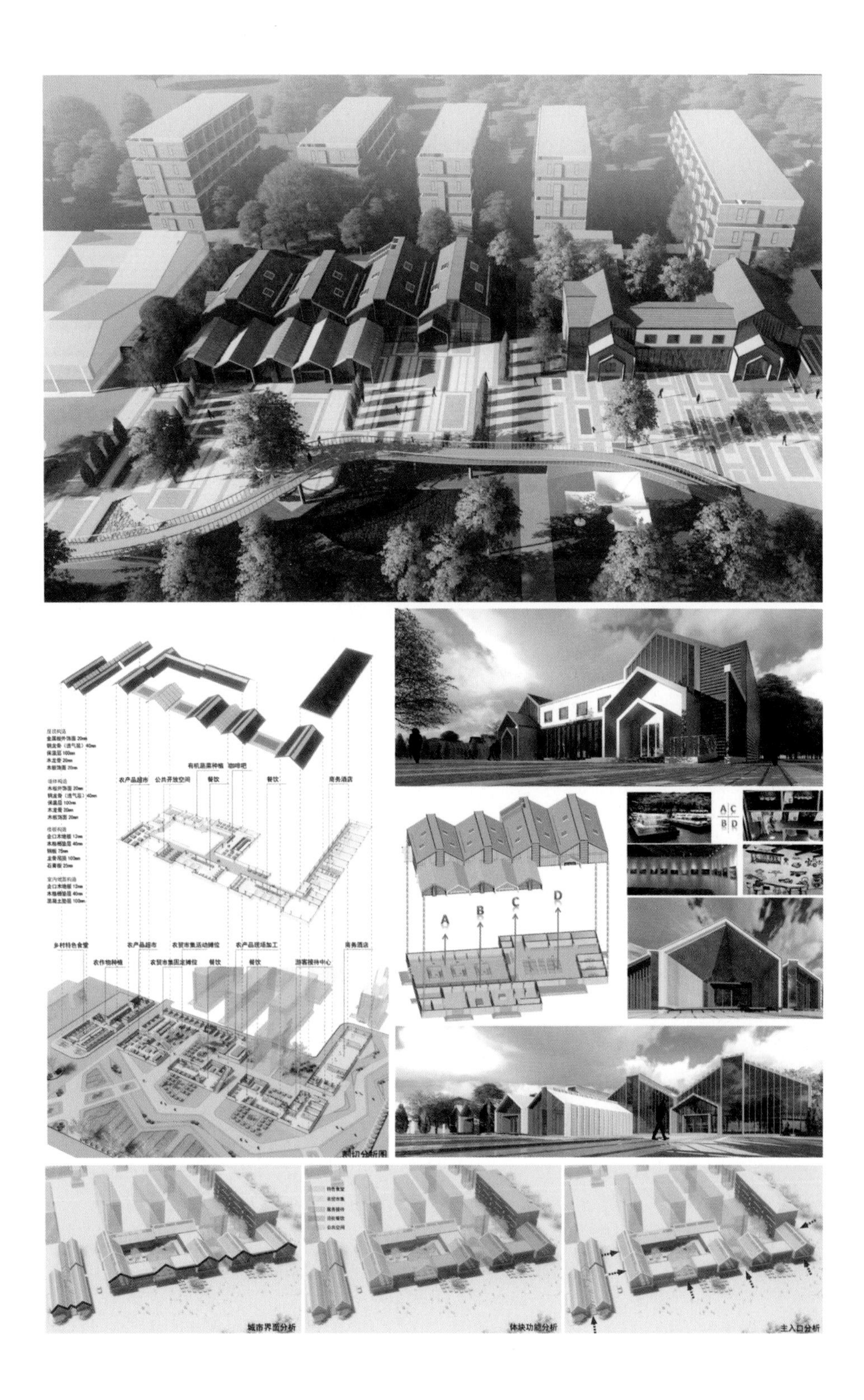
有机蔬菜种植
咖啡吧
农产品超市
公共开放空间
餐饮
餐饮
商务酒店
乡村特色食堂
农产品超市
农贸市集活动摊位
农产品现场加工
商务酒店
农作物种植
农贸市集固定摊位
餐饮
餐饮
游客接待中心
A
B
C
D
城市界面分析
体块功能分析
主入口分析

结语
Conclusion

建筑学专业教学核心是设计教学，保证设计教学始终能适应建设实践需求，培养兼具创新与实践能力的设计人才是设计教学的应有之意。同济大学继续教育学院建筑学专业在长期的设计教学中，结合学生专业基础与成人学生学习特点，不断探索、与时俱进，形成了一套颇具特色且富有成效的教学体系。看着学生们从基础走向设计实践，阔步成长，是每个老师最大的欣慰。

由于篇幅有限和出版要求，本书选取课程设计与毕业设计教学中部分典型设计，在尽可能展现设计原有信息基础上，对设计图纸进行了版面编排以利于本书效果呈现，老师和同学们也为此付出了大量的时间和精力。在此，感谢全体教师和同学们对于此书作出的努力和贡献，也再次感谢全体教师对设计教学的热忱与奉献。

谨以此书祝贺同济大学继续教育学院建院 65 周年，并借此展示我院建筑学专业设计教学的整体面貌。敬请同仁们不吝批评指正。

同济大学继续教育学院
建筑学教研室
2021 年 5 月

致谢
Acknowledge

同济大学继续教育学院建筑学专业从开办至今，筚路蓝缕间走过三十六载有余。这之间有专业延续发展的不易、师资建设的不易，也有学生学习和老师教学的不易，行之艰难但也甘之如饴。

由于学生众多而师资有限，基于继续教育学院办学特点，一批具有丰富教学与实践经验的老师、建筑师在默默支持我们同济大学继续教育学院建筑学专业教学工作，在本书成稿之际表示诚挚谢意。同时，深深感谢教研室每一位教师多年如一日地埋头苦干，每位教师不但长年需要承担超负荷教学工作量，还需要身兼数项专业课程的教授，可谓一专多能。正是由于每位教师的热忱教学与无私奉献，我们建筑学专业才得以不断地延续与成长，在全国继续教育领域内独树一帜。

以下是曾在我院建筑学专业长期从事设计教学的老师名录，在此特别向各位老师表示感谢！由于时间跨度长，名录疏漏之处敬请谅解！（名录排名不分先后）
再次致谢！

同济大学继续教育学院建筑学教研室退休教师
周维学、黄光华、张岫云、马怡红、华耘
同济大学建筑与城市规划学院
童勤华、吕典雅、朱谋隆、贾瑞云、龙永龄、杨义辉、郑友扬、张遴伟
刘昭如、陈妙芳、梁汉元、殷永达、张琦、刘宏、周伟忠、冯宏、刘宏伟
同济大学基建处　李精鑫
同济大学艺术与传媒学院　李凌燕
同济大学设计创意学院　周慧琳

上海大学美术学院建筑系　李道钦、庄俊倩、邓靖、谢建军、柏春

上海济光职业技术学院建筑系

蒲仪军、段文婷、俞波、王云霞、郑如是

浙江理工大学建筑工程学院建筑系　白文峰

上海理工大学环境设计系　王振

上海商学院艺术设计学院　宋婷

上海建桥学院艺术设计学院　尚晓倩

上海同济城市规划设计研究院有限公司　江浩波、郑皓怀

同济大学建筑设计研究院（集团）有限公司

沈瑞莲、林大卫、闫保林

上海同设建筑设计院有限公司　周琳琳

上海尤安建筑设计股份有限公司　叶阳

上海颖永建筑设计中心　乐颖

上海市城市规划建筑设计工程有限公司　赖剑青

中国建筑上海设计研究院　张学军

海军东海工程设计院　沈春

上海奇丁建筑设计有限公司　陈清

爱坤（上海）建筑设计有限公司　陈威

筑铭联合设计中心　韩梅

游米亲子　谢燕

碧桂园集团总部　高园

蓝光发展股份有限公司　庄浩然

伦敦 NEST 设计事务所　肖健彪

中铁上海设计院集团有限公司　袁铭

天津拈花湾设计有限公司　陶樑

同济大学继续教育学院

建筑学教研室

2021 年 5 月

图书在版编目（CIP）数据

从基础走向实践：建筑学专业教学手册 / 宗轩，张峥主编. -- 上海：同济大学出版社，2021.5
ISBN 978-7-5608-9748-6

Ⅰ. ①从… Ⅱ. ①宗… ②张… Ⅲ. ①建筑学—高等学校—教材 Ⅳ. ① TU-0

中国版本图书馆 CIP 数据核字 (2021) 第 073679 号

从基础走向实践：建筑学专业教学手册

宗轩　张峥　主编

策划编辑　江　岱
责任编辑　张　微
责任校对　徐春莲
书籍设计　张　微
出版发行　同济大学出版社　www.tongjipress.com.cn
（地址 上海市四平路 1239 号　邮编 200092　电话 021-65985622）
经　　销　全国各地新华书店
印　　刷　上海安枫印务有限公司
开　　本　787 mm× 960mm　1/16
印　　张　16.5
字　　数　330 000
版　　次　2021 年 5 月 第 1 版　　2021 年 5 月 第 1 次印刷
书　　号　ISBN 978-7-5608-9748-6
定　　价　158.00 元